高等职业教育建筑专业"十三五"规划教材

建 设 工 程 造 价

主　编　郭俊雄　韩玉麒

副主编　王　静　邓鑫洁　陈　影

参　编　杨茂华　李希然

西南交通大学出版社
·成　都·

图书在版编目（ＣＩＰ）数据

建设工程造价 / 郭俊雄，韩玉麒主编. —成都：
西南交通大学出版社，2019.1
ISBN 978-7-5643-6733-6

Ⅰ. ①建… Ⅱ. ①郭… ②韩… Ⅲ. ①建筑造价管理
－高等学校－教材 Ⅳ. ①TU723.31

中国版本图书馆 CIP 数据核字（2019）第 017726 号

建设工程造价

主编	郭俊雄　韩玉麒
责任编辑	杨　勇
封面设计	吴　兵　曹天擎

出版发行　西南交通大学出版社
　　　　　（四川省成都市二环路北一段 111 号
　　　　　西南交通大学创新大厦 21 楼）
邮政编码　610031
发行部电话　028-87600564　028-87600533
网址　　　http://www.xnjdcbs.com
印刷　　　四川森林印务有限责任公司

成品尺寸　185 mm×260 mm
印张　　　15.75
字数　　　392 千
版次　　　2019 年 1 月第 1 版
印次　　　2019 年 1 月第 1 次
定价　　　42.00 元
书号　　　ISBN 978-7-5643-6733-6

前　言

　　"建设工程造价"是高等学校工程管理、工程造价专业及其他相关专业核心课程，具有综合性和实践性强的特点。本书针对以上特点，根据社会对专业人才的知识和实践要求而编写。本书具有完整的知识体系，从工程造价的构成到建设项目各阶段工程造价的确定，每一章既是独立的知识体系，又前后相互关联。从投资估算到竣工决算，对每一阶段如何确定工程造价都进行了详细的讲解，信息量大，层次分明，重点突出，结构合理。本书力求在内容精炼、实用、图文并茂的基础上，配合每章学习要点、课后复习思考题帮助同学掌握建设项目各阶段工程造价的确定方法。

　　2016 年 5 月，营业税改增值税在全国范围内全面执行，"营改增"对工程造价与计价体系管理方面的影响较大，解构目前的造价体系，其计税依据以及计税方式发生了重大变化，计价规则、计价依据、造价信息都发生深刻的变革。本教材将最新的"营改增"政策纳入其中，将其融入到相关的案例中，具有很强的实用性。

　　本教材参考了全国造价工程师考试用教材，因此也把握了造价师考试的知识要点，为在校学生在毕业后考取造价师证书打下了一定的基础。本教材可作为高职高专院校建筑类相关专业的教材和指导用书，也可作为工程造价从业人员资格考试的指导用书和培训教材，还可作为工程技术人员的参考资料。

　　本书由重庆建筑工程职业学院郭俊雄和韩玉麒担任主编，王静、邓鑫洁、陈影担任副主编。本书具体编写分工如下：郭俊雄编写第一章和第五章，王静编写第二章、韩玉麒编写第三章，邓鑫洁编写第四章，陈影编写第六章。重庆建筑工程职业学院杨茂华、李希然也参与了本书的编写。

　　在编写本书的过程中，编者参阅了大量的国内教材和造价工程师执业资格考试用书，在此对有关作者一并表示感谢。限于作者水平有限，书中难免有不足之处，欢迎读者批评指正。

编　者

2018 年 10 月

目　录

第一章　建设工程造价构成

第一节　我国建设项目投资及工程造价的构成

　　建设项目总投资是为完成工程项目建设并达到使用要求或生产条件,在建设期内预计或实际投入的全部费用总和。生产性建设项目总投资包括建设投资、建设期利息和流动资金三部分,非生产性建设项目总投资包括建设投资和建设期利息两部分。其中建设投资和建设期利息之和对应于固定资产投资,固定资产投资与建设项目的工程造价在量上相等。工程造价基本构成包括用于购买工程项目所含各种设备的费用,用于建筑施工和安装施工所需支出的费用,用于委托工程勘察设计应支付的费用,用于购置土地所需的费用,也包括用于建设单位自身进行项目筹建和项目管理所花费的费用等。总之,工程造价是指在建设期预计或实际支出的建设费用。

　　工程造价中的主要构成部分是建设投资,建设投资是为完成工程项目建设,在建设期内投入且形成现金流出的全部费用。根据国家发展改革委和建设部发布的《建设项目经济评价方法与参数(第三版)》(发改投资〔2006〕1325号)的规定,建设投资包括工程费用、工程建设其他费用和预备费三部分。工程费用是指建设期内直接用于工程建造、设备购置及其安装的建设投资,可以分为建筑安装工程费和设备及工器具购置费;工程建设其他费用是指建设期发生的与土地使用权取得、整个工程项目建设以及未来生产经营有关的构成建设投资但不包括在工程费用中的费用;预备费是在建设期内因各种不可预见因素的变化而预留的可能增加的费用,包括基本预备费和价差预备费。建设项目总投资的具体构成内容如图 1.1.1 所示。

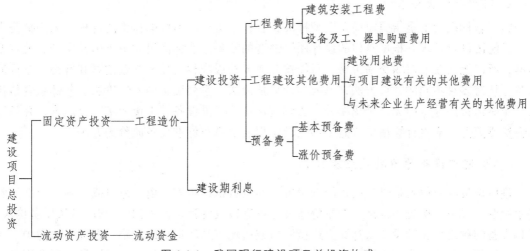

图 1.1.1　我国现行建设项目总投资构成

第二节　设备及工、器具购置费用的构成和计算

设备及工、器具购置费用是由设备购置费和工具、器具及生产家具购置费组成的，它是固定资产投资中的积极部分。在生产性工程建设中，设备及工、器具购置费用占工程造价比重的增大，意味着生产技术的进步和资本有机构成的提高。

一、设备购置费的构成和计算

设备购置费是指购置或自制的达到固定资产标准的设备、工器具及生产家具等所需的费用。它由设备原价和设备运杂费构成。

$$设备购置费 = 设备原价 + 设备运杂费 \tag{1.2.1}$$

式中：设备原价指国内采购设备的出厂（场）价格，或国外采购设备的抵岸价格，设备原价通常包含备品备件费在内；设备运杂费指除设备原价之外的关于设备采购、运输、途中包装及仓库保管等方面支出费用的总和。

（一）国产设备原价的构成及计算

国产设备原价一般指的是设备制造厂的交货价或订货合同价，即出厂（场）价格。它一般根据生产厂或供应商的询价、报价、合同价确定，或采用一定的方法计算确定。国产设备原价分为国产标准设备原价和国产非标准设备原价。

1. 国产标准设备原价

国产标准设备是指按照主管部门颁布的标准图纸和技术要求，由国内设备生产厂批量生产的，符合国家质量检测标准的设备。国产标准设备一般有完善的设备交易市场，因此可通过查询相关交易市场价格或向设备生产厂家询价得到国产标准设备原价。

2. 国产非标设备原价

国产非标准设备是指国家尚无定型标准，各设备生产厂不可能在工艺过程中采用批是生产，只能按订货要求并根据具体的设计图纸制造的设备。非标准设备由于单件生产、无定型标准，所以无法获取市场交易价格，只能按其成本构成或相关技术参数估算其价格。非标准设备原价有多种不同的计算方法，如成本计算估价法、系列设备插入估价法、分部组合估价法、定额估价法等。但无论采用哪种方法都应该便非标准设备计价接近实际出厂价，并且计算方法要简便。成本计算估价法是一种比较常用的估算非标准设备原价的方法。

（二）进口设备原价的构成及计算

进口设备的原价是指进口设备的抵岸价，即设备抵达买方边境、港口或车站，交纳完各种手续费、税费后形成的价格。抵岸价通常是由进口设备到岸价（CIF）和进口从属费构成。进口设备的到岸价，即设备抵达买方边境港口或边境车站所形成的价格。在国际贸易中，交易双方所使用的交货类别不同，则交易价格的构成内容也有所差异。进口设备从属费用是指

进口设备在办理进口手续过程中发生的应计入设备原价的银行财务费、外贸手续费、进口关税、消费税、进口环节增值税及进口车辆的车辆购置税等。

1. 进口设备的交易价格

在国际贸易中，较为广泛使用的交易价格术语有 FOB、CFR 和 CIF。

（1）FOB（free on board），意为装运港船上交货，亦称为离岸价格。FOB 术语是指当货物在装运港被装上指定船时，卖方即完成交货义务。风险转移，以在指定的装运港货物被装上指定船时为分界点。费用划分与风险转移的分界点相一致。

在 FOB 交货方式下，卖方的基本义务有：在合同规定的时间或期限内，在装运港按照习惯方式将货物交到买方指派的船上，并及时通知买方；自负风险和费用，取得出口许可证或其他官方批准证件，在需要办理海关手续时，办理货物出口所需的一切海关手续；负担货物在装运港至装上船为止的一切费用和风险；自付费用提供证明货物已交至船上的通常单据或具有同等效力的电子单证。买方的基本义务有：自负风险和费用取得进口许可证或其他官方批准的证件，在需要办理海关手续时，办理货物进口以及经由他国过境的一切海关手续，并支付有关费用及过境费；负责租船或订舱，支付运费，并给予卖方关于船名、装船地点和要求交货时间的充分的通知；负担货物在装运港装上船后的一切费用和风险；接受卖方提供的有关单据，受领货物，并按合同规定支付货款。

（2）CFR（cost and freight），意为成本加运费，或称之为运费在内价。CFR 是指在装运港货物在装运港被装上指定船时卖方即完成交货，卖方必须支付将货物运至指定的目的港所需的运费和费用，但交货后货物灭失或损坏的风险，以及由于各种事件造成的任何额外费用，即由卖方转移到买方。与 FOB 价格相比，CFR 的费用划分与风险转移的分界点是不一致的。

在 CFR 交货方式下，卖方的基本义务有：自负风险和费用，取得出口许可证或其他官方批准的证件，在需要办理海关手续时，办理货物出口所需的一切海关手续；签订从指定装运港承运货物运往指定目的港的运输合同；在买卖合同规定的时间和港口，将货物装上船并支付至目的港的运费，装船后及时通知买方；负担货物在装运港在装上船为止的一切费用和风险；向买方提供通常的运输单据或具有同等效力的电子单证。买方的基本义务有：自负风险和费用，取得进口许可证或其他官方批准的证件，在需要办理海关手续时，办理货物进口以及必要时经由另一国过境的一切海关手续，并支付有关费用及过境费；负担货物在装运港装上船后的一切费用和风险，接受卖方提供的有关单据，受领货物，并按合同规定支付货款；支付除通常运费以外的有关货物在运输途中所产生的各项费用以及包括驳运费和码头费在内的卸货费。

（3）CIF（cost insurance and freight），意为成本加保险费、运费，习惯称到岸价格。在 CIF 术语中，卖方除负有与 CFR 相同的义务外，还应办理货物在运输途中最低险别的海运保险，并应支付保险费。如买方需要更高的保险险别，则需要与卖方明确地达成协议，或者自行做出额外的保险安排。除保险这项义务之外，买方的义务与 CFR 相同。

2. 进口设备到岸价的构成及计算

$$进口设备到岸价（CIF）=离岸价格（FOB）+国际运费+运输保险费$$

$$=运费在内价（CFR）+运输保险费 \qquad (1.2.2)$$

（1）货价。货价一般指装运港船上交货价（FOB）。设备货价分为原币货价和人民币货价，原币货价一律折算为美元表示，人民币货价按原币货价乘以外汇市场美元兑换人民币汇率中间价确定。进口设备货价按有关生产厂商询价、报价、订货合同价计算。

（2）国际运费。国际运费即从装运港（站）到达我国目的港（站）的运费。我国进口设备大部分采用海洋运输，小部分采用铁路运输，个别采用航空运输。进口设备国际运费计算公式为：

$$国际运费（海、陆、空）＝原币货价（FOB）×运费率 \qquad (1.2.3)$$

$$国际运费（海、陆、空）＝单位运价×运量 \qquad (1.2.4)$$

其中，运费率或单位运价参照有关部门或进出口公司的规定执行。

（3）运输保险费。运输保险费指对外贸易货物运输保险是由保险人（保险公司）与被保险人（出口或进口人）订立保险契约，在被保险人交付议定的保险费后，保险人根据保险契约的规定对货物在运输过程中发生的承保责任范围内的损失给予经济上的补偿。这是一种财产保险。计算公式为：

$$运输保险费＝\frac{原币货价（FOB）+国际运费}{1-保险费费率}×保险费费率 \qquad (1.2.5)$$

其中，保险费费率按保险公司规定的进口货物保险费费率计算。

3. 进口从属费的构成及计算

$$进口从属费＝银行财务费＋外贸手续费＋关税＋消费税＋$$
$$进口环节增值税＋车辆购置税 \qquad (1.2.6)$$

（1）银行财务费。一般是指在国际贸易结算中，中国银行为进出口商提供金融结算服务所收取的费用，可按下式简化计算：

$$银行财务费＝离岸价格（FOB）×人民币外汇汇率×银行财务费率 \qquad (1.2.7)$$

（2）外贸手续费。这是指按对外经济贸易部门规定的外贸手续费率计取的费用，外贸手续费率一般取 1.5%。计算公式为：

$$外贸手续费＝到岸价格（CIF）×人民币外汇汇率×外贸手续费率 \qquad (1.2.8)$$

（3）关税。由海关对进出国境或关境的货物和物品征收的一种税。计算公式为：

$$关税＝到岸价格（CIF）×人民币外汇汇率×进口关税税率 \qquad (1.2.9)$$

到岸价格作为关税的计征基数时，通常又可称为关税完税价格。进口关税税率分为优惠和普通两种。优惠税率适用于与我国签订关税互惠条款的贸易条约或协定的国家的进口设备；普通税率适用于与我国未签订关税互惠条款的贸易条约或协定的国家的进口设备。进口关税税率按我国海关总署发布的进口关税税率计算。

（4）消费税。消费税仅对部分进口设备（如轿车、摩托车等）征收，一般计算公式为：

$$应纳消费税税额＝\frac{到岸价格（CIF）×人民币外汇汇率+关税}{1-消费税税率}×消费税税率$$

$$(1.2.10)$$

其中，消费税税率根据规定的税率计算。

（5）进口环节增值税。是对从事进口贸易的单位和个人，在进口商品报关进口后征收的税种。我国增值税征收条例规定，进口应税产品均按组成计税价格和增值税税率直接计算应纳税额。即：

$$进口环节增值税额 = 组成计税价格 \times 增值税税率 \tag{1.2.11}$$

$$组成计税价格 = 关税完税价格 + 关税 + 消费税 \tag{1.2.12}$$

增值税税率根据规定的税率计算。

（6）车辆购置税。进口车辆需缴进口车辆购置税。其公式如下：

$$进口车辆购置税 = （关税完税价格 + 关税 + 消费税）\times 车辆购置税率 \tag{1.2.13}$$

【例 1.1.1】　从某国进口应纳消费税的设备，质量 1 000 t，装运港船上交货价为 400 万美元，工程建设项目位于国内某省会城市。如果国际运费标准为 300 美元/t，海上运输保险费率为 3‰，银行财务费率为 5‰，外贸手续费率为 1.5%，关税税率为 22%，增值税税率为 17%，消费税税率 10%，银行外汇牌价为 1 美元 = 6.3 元人民币，对该设备的原价进行估算。

解：进口设备 FOB = 400 × 6.3 = 2 520（万元）

国际运费 = 300 × 1 000 × 6.3 = 189（万元）

$$海运保险费 = \frac{2\,520 + 189}{1 - 0.3\%} \times 0.3\% = 8.15（万元）$$

CIF = 2520 + 189 + 8.15 = 2 717.15（万元）

银行财务费 = 2520 × 5‰ = 12.6（万元）

外贸手续费 = 2 717.15X1.5% = 40.76（万元）

关税 = 2 717.15 × 22% = 597.77（万元）

$$消费税 = \frac{2\,717.15 + 597.77}{1 - 10\%} \times 10\% = 368.32（万元）$$

增值税 = （2 717.15 + 597.77 + 368.32）× 17% = 626.15（万元）

进口从属费 = 12.6 + 40.76 + 597.77 + 368.32 + 626 - 15 = 1 645.6（万元）

进口设备原价 = 2 717.15 + 1 645.6 = 4 362.75（万元）

（三）设备运杂费的构成及计算

1. 设备运杂费的构成

设备运杂费是指国内采购设备自来源地、国外采购设备自到岸港运至工地仓库或指定堆放地点发生的采购、运输、运输保险、保管、装卸等费用。通常由下列各项构成：

（1）运费和装卸费。国产设备由设备制造厂交货地点起至工地仓库（或施工组织设计指定的需要安装设备的堆放地点）止所发生的运费和装卸费，进口设备由我国到岸港口或边境车站起至工地仓库（或施工组织设计指定的需安装设备的堆放地点）止所发生的运费和装卸费。

（2）包装费。在设备原价中没有包含的，为运输而进行的包装支出的各种费用。

（3）设备供销部门的手续费。按有关部门规定的统一费率计算。

（4）采购与仓库保管费。采购与仓库保管费指采购、验收、保管和收发设备所发生的各种费用，包括设备采购人员、保管人员和管理人员的工资、工资附加费、办公费、差旅交通费，设备供应部门办公和仓库所占固定资产使用费、工具用具使用费、劳动保护费、检验试验费等。这些费用可按主管部门规定的采购与保管费费率计算。

2. 设备运杂费的计算

设备运杂费按设备原价乘以设备运杂费率计算，其公式为：

$$设备运杂费 = 设备原价 \times 设备运杂费率 \qquad （1.2.14）$$

其中，设备运杂费率按各部门及省、市有关规定计取。

二、工具、器具及生产家具购置费的构成和计算

工具、器具及生产家具购置费，是指新建或扩建项目初步设计规定的，保证初期正常生产必须购置的没有达到固定资产标准的设备、仪器、工卡模具、器具、生产家具和备品备件等的购置费用。一般以设备购置费为计算基数，按照部门或行业规定的工具、器具及生产家具费率计算。计算公式为：

$$工具、器具及生产家具购置费 = 设备购置费 \times 定额费率 \qquad （1.2.15）$$

第三节　建筑安装工程费用的构成和计算

一、建筑安装工程费用的构成

（一）建筑安装工程费用内容

建筑安装工程费是指为完成工程项目建造、生产性设备及配套工程安装所需的费用。

1. 建筑工程费用内容

（1）各类房屋建筑工程和列入房屋建筑工程预算的供水、供暖、卫生、通风、煤气等设备费用及其装设、油饰工程的费用，列入建筑工程预算的各种管道、电力、电信和电缆导线敷设工程的费用。

（2）设备基础、支柱、工作台、烟囱、水塔、水池、灰塔等建筑工程以及各种炉窑的砌筑工程和金属结构工程的费用。

（3）为施工而进行的场地平整，工程和水文地质勘察，原有建筑物和障碍物的拆除以及施工临时用水、电、暖、气、路、通信和完工后的场地清理，环境绿化、美化等工作的费用。

（4）矿井开凿、井巷延伸、露天矿剥离，石油、天然气钻井，修建铁路、公路、桥梁、水库、堤坝、灌渠及防洪等工程的费用。

2. 安装工程费用内容

（1）生产、动力、起重、运输、传动和医疗、实验等各种需要安装的机械设备的装配费用，与设备相连的工作台、梯子、栏杆等设施的工程费用，附属于被安装设备的管线敷设工程费用，以及被安装设备的绝缘、防腐、保温、油漆等工作的材料费和安装费。

（2）为测定安装工程质量，对单台设备进行单机试运转、对系统设备进行系统联动无负荷试运转工作的调试费。

（二）我国现行建筑安装工程费用项目组成

根据住房城乡建设部、财政部颁布的《关于印发〈建筑安装工程费用项目组成〉的通知》（建标〔2013〕44 号），我国现行建筑安装工程费用项目按两种不同的方式划分，即按费用构成要素划分和按造价形成划分，其具体构成如图 1.3.1 所示。

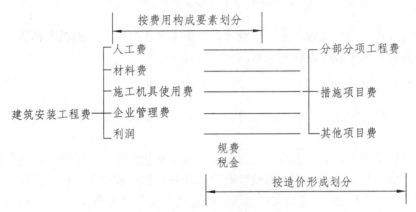

图 1.3.1　建筑安装工程费用项目构成

二、按费用构成要素划分建筑安装工程费用项目构成和计算

按照费用构成要素划分，建筑安装工程费包括：人工费、材料费（包含工程设备，下同）、施工机具使用费、企业管理费、利润、规费和税金。

（一）人工费

建筑安装工程费中的人工费，是指支付给直接从事建筑安装工程施工作业的生产工人的各项费用。计算人工费的基本要素有两个，即人工工日消耗量和人工日工资单价。

（1）人工工日消耗量。人工工日消耗里是指在正常施工生产条件下，完成规定计量单位的建筑安装产品所消耗的生产工人的工日数量。它由分项工程所综合的各个工序劳动定额包括的基本用工、其他用工两部分组成。

（2）人工日工资单价。人工日工资单价是指直接从事建筑安装工程施工的生产工人在每个法定工作日的工资、津贴及奖金等。

人工费的基本计算公式为：

$$人工费 = \sum (工日消耗量 \times 日工资单价) \tag{1.3.1}$$

（二）材料费

建筑安装工程费中的材料费，是指工程施工过程中耗费的各种原材料、半成品、构配件、工程设备等的费用，以及周转材料等的摊销、租赁费用。计算材料费的基本要素是材料消耗量和材料单价。

（1）材料消耗量。材料消耗量是指在正常施工生产条件下，完成规定计量单位的建筑安装产品所消耗的各类材料的净用量和不可避免的损耗量。

（2）材料单价。材料单价是指建筑材料从其来源地运到施工工地仓库直至出库形成的综合平均单价。由材料原价、运杂费、运输损耗费、采购及保管费组成。当一般纳税人采用一般计税方法时，材料单价中的材料原价、运杂费等均应扣除增值税进项税额。

材料费的基本计算公式为：

$$材料费 = \sum(材料消耗量 \times 材料单价) \tag{1.3.2}$$

（3）工程设备。工程设备是指构成或计划构成永久工程一部分的机电设备、金属结构设备、仪器装置及其他类似的设备和装置。

（三）施工机具使用费

建筑安装工程费中的施工机具使用费，是指施工作业所发生的施工机械、仪器仪表使用费或其租赁费。

（1）施工机械使用费。施工机械使用费是指施工机械作业发生的使用费或租赁费。构成施工机械使用费的基本要素是施工机械台班消耗量和机械台班单价。施工机械台班消耗量是指在正常施工生产条件下，完成规定计量单位的建筑安装产品所消耗的施工机械台班的数量。施工机械台班单价是指折合到每台班的施工机械使用费。

施工机械使用费的基本计算公式为

$$施工机械使用费 = \sum(施工机械台班消耗量 \times 机械台班单价) \tag{1.3.3}$$

施工机械台班单价通常由折旧费、检修费、维护费、安拆费及场外运费、人工费、燃料动力费和其他费用组成。

（2）仪器仪表使用费。仪器仪表使用费是指工程施工所需使用的仪器仪表的摊销及维修费用。

仪器仪表使用费的基本计算公式为：

$$仪器仪表使用费 = \sum(仪器仪表台班消耗量 \times 仪器仪表台班单价) \tag{1.3.4}$$

仪器仪表台班单价通常由折旧费、维护费、校验费和动力费组成。

当一般纳税人采用一般计税方法时，施工机械台班单价和仪器仪表台班单价中的相关子项均需扣除增值税进项税额。

（四）企业管理费

1. 企业管理费的内容

企业管理费是指施工单位组织施工生产和经营管理所发生的费用。内容包括：

（1）管理人员工资。管理人员工资是指按规定支付给管理人员的计时工资、奖金、津贴补贴、加班加点工资及特殊情况下支付的工资等。

（2）办公费。办公费是指企业管理办公用的文具、纸张、账簿、印刷、邮电、书报、办公软件、现场监控、会议、水电、烧水和集体取暖降温（包括现场临时宿舍取暖降温）等费用。当一般纳税人采用一般计税方法时，办公费中增值税进项税额的抵扣原则：以购进货物适用的相应税率扣减，其中购进自来水、暖气冷气、图书、报纸、杂志等适用的税率为11%，接受邮政和基础电信服务等适用的税率为 11%，接受增值电信服务等适用的税率为 6%，其他一般为 17%。

（3）差旅交通费。差旅交通费是指职工因公出差、调动工作的差旅费、住勤补助费，市内交通费和误餐补助费，职工探亲路费，劳动力招募费，职工退休、退职一次性路费，工伤人员就医路费，工地转移费以及管理部门使用的交通工具的油料、燃料等费用。

（4）固定资产使用费。固定资产使用费是指管理和试验部门及附属生产单位使用的属于固定资产的房屋、设备、仪器等的折旧、大修、维修或租赁费。当一般纳税人采用一般计税方法时，固定资产使用费中增值税进项税额的抵扣原则：2016 年 5 月 1 日后以直接购买、接受捐赠、接受投资入股、自建以及抵债等各种形式取得并在会计制度上按固定资产核算的不动产或者 2016 年 5 月 1 日后取得的不动产在建工程，其进项税额应自取得之日起分两年扣减，第一年抵扣比例为 60%，第二年抵扣比例为 40%。设备、仪器的折旧、大修、维修或租赁费以购进货物、接受修理修配劳务或租赁有形动产服务适用的税率扣减，均为 17%。

（5）工具用具使用费。工具用具使用费是指企业施工生产和管理使用的不属于固定资产的工具、器具、家具、交通工具和检验、试验、测绘、消防用具等的购置、维修和摊销费。当一般纳税人采用一般计税方法时，工具用具使用费中增值税进项税额的抵扣原则：以购进货物或接受修理修配劳务适用的税率扣减，均为 17%。

（6）劳动保险和职工福利费。劳动保险和职工福利费是指由企业支付的职工退职金、按规定支付给离休干部的经费，集体福利费、夏季防暑降温、冬季取暖补贴、上下班交通补贴等。

（7）劳动保护费。劳动保护费是企业按规定发放的劳动保护用品的支出。如工作服、手套、防暑降温饮料以及在有碍身体健康的环境中施工的保健费用等。

（8）检验试验费。检验试验费是指施工企业按照有关标准规定，对建筑以及材料、构件和建筑安装物进行一般鉴定、检查所发生的费用，包括自设试验室进行试验所耗用的材料等费用。不包括新结构、新材料的试验费，对构件做破坏性试验及其他特殊要求检验试验的费用和建设单位委托检测机构进行检测的费用，对此类检测发生的费用，由建设单位在工程建设其他费用中列支。但对施工企业提供的具有合格证明的材料进行检测不合格的，该检测费用由施工企业支付。当一般纳税人采用一般计税方法时，检验试验费中增值税进项税额现代服务业以适用的税率 6% 扣减。

（9）工会经费。工会经费是指企业按《工会法》规定的全部职工工资总额比例计提的工会经费。

（10）职工教育经费。职工教育经费是指按职工工资总额的规定比例计提，企业为职工进行专业技术和职业技能培训、专业技术人员继续教育、职工职业技能鉴定、职业资格认定以及根据需要对职工进行各类文化教育所发生的费用。

（11）财产保险费。财产保险费是指施工管理用财产、车辆等的保险费用。

（12）财务费。财务费是指企业为施工生产筹集资金或提供预付款担保、履约担保、职工工资支付担保等所发生的各种费用。

（13）税金。税金是指企业按规定缴纳的房产税、非生产性车船使用税、土地使用税、印花税、城市维护建设税、教育费附加、地方教育附加等各项税费。

（14）其他。其他费用包括技术转让费、技术开发费、投标费、业务招待费、绿化费、广告费、公证费、法律顾问费、审计费、咨询费、保险费等。

2. 企业管理费的计算方法

企业管理费一般采用取费基数乘以费率的方法计算，取费基数有三种，分别是：以直接费为计算基础、以人工费和施工机具使用费合计为计算基础及以人工费为计算基础。

工程造价管理机构在确定计价定额中的企业管理费时，应以定额人工费或定额人工费与施工机具使用费之和作为计算基数，其费率根据历年积累的工程造价资料，辅以调查数据确定。

（五）利　润

利润是指施工单位从事建筑安装工程施工所获得的盈利，由施工企业根据企业自身需求并结合建筑市场实际自主确定。工程造价管理机构在确定计价定额中利润时，应以定额人工费或定额人工费与施工机具使用费之和作为计算基数，其费率根据历年积累的工程造价资料，并结合建筑市场实际确定，以单位（单项）工程测算，利润在税前建筑安装工程费的比重可按不低于5%且不高于7%的费率计算。

（六）规　费

1. 规费的内容

规费是指按国家法律、法规规定，由省级政府和省级有关权力部门规定施工单位必须缴纳或计取，应计入建筑安装工程造价的费用。规费主要包括社会保险费、住房公积金和工程排污费。

（1）社会保险费。包括：

① 养老保险费：企业按规定标准为职工缴纳的基本养老保险费。

② 失业保险费：企业按照国家规定标准为职工缴纳的失业保险费。

③ 医疗保险费：企业按照规定标准为职工缴纳的基本医疗保险费。

④ 工伤保险费：企业按照国务院制定的行业费率为职工缴纳的工伤保险费。

⑤ 生育保险费：企业按照国家规定为职工缴纳的生育保险。根据"十三五"规划纲要，生育保险与基本医疗保险合并的实施方案已在12个试点城市行政区域进行试点。

（2）住房公积金。它是指企业按规定标准为职工缴纳的住房公积金。

（3）工程排污费。它是指企业按规定缴纳的施工现场工程排污费。

2. 规费的计算

（1）社会保险费和住房公积金。社会保险费和住房公积金应以定额人工费为计算基础，根据工程所在地省、自治区、直辖市或行业建设主管部门规定费率计算。

$$社会保险费和住房公积金 = \sum\left(工程定额人工费 \times 社会保险费和住房公积金费率\right)$$

$$（1.3.5）$$

社会保险费和住房公积金费率，可以每万元发承包价的生产工人人工费和管理人员工资含量与工程所在地规定的缴纳标准综合分析取定。

（2）工程排污费。工程排污费等其他应列而未列入的规费应按工程所在地环境保护等部门规定的标准缴纳，按实计取列入。

（七）税　金

建筑安装工程费用中的税金，是指按照国家税法规定的应计入建筑安装工程造价内的增值税额，按税前造价乘以增值税税率确定。

1. 采用一般计税方法时增值税的计算

当采用一般计税方法时，建筑业增值税税率为 11%。计算公式为：

$$增值税 = 税前造价 \times 11\%$$

$$（1.3.6）$$

税前造价为人工费、材料费、施工机具使用费、企业管理费、利润和规费之和，各费用项目均以不包含增值税可抵扣进项税额的价格计算。

2. 采用简易计税方法时增值税的计算

1）简易计税的适用范围

根据《营业税改征增值税试点实施办法》以及《营业税改征增值税试点有关事项的规定》的规定，简易计税方法主要适用于以下几种情况：

（1）小规模纳税人发生应税行为适用简易计税方法计税。小规模纳税人通常是指纳税人提供建筑服务的年应征增值税销售额未超过 500 万元，并且会计核算不健全，不能按规定报送有关税务资料的增值税纳税人。年应税销售额超过 500 万元，但不经常发生应税行为的单位也可选择按照小规模纳税人计税。

（2）一般纳税人以清包工方式提供的建筑服务，可以选择适用简易计税方法计税。以清包工方式提供建筑服务，是指施工方不采购建筑工程所需的材料或只采购辅助材料，并收取人工费、管理费或者其他费用的建筑服务。

（3）一般纳税人为甲供工程提供的建筑服务，就可以选择适用简易计税方法计税。甲供工程，是指全部或部分设备、材料、动力由工程发包方自行采购的建筑工程。

（4）一般纳税人为建筑工程老项目提供的建筑服务，可以选择适用简易计税方法计税。建筑工程老项目：①《建筑工程施工许可证》注明的合同开工日期在 2016 年 4 月 30 日前的建筑工程项目，②未取得《建筑工程施工许可证》的，建筑工程承包合同注明的开工日期在 2016 年 4 月 30 日前的建筑工程项目。

2）简易计税的计算方法

当采用简易计税方法时，建筑业增值税税率为 3%。计算公式为：

$$增值税 = 税前造价 \times 3\%$$

$$（1.3.7）$$

税前造价为人工费、材料费、施工机具使用费、企业管理费、利润和规费之和，各费用项目均以包含增值税进项税额的含税价格计算。

三、按造价形成划分建筑安装工程费用项目构成和计算

建筑安装工程费按照工程造价形成由分部分项工程费、措施项目费、其他项目费、规费和税金组成。

（一）分部分项工程费

分部分项工程费是指各专业工程的分部分项工程应予列支的各项费用。各类专业工程的分部分项工程划分遵循国家或行业工程量计算规范的规定。分部分项工程费通常用分部分项工程量乘以综合单价进行计算。

$$分部分项工程费 = \sum(分部分项工程量 \times 综合单价) \qquad (1.3.8)$$

综合单价包括人工费、材料费、施工机具使用费、企业管理费和利润，以及一定范围的风险费用。

（二）措施项目费

1. 措施项目费的构成

措施项目费是指为完成建设工程施工，发生于该工程施工准备和施工过程中的技术、生活、安全、环境保护等方面的费用。措施项目及其包含的内容应遵循各类专业工程的现行国家或行业工程量计算规范。以《房屋建筑与装饰工程工程量计算规范》GB 50854—2013 中的规定为例，措施项目费可以归纳为以下几项：

（1）安全文明施工费。安全文明施工费是指工程项目施工期间，施工单位为保证安全施工、文明施工和保护现场内外环境等所发生的措施项目费用。通常由环境保护费、文明施工费、安全施工费、临时设施费组成。

① 环境保护费：施工现场为达到环保部门要求所需要的各项费用。

② 文明施工费：施工现场文明施工所需要的各项费用。

③ 安全施工费：施工现场安全施工所需要的各项费用。

④ 临时设施费：施工企业为进行建设工程施工所必须搭设的生活和生产用的临时建筑物、构筑物和其他临时设施费用。包括临时设施的搭设、维修、拆除、清理费或摊销费等。

（2）夜间施工增加费。夜间施工增加费是指因夜间施工所发生的夜班补助费、夜间施工降效、夜间施工照明设备摊销及照明用电等措施费用。内容由以下各项组成：

① 夜间固定照明灯具和临时可移动照明灯具的设置、拆除费用。

② 夜间施工时，施工现场交通标志、安全标牌、警示灯的设置、移动、拆除费用。

③ 夜间照明设备摊销及照明用电、施工人员夜班补助、夜间施工劳动效率降低等费用。

（3）非夜间施工照明费。非夜间施工照明费是指为保证工程施工正常进行，在地下室等特殊施工部位施工时所采用的照明设备的安拆、维护及照明用电等费用。

（4）二次搬运费。二次搬运费是指因施工管理需要或因场地狭小等，导致建筑材料、设备等不能一次搬运到位，必须发生的二次或以上搬运所需的费用。

（5）冬雨季施工增加费。冬雨季施工增加费是指因冬雨季天气导致施工效率降低加大投入而增加的费用，以及为确保冬雨季施工质量和安全而采取的保温、防雨等措施所需的费用。内容由以下各项组成：

① 冬雨（风）季施工时增加的临时设施（防寒保温、防雨、防风设施）的搭设、拆除费用。

② 冬雨（风）季施工时，对砌体、混凝土等采用的特殊加温、保温和养护措施费用。

③ 冬雨（风）季施工时，施工现场的防滑处理、对影响施工的雨雪的清除费用。

④ 冬雨（风）季施工时增加的临时设施、施工人员的劳动保护用品、冬雨（风）季施工劳动效率降低等费用。

（6）地上、地下设施和建筑物的临时保护设施费。在工程施工过程中，对已建成的地上、地下设施和建筑物进行的遮盖、封闭、隔离等必要保护措施所发生的费用。

（7）已完工程及设备保护费。竣工验收前，对已完工程及设备采取的覆盖、包裹、封闭、隔离等必要保护措施所发生的费用。

（8）脚手架费。脚手架费是指施工需要的各种脚手架搭、拆、运输费用以及脚手架购置费的摊销（或租赁）费用。通常包括以下内容：

① 施工时可能发生的场内、场外材料搬运费用。

② 搭、拆脚手架、斜道、上料平台费用。

③ 安全网的铺设费用。

④ 拆除脚手架后材料的堆放费用。

（9）混凝土模板及支架（撑）费。混凝土施工过程中需要的各种钢模板、木模板、支架等的支拆、运输费用及模板、支架的摊销（或租赁）费用。内容由以下各项组成：

① 混凝土施工过程中需要的各种模板制作费用。

② 模板安装、拆除、整理堆放及场内外运输费用。

③ 清理模板黏结物及模内杂物、刷隔离剂等费用。

（10）垂直运输费。垂直运输费是指现场所用材料、机具从地面运至相应高度以及职工人员上下工作面等所发生的运输费用。内容由以下各项组成：

① 垂直运输机械的固定装置、基础制作、安装费。

② 行走式垂直运输机械轨道的铺设、拆除、摊销费。

（11）超高施工增加费。当单层建筑物檐口高度超过 20 m，多层建筑物超过 6 层时，可计算超高施工增加费，内容由以下各项组成：

① 建筑物超高引起的人工工效降低以及由于人工工效降低引起的机械降效费。

② 高层施工用水加压水泵的安装、拆除及工作台班费。

③ 通信联络设备的使用及摊销费。

（12）大型机械设备进出场及安拆费。机械整体或分体自停放场地运至施工现场或由一个施工地点运至另一个施工地点，所发生的机械进出场运输和转移费用及机械在施工现场进行安装、拆卸所需的人工费、材料费、机具费、试运转费和安装所需的辅助设施的费用。内容由安拆费和进出场费组成：

① 安拆费包括施工机械、设备在现场进行安装拆卸所需人工、材料、机具和试运转费用以及机械辅助设施的折旧、搭设、拆除等费用。

② 进出场费包括施工机械、设备整体或分体自停放地点运至施工现场或由一施工地点运

至另一施工地点所发生的运输、装卸、辅助材料等费用。

（13）施工排水、降水费。施工排水、降水费是指将施工期间有碍施工作业和影响工程质量的水排到施工场地以外，以及防止在地下水位较高的地区开挖深基坑出现基坑浸水，地基承载力下降，在动水压力作用下还可能引起流砂、管涌和边坡失稳等现象而必须采取有效的降水和排水措施费用。该项费用由成井和排水、降水两个独立的费用项目组成：

① 成井。成井的费用主要包括：a. 准备钻孔机械、埋设护筒、钻机就位，泥浆制作、固壁，成孔、出渣、清孔等费用；b. 对接上、下井管（滤管），焊接，安防，下滤料，洗井，连接试抽等费用。

② 排水、降水。排水、降水的费用主要包括：a. 管道安装、拆除，场内搬运等费用；b. 抽水、值班、降水设备维修等费用。

（14）其他。根据项目的专业特点或所在地区不同，可能会出现其他的措施项目。如工程定位复测费和特殊地区施工增加费等。

2. 措施项目费的计算

按照有关专业工程量计算规范规定，措施项目分为应予计量的措施项目和不宜计量的措施项目两类。

1）应予计量的措施项目

基本与分部分项工程费的计算方法基本相同，公式为：

$$措施项目费 = \sum(措施项目工程量 \times 综合单价) \qquad (1.3.9)$$

不同的措施项目其工程量的计算单位是不同的，分列如下：

（1）脚手架费通常按建筑面积或垂直投影面积按"m^2"计算。

（2）混凝土模板及支架（撑）费通常是按照模板与现浇混凝土构件的接触面积以"m^2"计算。

（3）垂直运输费可根据不同情况用两种方法进行计算：①按照建筑面积以"m^2"为单位计算；②按照施工工期日历天数以"天"为单位计算。

（4）超高施工增加费通常按照建筑物超高部分的建筑面积以"m^2"为单位计算。

（5）大型机械设备进出场及安拆费通常按照机械设备的使用数量以"台次"为单位计算。

（6）施工排水、降水费分两个不同的独立部分计算：①成井费用通常按照设计图示尺寸以钻孔深度按"m"计算；②排水、降水费用通常按照排、降水日历天数按"昼夜"计算。

2）不宜计量的措施项目

对于不宜计量的措施项目，通常用计算基数乘以费率的方法予以计算。

（1）安全文明施工费。计算公式为：

$$安全文明施工费 = 计算基数 \times 安全文明施工费费率（\%） \qquad (1.3.10)$$

计算基数应为定额基价（定额分部分项工程费 + 定额中可以计量的措施项目费）、定额人工费或定额人工费与施工机具使用费之和，其费率由工程造价管理机构根据各专业工程的特点综合确定。

（2）其余不宜计量的措施项目。这包括夜间施工增加费，非夜间施工照明费，二次搬运费，冬雨季施工增加费，地上、地下设施和建筑物的临时保护设施费，已完工程及设备保护费等。计算公式为：

$$措施项目费 = 计算基数 \times 措施项目费费率（\%） \tag{1.3.11}$$

公式（1.3.11）中的计算基数应为定额人工费或定额人工费与定额施工机具使用费之和，其费率由工程造价管理机构根据各专业工程特点和调查资料综合分析后确定。

（三）其他项目费

1. 暂列金额

暂列金额是指建设单位在工程量清单中暂定并包括在工程合同价款中的一笔款项。用于施工合同签订时尚未确定或者不可预见的所需材料、工程设备、服务的采购，施工中可能发生的工程变更、合同约定调整因素出现时的工程价款调整以及发生的索赔、现场签证确认等的费用。

暂列金额由建设单位根据工程特点，按有关计价规定估算，施工过程中由建设单位掌握使用、扣除合同价款调整后如有余额，归建设单位。

2. 计日工

计日工是指在施工过程中，施工单位完成建设单位提出的工程合同范围以外的零星项目或工作，按照合同中约定的单价计价形成的费用。

计日工由建设单位和施工单位按施工过程中形成的有效签证来计价。

3. 总承包服务费

总承包服务费是指总承包人为配合、协调建设单位进行的专业工程发包。对建设单位自行采购的材料、工程设备等进行保管以及施工现场管理、竣工资料汇总整理等服务所需的费用。

总承包跟务费由建设单位在招标控制价中根据总包范围和有关计价规定编制，施工单位投标时自主报价，施工过程中按签约合同价执行。

（四）规费和税金

规费和税金的构成和计算与按费用构成要素划分建筑安装工程费用项目组成部分是相同的。

第四节　工程建设其他费用的构成和计算

工程建设其他费用，是指在建设期发生的与土地使用权取得、整个工程项目建设以及未来生产经营有关的构成建设投资但不包括在工程费用中的费用。

一、建设用地费

任何一个建设项目都固定于一定地点与地面相连接，必须占用一定量的土地，也就必然要发生为获得建设用地而支付的费用，这就是建设用地费，是指为获得工程项目建设土地的使用权而在建设期内发生的各项费用。它包括通过划拨方式取得土地使用权而支付的土地征用及迁移补偿费,或者通过土地使用权出让方式取得土地使用权而支付的土地使用权出让金。

(一)建设用地取得的基本方式

建设用地的取得,实质是依法获取国有土地的使用权。根据《中华人民共和国土地管理法》《中华人民共和国土地管理法实施条例》《中华人民共和国城市房地产管理法》规定,获取国有土地使用权的基本方式有两种:一是出让方式,二是划拨方式。建设土地取得的基本方式还包括租赁和转让方式。

1. 通过出让方式获取国有土地使用权

国有土地使用权出让,是指国家将国有土地使用权在一定年限内出让给土地使用者,由土地使用者向国家支付土地使用权出让金的行为。土地使用权出让最高年限按下列用途确定:

(1)居住用地70年。

(2)工业用地50年。

(3)教育、科技、文化、卫生、体育用地50年。

(4)商业、旅游、娱乐用地40年。

(5)综合或者其他用地50年。

通过出让方式获取土地使用权又可以分成两种具体方式:一是通过招标、拍卖、挂牌等竞争出让方式获取国有土地使用权,二是通过协议出让方式获取国有土地使用权。

(1)通过竞争出让方式获取国有土地使用权。按照国家相关规定,工业(包括仓储用地,但不包括采矿用地)、商业、旅游、娱乐和商品住宅等各类经营性用地,必须以招标、拍卖或者挂牌方式出让,上述规定以外用途的土地的供地计划公布后,同一宗地有两个以上意向用地者的,也应当采用招标、拍卖或者挂牌方式出让。

(2)通过协议出让方式获取国有土地使用权。按照国家相关规定,出让国有土地使用权,除依照法律、法规和规章的规定应当采用招标、拍卖或者挂牌方式外,方可采取协议方式。以协议方式出让国有土地使用权的出让金不得低于按国家规定所确定的最低价。协议出让底价不得低于拟出让地块所在区域的协议出让最低价。

2. 通过划拨方式获取国有土地使用权

国有土地使用权划拨,是指县级以上人民政府依法批准,在土地使用者缴纳补偿、安置等费用后将该幅土地交付其使用,或者将土地使用权无偿交付给土地使用者使用的行为。

国家对划拨用地有着严格的规定,下列建设用地,经县级以上人民政府依法批准,可以以划拨方式取得:

(1)国家机关用地和军事用地。

(2)城市基础设施用地和公益事业用地。

(3)国家重点扶持的能源、交通、水利等基础设施用地。

(4)法律、行政法规规定的其他用地。

依法以划拨方式取得土地使用权的,除法律、行政法规另有规定外,没有使用期限的限制。因企业改制、土地使用权转让或者改变土地用途等不再符合目录要求的,应当实行有偿使用。

（二）建设用地取得的费用

建设用地如通过行政划拨方式取得，则须承担征地补偿费用或对原用地单位或个人的拆迁补偿费用；若通过市场机制取得，则不但承担以上费用，还须向土地所有者支付有偿使用费，即土地出让金。

1. 征地补偿费

（1）土地补偿费。土地补偿费是对农村集体经济组织因土地被征用而造成的经济损失的一种补偿。征用耕地的补偿费，为该耕地被征用前三年平均年产值的 6~10 倍。征用其他土地的补偿费标准，由省、自治区、直辖市参照征用耕地的土地补偿费标准制定。土地补偿费归农村集体经济组织所有。

（2）青苗补偿费和地上附着物补偿费。青苗补偿费是因征地时对其正在生长的农作物受到损害而做出的一种赔偿。在农村实行承包责任制后，农民自行承包土地的青苗补偿费应付给本人，属于集体种植的青苗补偿费可纳入当年集体收益。凡在协商征地方案后抢种的农作物、树木等，一律不予补偿。地上附着物是指房屋、水井、树木、涵洞、桥梁、公路、水利设施、林木等地面建筑物、构筑物、附着物等。视协商征地方案前地上附着物价值与折旧情况确定，应根据"拆什么、补什么；拆多少，补多少，不低于原来水平"的原则确定。如附着物产权属个人，则该项补助费付给个人。地上附着物的补偿标准，由省、自治区、直辖市规定。

（3）安置补助费。安置补助费应支付给被征地单位和安置劳动力的单位，作为劳动力安置与培训的支出，以及作为不能就业人员的生活补助。征收耕地的安置补助费，按照需要安置的农业人口数计算。需要安置的农业人口数，按照被征收的耕地数量除以征地前被征收单位平均每人占有耕地的数量计算。每一个需要安置的农业人口的安置补助费标准，为该耕地被征收前三年平均年产值的 4~6 倍。但是，每公顷被征收耕地的安置补助费，最高不得超过被征收前三年平均年产值的 15 倍。土地补偿费和安置补助费，尚不能使需要安置的农民保持原有生活水平的，经省、自治区、直辖市人民政府批准，可以增加安置补助费。但是，土地补偿费和安置补助费的总和不得超过土地被征收前三年平均年产值的 30 倍。

（4）新菜地开发建设基金。新菜地开发建设基金指征用城市郊区商品菜地时支付的费用。这项费用交给地方财政，作为开发建设新菜地的投资。菜地是指城市郊区为供应城市居民蔬菜，连续 3 年以上常年种菜地或者养殖鱼、虾等的商品菜地和精养鱼塘。一年只种一茬或因调整茬口安排种植蔬菜的，均不作为需要收取开发基金的菜地。征用尚未开发的规划菜地。不缴纳新菜地开发建设基金。在蔬菜产销放开后，能够满足供应，不再需要开发新菜地的城市，不收取新菜地开发基金。

（5）耕地占用税。耕地占用税是对占用耕地建房或者从事其他非农业建设的单位和个人征收的一种税收，目的是合理利用土地资源、节约用地，保护农用耕地。耕地占用税征收范围，不仅包括占用耕地，还包括占用鱼塘、园地、菜地及其农业用地建房或者从事其他非农业建设，均按实际占用的面积和规定的税额一次性征收。其中，耕地是指用于种植农作物的土地。占用前三年曾用于种植农作物的土地也视为耕地。

（6）土地管理费。土地管理费主要作为征地工作中所发生的办公、会议、培训、宣传、差旅、借用人员工资等必要的费用。土地管理费的收取标准，一般是在土地补偿费、青苗费、地上附着物补偿费、安置补助费四项费用之和的基础上提取 2%～4%。如果是征地包干，还应在四项费用之和后再加上粮食价差、副食补贴、不可预见费等费用，在此基础上提取 2%～4%作为土地管理费。

2. 拆迁补偿费用

在城市规划区内国有土地上实施房屋拆迁，拆迁人应当对被拆迁人给予补偿、安置。

（1）拆迁补偿金。拆迁补偿金的方式可以实行货币补偿，也可以实行房屋产权调换。货币补偿的金额，根据被拆迁房屋的区位、用途、建筑面积等因素，以房地产市场评估价格确定，具体办法由省、自治区、直辖市人民政府制定。

实行房屋产权调换的，拆迁人与被拆迁人按照计算得到的被拆迁房屋的补偿金额和所调换房屋的价格，结清产权调换的差价。

（2）搬迁、安置补助费。拆迁人应当对被拆迁人或者房屋承租人支付搬迁补助费，对于在规定的搬迁期限届满前搬迁的，拆迁人可以付给提前搬家奖励费；在过渡期限内，被拆迁人或者房屋承租人自行安排住处的，拆迁人应当支付临时安置补助费；被拆迁人或者房屋承租人使用拆迁人提供的周转房的，拆迁人不支付临时安置补助费。

搬迁补助费和临时安置补助费的标准，由省、自治区、直辖市人民政府规定。有些地区规定，拆除非住宅房屋，造成停产、停业引起经济损失的，拆迁人可以根据被拆除房屋的区位和使用性质，按照一定标准给予一次性停产停业综合补助费。

3. 出让金、土地转让金

土地使用权出让金为用地单位向国家支付的土地所有权收益，出让金标准一般参考城市基准地价并结合其他因素制定。基准地价由市土地管理局会同市物价局、市国有资产管理局、市房地产管理局等部门综合平衡后报市级人民政府审定通过，它以城市土地综合定级为基础，用某一地价或地价幅度表示某一类别用地在某一土地级别范围的地价，以此作为土地使用权出让价格的基础。

在有偿出让和转让土地时，政府对地价不作统一规定，但应坚持以下原则：即地价对目前的投资环境不产生大的影响，地价与当地的社会经济承受能力相适应，地价要考虑已投入的土地开发费用、土地市场供求关系、土地用途、所在区类、容积率和使用年限等。有偿出让和转让使用权，要向土地受让者征收契税；转让土地如有增值，要向转让者征收土地增值税，土地使用者每年应按规定的标准缴纳土地使用费。土地使用权出让或转让，应先由地价评估机构进行价格评估后，再签订土地使用权出让和转让合同。土地使用权出让合同约定的使用年限届满，土地使用者需要继续使用土地的，应当至迟于届满前一年申请续期，除根据社会公共利益需要收回该幅土地的，应当予以批准。经批准准予续期的，应当重新签订土地使用权出让合同，依照规定支付土地使用权出让金。

二、与项目建设有关的其他费用

（一）建设管理费

建设管理费是指建设单位为组织完成工程项目建设，在建设期内发生的各类管理性费用。

1. 建设管理费的内容

（1）建设单位管理费乡是指建设单位发生的管理性质的开支，包括：工作人员工资、工资性补贴、施工现场津贴、职工福利费、住房基金、基本养老保险费、基本医疗保险费、失业保险费、工伤保险费、办公费、差旅交通费、劳动保护费、工具用具使用费、固定资产使用费、必要的办公及生活用品购置费、必要的通信设备及交通工具购置费、零星固定资产购置费、招募生产工人费、技术图书资料费、业务招待费、设计审查费、工程招标费、合同契约公证费、法律顾问费、工程咨询费、完工清理费、竣工验收费、印花税和其他管理性质开支。

（2）工程监理费。这是指建设单位委托工程监理单位实施工程监理的费用。按照国家发展改革委关于《进一步放开建设项目专业服务价格的通知》（发改价格〔2015〕299号）规定，此项费用实行市场调节价。

（3）工程总承包管理费。如建设管理采用工程总承包方式，其总包管理费由建设单位与总包单位根据总包工作范围在合同中商定，从建设管理费中支出。

2. 建设管理费的计算

建设单位管理费按照工程费用之和（包括设备工器具购置费和建筑安装工程费用）乘以建设单位管理费费率计算。

$$建设单位管理费 = 工程费用 \times 建设单位管理费率 \qquad (1.4.1)$$

建设单位管理费费率按照建设项目的不同性质、不同规模确定。有的建设项目按照建设工期和规定的金额计算建设单位管理费。如采用监理，建设单位部分管理工作量转移至监理单位。监理费应根据委托的监理工作范围和监理深度在监理合同中商定。

（二）可行性研究费

可行性研究费是指在工程项目投资决策阶段，依据调研报告对有关建设方案、技术方案或生产经营方案进行的技术经济论证，以及编制、评审可行性研究报告所需的费用。此项费用应依据前期研究委托合同计列，按照国家发展改革委关于《进一步放开建设项目专业服务价格的通知》（发改价格〔2015〕2号）规定，此项费月实行市场调节价。

（三）研究试验费

研究试验费是指为建设项目提供或验证设计数据、资料等进行必要的研究试验及按照相关规定在建设过程中必须进行试验、验证所需的费用。它包括自行或委托其他部门研究试验所需人工费、材料费、试验设备及仪器使用费等。这项费用按照设计单位根据本工程项目的需要提出的研究试验内容和要求计算。在计算时要注意不应包括以下项目：

（1）应由科技三项费用（即新产品试制费、中间试验费和重要科学研究补助费）开支的项目。

（2）应在建筑安装费用中列支的施工企业对建筑材料、构件和建筑物进行一般鉴定、检查所发生的费用及技术革新的研究试验费。

（3）应由勘察设计费或工程费用中开支的项目。

（四）勘察设计费

勘察设计费是指对工程项目进行工程水文地质勘察、工程设计所发生的费用。它包括：

工程勘察费、初步设计费（基础设计费）、施工图设计费（详细设计费）、设计模型制作费。按照国家发展改革委关于《进一步放开建设项目专业服务价格的通知》（发改价格〔2015〕299号）规定，此项费用实行市场调节价。

（五）专项评价及验收费

专项评价及验收费包括环境影响评价费、安全预评价及验收费、职业病危害预评价及控制效果评价费、地展安全性评价费、地质灾害危险性评级费、水土保持评价及验收费、压覆矿产资源评价费、节能评估及评审费、危险与可操作性分析及安全完整性评价费以及其他专项评价及验收费。按照国家发展改革委关于《进一步放开建设项目专业服务价格的通知》（发改价格〔2015〕299号）规定，这些专项评价及验收费用均实行市场调节价。

1. 环境影响评价费

环境影响评价费是指在工程项目投资决策过程中，对其进行环境污染或影响评价所需的费用。它包括编制环境影响报告书（含大纲）、环境影响报告表和评估等所需的费用，以及建设项目竣工验收阶段环境保护验收调查和环境监测、编制环境保护验收报告的费用。

2. 安全预评价及验收费

安全预评价及验收费指为预测和分析建设项目存在的危害因素种类和危险危害程度，提出先进、科学、合理可行的安全技术和管理对策，而编制评价大纲、编写安全评价报告书和评估等所需的费用，以及在竣工阶段验收时所发生的费用。

3. 职业病危害预评价及控制效果评价费

职业病危害预评价及控制效果评价费指建设项目因可能产生职业病危害，而编制职业病危害预评价书、职业病危害控制效果评价书和评估所需的费用。

4. 地震安全性评价费

地震安全性评价费是指通过对建设场地和场地周围的地震活动与地震、地质环境的分析，而进行的地震活动环境评价、地震地质构造评价、地震地质灾害评价，编制地震安全评价报告书和评估所需的费用。

5. 地质灾害危险性评价费

地质灾害危险性评价费是指在灾害易发区对建设项目可能诱发的地质灾害和建设项目本身可能遭受的地质灾害危险程度的预测评价，编制评价报告书和评估所需的费用。

6. 水土保持评价及验收费

水土保持评价及验收费是指对建设项目在生产建设过程中可能造成水土流失进行预测，编制水土保持方案和评估所需的费用，以及在施工期间的监测、竣工阶段验收时所发生的费用。

7. 压覆矿产资源评价费

压覆矿产资源评价费是指对需要压覆重要矿产资源的建设项目，编制压覆重要矿床评价和评估所需的费用。

8. 节能评估及评审费

节能评估及评审费是指对建设项目的能源利用是否科学合理进行分析评估，并编制节能评估报告以及评估所发生的费用。

9. 危险与可操作性分析及安全完整性评价费

危险与可操作性分析及安全完整性评价费是指对应用于生产具有流程性工艺特征的新建、改建、扩建项目进行工艺危害分析和对安全仪表系统的设置水平及可靠性进行定量评估所发生的费用。

10. 其他专项评价及验收费

其他专项评价及验收费是指根据国家法律法规，建设项目所在省、自治区、直辖市人民政府有关规定，以及行业规定需进行的其他专项评价、评估、咨询和验收所需的费用。如重大投资项目社会稳定风险评估、防洪评价等。

（六）场地准备及临时设施费

1. 场地准备及临时设施费的内容

（1）建设项目场地准备费是指为使工程项目的建设场地达到开工条件，由建设单位组织进行的场地平整等准备工作而发生的费用。

（2）建设单位临时设施费是指建设单位为满足工程项目建设、生活、办公的需要，用于临时设施建设、维修、租赁、使用所发生或摊销的费用。

2. 场地准备及临时设施费的计算

（1）场地准备及临时设施应尽量与永久性工程统一考虑。建设场地的大型土石方工程应进入工程费用中的总体运输费用中。

（2）新建项目的场地准备和临时设施费应根据实际工程量估算，或按工程费用的比例计算。改扩建项目一般只计拆除清理费。

$$场地准备和临时设施费＝工程费用×费率＋拆除清理费 \qquad （1.4.2）$$

（3）发生拆除清理费时可按新建同类工程造价或主材费、设备费的比例计算。凡可回收材料的拆除工程采用以料抵工方式冲抵拆除清理费。

（4）此项费用不包括已列入建筑安装工程费用中的施工单位临时设施费用。

（七）引进技术和引进设备其他费

引进技术和引进设备其他费是指引进技术和设备发生的但未计入设备购置费中的费用。

（1）引进项目图纸资料翻译复制费、备品备件测绘费。可根据引进项目的具体情况计列或按引进货价（FOB）的比例估列；引进项目发生备品备件测绘费时按具体情况估列。

（2）出国人员费用，包括买方人员出国设计联络、出国考察、联合设计、监造、培训等所发生的差旅费、生活费等。依据合同或协议规定的出国人次、期限以及相应的费用标准计算。生活费按照财政部、外交部规定的现行标准计算，差旅费按中国民航公布的票价计算。

（3）来华人员费用。这包括卖方来华工程技术人员的现场办公费用、往返现场交通费用、接待费用等。依据引进合同或协议有关条款及来华技术人员派遣计划进行计算。来华人员接待费用可按每人次费用指标计算。引进合同价款中已包括的费用内容不得重复计算。

（4）银行担保及承诺费。引进项目由国内外金融机构出面承担风险和责任担保所发生的费用，以及支付贷款机构的承诺费。应按担保或承诺协议计取，投资估算和概算编制时可以担保金额或承诺金额为基数乘以费率计算。

（八）工程保险费

工程保险费是指为转移工程项目建设的意外风险，在建设期内对建筑工程、安装工程、机械设备和人身安全进行投保而发生的费用。它包括建筑安装工程一切险、引进设备财产保险和人身意外伤害险等。

根据不同的工程类别，分别以其建筑、安装工程费乘以建筑、安装工程保险费率计算。民用建筑（住宅楼、综合性大楼、商场、旅馆、医院、学校）占建筑工程费的 2‰～4‰；其他建筑（工业厂房、仓库、道路、码头、水坝、隧道、桥梁、管道等）占建筑工程费的 3‰～6‰；安装工程（农业、工业、机械、电子、电器、纺织、矿山、石油、化学及钢铁工业、钢结构桥梁）占建筑工程费的 3‰～6‰。

（九）特殊设备安全监督检验费

特殊设备安全监督检验费是指安全监察部门对在施工现场组装的锅炉及压力容器、压力管道、消防设备、燃气设备、电梯等特殊设备和设施实施安全检验收取的费用。此项费用按照建设项目所在省（自治区、直辖市）安全监察部门的规定标准计算。无具体规定的，在编制投资估算和概算时可按受检设备现场安装费的比例估算。

（十）市政公用设施费

市政公用设施费是指使用市政公用设施的工程项目，按照项目所在地省级人民政府有关规定建设或缴纳的市政公用设施建设配套费用以及绿化工程补偿费用。此项费用按工程所在地人民政府规定标准计列。

三、与未来生产经营有关的其他费用

（一）联合试运转费

联合试运转费是指新建或新增加生产能力的工程项目，在交付生产前按照设计文件规定的工程质量标准和技术要求，对整个生产线或装置进行负荷联合试运转所发生的费用净支出（试运转支出大于收入的差额部分费用）。试运转支出包括试运转所需原材料、燃料及动力消耗、低值易耗品、其他物料消耗、工具用具使用费、机械使用费、保险金、施工单位参加试运转人员工资以及专家指导费等；试运转收入包括试运转期间的产品销售收入和其他收入。联合试运转费不包括应由设备安装工程费用开支的调试及试车费用，以及在试运转中暴露出来的因施工原因或设备缺陷等发生的处理费用。

（二）专利及专有技术使用费

专利及专有技术使用费是指在建设期内为取得专利、专有技术、商标权、商誉、特许经营权等发生的费用。

1. 专利及专有技术使用费的主要内容

（1）国外设计及技术资料费、引进有效专利、专有技术使用费和技术保密费。

（2）国内有效专利、专有技术使用费用。

（3）商标权、商誉和特许经营权费等。

2. 专利及专有技术使用费的计算

在专利及专有技术使用费的计算时应注意以下问题：

（1）按专利使用许可协议和专有技术使用合同的规定计列。

（2）专有技术的界定应以省、部级鉴定批准为依据。

（3）项目投资中只计算需在建设期支付的专利及专有技术使用费。协议或合同规定在生产期支付的使用费应在生产成本中核算。

（4）一次性支付的商标权、商誉及特许经营权费按协议或合同规定计列。协议或合同规定在生产期支付的商标权或特许经营权费应在生产成本中核算。

（5）为项目配套的专用设施投资，包括专用铁路线、专用公路、专用通信设施、送变电站、地下管道、专用码头等，如由项目建设单位负责投资但产权不归属本单位的，应作无形资产处理。

（三）生产准备费

1. 生产准备费的内容

在建设期内，建设单位为保证项目正常生产而发生的人员培训费、提前进厂费以及投产使用必备的办公、生活家具用具及工器具等的购置费用。包括：

（1）人员培训费及提前进厂费。这包括自行组织培训或委托其他单位培训的人员工资、工资性补贴、职工福利费、差旅交通费、劳动保护费、学习资料费等。

（2）为保证初期正常生产（或营业、使用）所必需的生产办公、生活家具用具购置费。

2. 生产准备费的计算

（1）新建项目按设计定员为基数计算，改扩建项目按新增设计定员为基数计算：

$$生产准备费 = 设计定员 \times 生产准备费指标（元/人） \tag{1.4.3}$$

（2）可采用综合的生产准备费指标进行计算，也可以按费用内容的分类指标计算。

第五节　预备费和建设期利息的计算

一、预备费

预备费是指在建设期内因各种不可预见因素的变化而预留的可能增加的费用，包括基本预备费和价差预备费。

（一）基本预备费

1. 基本预备费的内容

基本预备费是指投资估算或工程概算阶段预留的，由于工程实施中不可预见的工程变更及洽商、一般自然灾害处理、地下障碍物处理、超规超限设备运输等而可能增加的费用，亦可称为工程建设不可预见费。基本预备费一般由以下四部分构成：

（1）工程变更及洽商。在批准的初步设计范围内，技术设计、施工图设计及施工过程中所增加的工程费用；设计变更、工程变更、材料代用、局部地基处理等增加的费用。

（2）一般自然灾害处理。一般自然灾害造成的损失和预防自然灾害所采取的措施费用。实行工程保险的工程项目，该费用应适当降低。

（3）不可预见的地下障碍物处理的费用。

（4）超规超限设备运输增加的费用。

2. 基本预备费的计算

基本预备费是按工程费用和工程建设其他费用二者之和为计取基础，乘以基本预备费费率进行计算。

$$基本预备费 = （工程费用 + 工程建设其他费用）\times 基本预备费费率 \qquad （1.5.1）$$

基本预备费费率的取值应执行国家及部门的有关规定。

（二）价差预备费

1. 价差预备费的内容

价差预备费是指为在建设期内利率、汇率或价格等因素的变化而预留的可能增加的费用，亦称为价格变动不可预见费。价差预备费的内容包括：人工、设备、材料、施工机具的价差费，建筑安装工程费及工程建设其他费用调整，利率、汇率调整等增加的费用。

2. 价差预备费的计算方法

价差预备费一般根据国家规定的投资综合价格指数，按估算年份价格水平的投资额为基数，采用复利方法计算。计算公式为：

$$PF = \sum_{i=1}^{n} I_t \left[(1+f)^m (1+f)^{0.5} (1+f)^{t-1} - 1 \right] \qquad （1.5.2）$$

式中　　PF——价差预备费；

　　　　n——建设期年份数；

　　　　I_t——建设期中第 t 年的静态投资计划额，包括工程费用、工程建设其他费用及基本预备费；

　　　　f——年涨价率；

　　　　m——建设前期年限（从编制估算到开工建设，单位：年）。

年涨价率，政府部门有规定的按规定执行，没有规定的由可行性研究人员预测。

【例 1.5.1】　某建设项目建安工程费 5 000 万元，设备购置费 3 000 万元，工程建设其他费用 2 000 万元，已知基本预备费率 5%，项目建设前期年限为 1 年，建设期为 3 年，各年投资计划额为：第一年完成投资 20%，第二年 60%，第三年 20%。年均投资价格上涨率为 6%，求建设项目建设期间价差预备费。

解：基本预备费 = （5 000 + 3 000 + 2 000）× 5% = 500（万元）

静态投资 = 5 000 + 3 000 + 2 000 + 500 = 10 500（万元）

建设期第一年完成投资 = 10 500 × 20% = 2 100（万元）

第一年涨价预备费：$PF_1 = 2\,100\Big[(1+6\%)^1(1+6\%)^{0.5}(1+6\%)^{1-1}-1\Big] = 191.8$（万元）

第二年完成投资 = 10 500 × 60% = 6 300（万元）

第二年涨价预备费：$PF_2 = 6\,300\Big[(1+6\%)^1(1+6\%)^{0.5}(1+6\%)^{2-1}-1\Big] = 987.9$（万元）

第三年完成投资 = 10 500 × 20% = 2 100（万元）

第三年涨价预备费为：$PF_3 = 2\,100\Big[(1+6\%)^1(1+6\%)^{0.5}(1+6\%)^{3-1}-1\Big] = 475.1$（万元）

所以，建设期的涨价预备费为：

$$PF = 191.8 + 987.9 + 475.1 = 1\,654.8\ （万元）$$

二、建设期利息

建设期利息主要是指在建设期内发生的为工程项目筹措资金的融资费用及债务资金利息。

建设期利息的计算，根据建设期资金用款计划，在总贷款分年均衡发放前提下，可按当年借款在年中支用考虑，即当年借款按半年计息，上年借款按全年计息。计算公式为：

$$q_j = \left(P_{j-1} + \frac{1}{2}A_j\right)\cdot i \qquad\qquad (1.5.3)$$

式中 q_j——建设期第 j 年应计利息；

P_{j-1}——建设期第（$j-1$）年末累计贷款本金与利息之和；

A_j——建设期第 j 年贷款金额；

i——年利率。

利用国外贷款的利息计算中，年利率应综合考虑贷款协议中向贷款方加收的手续费、管理费、承诺费，以及国内代理机构向贷款方收取的转贷费、担保费和管理费等。

【例 1.5.2】 某新建项目，建设期为 3 年，分年均衡进行货款，第一年货款 300 万元，第二年货款 600 万元，第三年货款 400 万元，年利率为 12%，建设期内利息只计息不支付，计算建设期利息。

解：在建设期，各年利息计算如下：

$$q_1 = \frac{1}{2}A_1 \cdot i = \frac{1}{2}\times 300 \times 12\% = 18\ （万元）$$

$$q_2 = \left(P_1 + \frac{1}{2}A_2\right)\cdot i = \left(300 + 18 + \frac{1}{2}\times 600\right)\times 12\% = 74.16\ （万元）$$

$$q_3 = \left(P_2 + \frac{1}{2}A_3\right)\cdot i = \left(318 + 600 + 74.16 + \frac{1}{2}\times 400\right)\times 12\% = 143.06\ （万元）$$

所以，建设期利息 = $q_1 + q_2 + q_3$ = 18 + 74.16 + 143.06 = 235.22（万元）

本章小结

　　本章在简单而准确地阐述了工程造价的含义、计价特征及工程造价内容的基础上，以我国现行建设项目工程造价的构成图为线索，详细地介绍了设备及工器具购置费的构成及计算、我国现行的建筑安装工程费用的构成、工程建设其他费用的构成、预备费、建设期利息的含义及计算方法。其中：重点是我国现行建设项目工程造价的构成及建筑安装工程费用的构成；难点是进口设备抵岸价、价差预备费和建设期贷款利息的计算，应特别注意计算基数的区别及建设期利息计算中当年贷款额取一半计算的问题。

　　通过本章的学习，学生应明确工程造价的含义，初步认识建筑工程造价管理的内容，熟悉我国现行的工程造价构或内容，能够进行相关费用的计算。

习　题

一、单项选择题

1. 根据《建设项目经济评价方法与参数（第三版）》，建设投资由（　　　）三项费用构成。
    A. 工程费用、建设期利息、预备费
    B. 建设费用、建设期利息、流动资金
    C. 工程费用、工程建设其他费用、预备费
    D. 建筑安装工程费、设备及工器具购置费、工程建设其他费用

2. 关于我国现行建设项目投资构成的说法中，正确的是（　　　）。
    A. 生产性建设项目总投资为建设投资和建设期利息之和
    B. 工程造价为工程费用、工程建设其他费用和预备费之和
    C. 固定资产投资为建设投资和建设期利息之和
    D. 工程费用为直接费、间接费、利润和税金之和

3. 根据我国现行建设项目投资构成，建设投资中没有包括的费用是（　　　）。
    A. 工程费用　　　　　　　　　　B. 工程建设其他费用
    C. 建设期利息　　　　　　　　　D. 预备费

4. 根据我国现行工程造价构成，属于固定资产投资中积极部分的是（　　　）。
    A. 建筑安装工程费　　　　　　　B. 设备及工、器具购置费
    C. 建设用地费　　　　　　　　　D. 可行性研究

5. 国际贸易中，CFR 交货方式下买方的基本义务有（　　　）。
    A. 负责租船订舱
    B. 承担货物在装运港越过船舷以后的一切风险
    C. 承担运输途中因遭遇风险引起的额外费用
    D. 在合同约定的装运港领受货物

6. 下列费用项目中，属于工器具及生产家具购置费计算内容的是（　　）。

　A. 未达到固定资产标准的设备购置费

　B. 达到固定资产标准的设备购置费

　C. 引进设备时备品备件的测绘费

　D. 引进设备的专利使用费

7. 下列关于工具、器具及生产家具购置费的表述中，正确的是（　　）。

　A. 该项费用属于设备费

　B. 该项费用属于工程建设其他费用

　C. 该项费用是为了保证项目生产运营期的需要而支付的相关购置费用

　D. 该项费用一般以需要安装的设备购置费为基数乘以一定费率计算

8. 施工过程中用于现场工人的防暑降温费，属于安全文明施工措施费中的（　　）。

　A. 环境保护　　　　　　　　　B. 文明施工

　C. 安全施工　　　　　　　　　D. 临时设施

9. 下列费用项目中，属于工程建设其他费中研究试验费的是（　　）。

　A. 新产品试制费　　　　　　　B. 水文地质勘察费

　C. 特殊设备安全监督检验费　　D. 委托专业机构验证设计参数而发生的验证费

10. 下列费用中，不属于工程建设其他费用中工程保险费的是（　　）。

　A. 建筑安装工程一切险保费　　B. 引进设备财产保险保费

　C. 工伤保险费　　　　　　　　D. 人身意外伤害险保费

11. 下列费用中，属于生产准备费的是（　　）。

　A. 人员培训费　　　　　　　　B. 竣工验收费

　C. 联合试运转费　　　　　　　D. 完工清理费

12. 在我国建设项目投资构成中，超规超限设备运输增加的费用属于（　　）。

　A. 设备及工器具购置费　　　　B. 基本预备费

　C. 工程建设其他费　　　　　　D. 建筑安装工程费

13. 根据我国现行规定，关于预备费的说法中，正确的是（　　）。

　A. 基本预备费以工程费用为计算基数

　B. 实行工程保险的工程项目，基本预备费应适当降低

　C. 涨价预备费以工程费用和工程建设其他费用之和为计算基数

　D. 涨价预备费不包括利率、汇率调整增加的费用

14. 根据我国现行建设项目投资构成，下列费用项目中属于建设期利息包含内容的是（　　）。

　A. 建设单位建设期后发生的利息

　B. 施工单位建设期长期贷款利息

　C. 国内代理机构收取的贷款管理费

　D. 国外贷款机构收取的转贷费

二、多项选择题

1. 关于工程建设其他费中的场地准备及临时设施费，下列说法正确的有（　　）。

　A. 场地准备费是指为施工而进行的土地"三通一平"或"七通一平"的费用

B. 其中的大型土石方工程应进入工程费中的总图运输费

C. 新建项目的场地准备和临时设施费应根据实际工程量估算

D. 场地准备和临时设施费 = 工程费用 × 费率 + 拆除清理费

E. 委托施工单位修建临时设施时应计入施工单位措施费中

2. 关于措施费中超高施工增加费，下列说法正确的有（   ）。

A. 单层建筑檐口高度超过 30 m 时计算

B. 多层建筑超过 6 层时计算

C. 包括建筑超高引起的人工功效降低费

D. 不包括通信联络设备的使用费

E. 按建筑物超高部分建筑面积以"m^2"为单位计算

3. 根据建标〔2013〕44 号文的规定，关于措施费的计算，下列说法正确的有（   ）。

A. 冬雨季施工增加费按冬雨期的日历天数计算

B. 成井费用通常按照设计图示以钻孔深度按米计算

C. 混凝土模板按模板与现浇构件的接触面积以 m^2 计算

D. 垂直运输费只能按建筑面积以 m^2 计算

E. 超高施工增加费按建筑物建筑面积以 m^2 计算

4. 建筑安装工程费按照工程造价形成划分，下列（   ）属于其他项目费。

A. 安全文明施工费   B. 暂列金额

C. 暂估价   D. 计日工

E. 总承包服务费

5. 下列费用中，属于土地征用及拆迁补偿费的是（   ）。

A. 土地使用权出让金   B. 安置补助费

C. 土地补偿费   D . 土地管理费

E. 耕地占用税

6. 我国现行投资估算中建设单位管理费应包括（   ）等。

A. 工程招标费   B. 竣工验收费

C. 建设单位采购及保管费   D. 编制项目建议书所需的费用

E. 完工清理费

7. 根据《建筑安装工程费用项目组成》（建标〔2013〕44 号）文件的规定，下列各项中属于施工机械使用费的是（   ）。

A. 机械夜间施工增加费   B. 大型机械设备进出场费

C. 机械燃料动力费   D. 机械经常修理费

E. 司机的人工费

8. 下列施工企业支出的费用项目中，属于建筑安装工程企业管理费的有（   ）。

A. 技术开发费   B. 印花税

C. 已完工程及设备保护费   D. 材料采购及保管费

E. 财产保险费

9. 下列费用项目中，属于建筑安装工程企业管理费的有（   ）。

A. 养老保险费   B. 劳动保险费

　　C. 医疗保险费 　　　　　　　　D. 财产保险费

　　E. 工伤保险费

10. 根据建标〔2013〕44 号文，下列费用项目中，（　　）属于建筑安装工程费的规费。

　　A. 养老保险费 　　　　　　　　B. 劳动保险费

　　C. 医疗保险费 　　　　　　　　D. 财产保险费

　　E. 工伤保险

11. 我国现行建筑安装工程费用，按费用构成要素划分包括（　　）。

　　A. 人工费 　　　　　　　　　　B. 材料费

　　C. 措施项目费 　　　　　　　　D. 企业管理费

　　E. 利润和税金

12. 某建设项目的进口设备采用装运港船上交货价，则买方的责任有（　　）。

　　A. 负责租船并将设备装上船只 　B. 支付运费、保险费

　　C. 承担设备装船后的一切风险 　D. 办理在目的港的收货手续

　　E. 办理出口手续

13. 下列费用项目中，以"到岸价 + 关税 + 消费税"为基数，乘以各自给定费（税）率进行计算的有（　　）。

　　A. 外贸手续费 　　　　　　　　B. 关税

　　C. 消费税 　　　　　　　　　　D. 增值税

　　E. 车辆购置税

14. 关于设备运杂费的构成及计算的说法中，正确的有（　　）

　　A. 运费和装卸费是由设备制造厂交货地点至施工安装作业面所发生的费用

　　B. 进口设备运杂费是由我国到岸港口或边境车站至工地仓库所发生的费用

　　C. 原价中没有包含的、为运输而进行包装所支出的各种费用应计入包装费

　　D. 采购与仓库保管费不含采购人员和管理人员的工资

　　E. 设备运杂费为设备原价与设备运杂费率的乘积

三、计算题

1. 已知某进口设备到岸价格为 80 万美元，进口关税税率为 15%，增值税税率为 17%，银行外汇牌价为 1 美元 = 6.30 元人民币。按以上条件计算的进口环节增值税额是多少万元人民币？

2. 某进口设备离岸价为 255 万元，国际运费为 25 万元，海上保险费率为 0.2%，关税税率为 20%，则该设备的关税完税价格为多少万元？

3. 某进口设备通过海洋运输，到岸价为 972 万元，国际运费 88 万元，海上运输保险费率 3‰，则离岸价为多少万元？

4. 某建设项目建安工程费为 1 500 万元，设备购置费 400 万元，工程建设其他费 300 万元。已知基本预备费费率为 5%，项目建设前期年限为 0.5 年，建设期为 2 年，每年完成投资的 50%，年均投资价格上涨率为 7%，则该项目的预备费为多少万元？

5. 某新建项目建设期为 3 年，第一年贷款 600 万元，第二年贷款 400 万元，第三年贷款 200 万元，年利率 10%。建设期内利息当年支付，则建设期第三年贷款利息为多少万元？

第二章　建设工程计价方法及计价依据

第一节　工程计价方法

一、工程计价的含义

工程计价是指按照法律、法规和标准规定的程序、方法和依据，对工程项目实施建设的各个阶段的工程造价及其构成内容进行预测和确定的行为。工程计价依据是指在工程计价活动中，所要依据的与计价内容、计价方法和价格标准相关的工程计量计价标准，工程计价定额及工程造价信息等。

工程计价的含义应该从以下三方面进行解释：

（1）工程计价是工程价值的货币形式。工程计价是指按照规定计算程序和方法，用货币的数量表示建设项目（包括拟建、在建和已建的项目）的价值。工程计价是自下而上的分部组合计价，建设项目兼具单件性与多样性的特点，每一个建设项目都需要按业主的特定需求进行单独设计、单独施工，不能批量生产和按整个项目确定价格，只能将整个项目进行分解，划分为可以按有关技术参数测算价格的基本构造要素（或称分部、分项工程），并计算出基本构造要素的费用。

（2）工程计价是投资控制的依据。投资计划按照建设工期、工程进度和建设价格等逐年分月制定，正确的投资计划有助于合理有效地使用资金。工程计价的每一次估算对下一次估算都是严格控制的。具体说，后一次估算不能超过前一次估算的幅度。这种控制是在投资者财务能力限度内为取得既定的投资效益所必需的。工程计价基本确定了建设资金的需要量，从而为筹集资金提供了比较准确的依据。当建设资金来源于金融机构的贷款时，金融机构在对项目的偿贷能力进行评估的基础上，也需要依据工程计价来确定给予投资者的贷款数额。

（3）工程计价是合同价款管理的基础。合同价款是业主依据承包商按图样完成的工程量在历次支付过程中应支付给承包商的款额，是发包人确认后按合同约定的计算方法确定形成的合同约定金额、变更金额、调整金额、索赔金额等各工程款额的总和。合同价款管理的各项内容中始终有工程计价的存在：在签约合同价的形成过程中有招标控制价、投标报价以及签约合同价等计价活动；在工程价款的调整过程中，需要确定调整价款额度，工程计价也贯穿其中；工程价款的支付仍然需要工程计价工作，以确定最终的支付额。

二、工程计价基本原理

（一）利用函数关系对拟建项目的造价进行类比匡算

当一个建设项目还没有具体的图样和工程量清单时，需要利用产出函数对建设项目投资进行匡算。在微观经济学中把过程的产出和资源的消耗这两者之间的关系称为产出函数。在建筑工程中，产出函数建立了产出的总量或规模与各种投入（比如人力、材料、机械等）之间的关系。因此，对某一特定的产出，可以通过对各投入参数赋予不同的值，从而找到一个最低的生产成本。房屋建筑面积的大小和消耗的人工之间的关系就是产出函数的一个例子。

投资的匡算常常基于某个表明设计能力或者形体尺寸的变量，比如建筑面积、高速公路的长度、工厂的生产能力等。在这种类比估算方法下尤其要注意规模对造价的影响。项目的造价并不总是和规模大小呈线性关系的，典型的规模经济或规模不经济都会出现。因要慎重选择合适的产出函数，寻找规模和经济有关的经验数据，例如生产能力指数法与单位生产能力估算法就是采用不同的生产函数。

（二）分部组合计价原理

如果一个建设项目的设计方案已经确定，常用的是分部组合计价法。任何一个建设项目都可以分解为一个或几个单项工程，任何一个单项工程都是由一个或几个单位工程所组成。作为单位工程的各类建筑工程和安装工程仍然是一个比较复杂的综合实体，还需要进一步分解。单位工程可以按照结构部位、路段长度及施工特点或施工任务分解为分部工程。分解成分部工程后，从工程计价的角度，还需要把分部工程按照不同的施工方法、材料、工序及路段长度等，加以更为细致的分解，划分为更为简单细小的部分，即分项工程。按照计价需要，将分项工程进一步分解或适当组合，就可以得到基本构造单元了。

工程造价计价的主要思路就是将建设项目细分至最基本的构造单元，找到了适当的计量单位及当时当地的单价，就可以采取一定的计价方法，进行分部组合汇总，计算出相应工程造价。工程计价的基本原理就在于项目的分解与组合。

工程计价的基本原理可以用公式的形式表达如下：

分部分项工程费（或措施项目费）

$$= \sum \left[基本构造单元工程量（定额项目或清单项目）× 相应单价 \right] \quad (2.1.1)$$

工程造价的计价可分为工程计量和工程计价两个环节。

1. 工程计量

工程计量工作包括工程项目的划分和工程量的计算。

（1）单位工程基本构造单元的确定，即划分工程项目。编制工程概算预算时，主要是按工程定额进行项目的划分；编制工程量清单时主要是按照清单工程量计算规范规定的清单项目进行划分。

（2）工程量的计算就是按照工程项目的划分和工程量计算规则，就不同的设计文件对工程实物量进行计算。工程实物量是计价的基础，不同的计价依据有不同的计算规则规定。目前，工程量计算规则包括两大类。

① 各类工程定额规定的计算规则。

② 各专业工程量计算规范附录中规定的计算规则。

2. 工程计价

工程计价包括工程单价的确定和总价的计算。

1）工程单价

这是指完成单位工程基本构造单元的工程量所需要的基本费用。工程单价包括工料单价和综合单价。

（1）工料单价仅包括人工、材料、机具使用费，是各种人工消耗量、各种材料消耗量、各类施工机具台班消耗量与其相应单价的乘积。用下列公式表示：

$$工料单价 = \sum（人材机消耗量 \times 人材机单价） \qquad (2.1.2)$$

（2）综合单价除包括人工、材料、机具使用费外，还包括可能分摊在单位工程基本构造单元的费用。根据我国现行有关规定，又可以分成清单综合单价与全费用综合单价两种：清单综合单价中除包括人工、材料、机具使用费用外，还包括企业管理费、利润和风险因素；全费用综合单价中除包括人工、材料、机具使用费外，还包括企业管理费、利润、规费和税金。

综合单价根据国家、地区、行业定额或企业定额消耗量和相应生产要素的市场价格，以及定额或市场的取费费率来确定。

2）工程总价

这是指经过规定的程序或办法逐级汇总形成的相应工程造价。根据采用的单价内容和计算程序不同，分为工料单价法和综合单价法。

（1）工料单价法：首先依据相应计价定额的工程量计算规则计算项目的工程量，然后依据定额的人、材、机要素消耗量和单价，计算各个项目的直接费，然后再计算直接费合价，最后再按照相应的取费程序计算其他各项费用，汇总后形成相应工程造价。

（2）综合单价法：若采用全费用综合单价（完全综合单价），首先依据相应工程量计算规范规定的工程量计算规则计算工程量，并依据相应的计价依据确定综合单价，然后用工程量乘以综合单价，并汇总即可得出分部分项工程费（以及措施项目费），最后再按相应的办法计算其他项目费，汇总后形成相应工程造价。我国现行的《建设工程工程金清单计价规范》GB 50500 中规定的清单综合单价属于非完全综合单价，当把规费和税金计入非完全综合单价后即形成完全综合单价。

三、工程计价标准和依据

工程计价标准和依据包括计价活动的相关规章规程、工程量清单计价和工程量计算规范、工程定额和相关造价信息等。

从目前我国现状来看，工程定额主要作为国有资金投资工程编制投资估算、设计概算和最高投标限价（招标控制价）的依据。对于其他工程，在项目建设前期各阶段可以用于建设投资的预测和估计。在工程建设交易阶段，工程定额可以作为建设产品价格形成的辅助依据。工程量清单计价依据主要适用于合同价格形成以及后续的合同价款管理阶段。计价活动的相关规章规程则根据其具体内容可能适用于不同阶段的计价活动。造价信息是计价活动所必需的依据。

1. 计价活动的相关规章规程

现行计价活动相关的规章规程主要包括国家标准：《工程造价术语标准》GB/T 50875、《建筑工程建筑面积计算规范》GB/T 50353 和《建设工程造价咨询规范》GB/T 51095，以及中国建设工程造价管理协会标准：建设项目投资估算编审规程、建设项目设计概算编审规程、建设项目施工图预算编审规程、建设工程招标控制价编审规程、建设项目工程结算编审规程、建设项目工程竣工决算编制规程、建设项目全过程造价咨询规程、建设工程造价咨询成果文件质量标准、建设工程造价鉴定规程、建设工程造价咨询工期标准等。

2. 工程量清单计价和工程夏计算规范

工程量清单计价和工程量计算规范由《建设工程工程量清单计价规范》GB 50500、《房屋建筑与装饰工程工程量计算规范》GB 50854、《仿古建筑工程工程量计算规范》GB 50855、《通用安装工程工程量计算规范》GB 50856、《市政工程工程量计算规范》GB 50857、《园林绿化工程工程量计算规范》GB 50858、《构筑物工程工程量计算规范》GB 50859、《矿山工程工程量计算规范》GB 50860、《城市轨道交通工程工程量计算规范》GB 50861、《爆破工程工程量计算规范》GB 50862 等组成。

3. 工程定额

工程定额主要指国家、地方或行业主管部门制定的各种定额，包括工程消耗量定额和工程计价定额等。工程消耗量定额主要是指完成规定计量单位的合格建筑安装产品所消耗的人工、材料、施工机具台班的数量标准。工程计价定额是指直接用于工程计价的定额或指标，包括预算定额、概算定额、概算指标和投资估算指标。此外，部分地区和行业造价管理部门还会颁布工期定额，工期定额是指在正常的施工技术和组织条件下，完成建设项目和各类工程建设投资费用的计价依据。

4. 工程造价信息

工程造价信息是指工程造价管理机构发布的建设工程人工、材料、工程设备、施工机具的价格信息，以及各类工程的造价指数、指标等。

四、工程计价基市程序

（一）工程概预算编制的基本程序

工程概预算的编制是通过国家、地方或行业主管部门颁布统一的计价定额或指标，对建筑产品价格进行计价的活动。如果用工料单价法进行概预算编制，则应按概算定额或预算定额规定的定额子目，逐项计算工程量，套用概预算定额单价（或单位估价表）确定直接费，然后按规定的取费标准确定间接费（包括企业管理费、规费），再计算利润和税金，经汇总后即为工程概、预算价值。工程概预算编制的基本程序如图 2.1.1 所示。

工程概预算单位价格的形成过程，就是依据概预算定额所确定的消耗量乘以定额单价或市场价，经过不同层次的计算形成相应造价的过程。可以用公式进一步明确工程概预算编制的基本方法和程序：

（1）每一计量单位建筑产品的基本构造单元(假定建筑安装产品)的工料单价 = 人工费 + 材料费 + 施工机具使用费　　　　　（2.1.3）

式中　人工费 = $\sum$（人工工日数量 × 人工单价）　　　　　　　　（2.1.4）

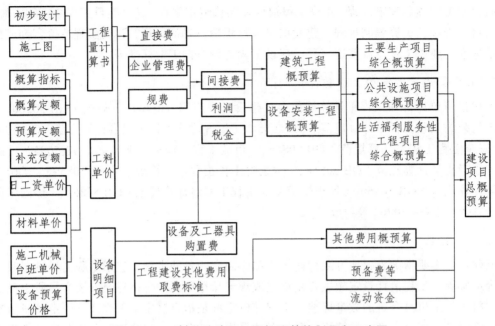

图 2.1.1 工料单价法下工程概预算编制程序示意图

$$材料费 = \sum（材料消耗量 \times 材料单价）+ 工程设备费 \quad\quad（2.1.5）$$

$$施工机具使用费 = \sum（施工机械台班消耗量 \times 机械台班单价）+$$
$$\sum（仪器仪表台班消耗量 \times 仪器仪表台班单价）\quad（2.1.6）$$

$$（2）单位工程直接费 = \sum（假定建筑安装产品工程量 \times 工料单价）\quad（2.1.7）$$

$$（3）单位工程概预算造价 = 单位工程直接费 + 间接费 + 利润 + 税金 \quad（2.1.8）$$

$$（4）单项工程概预算造价 = \sum 单位工程概预算造价 + 设备、工器具购置费 \quad（2.1.9）$$

$$（5）\begin{array}{c}建设项目\\全部工程\\概预算造价\end{array} = \sum \begin{array}{c}单项工程的\\概预算造价\end{array} + 预备费 + \begin{array}{c}工程建设\\其他费\end{array} + \begin{array}{c}建设期\\利息\end{array} + \begin{array}{c}流动\\资金\end{array}\quad（2.1.10）$$

若采用全费用综合单价法进行概预算编制，单位工程概预算的编制程序将更加简单，只需将概算定额或预算定额规定的定额子目的工程量乘以各子目的全费用综合单价汇总而成即可，然后可以用上述公式（2.1.9）和公式（2.1.10）计算单项工程概预算造价以及建设项目全部工程概预算造价。

（二）工程量清单计价的基本程序

工程量清单计价的过程可以分为两个阶段，即工程量清单的编制和工程量清单的应用两个阶段。工程量清单的编制程序图 2.1.2 所示。工程量清单的应用过程如图 2.1.3 所示。

工程量清单计价的基本原理可以描述为：按照工程量清单计价规范规定，在各相应专业工程工程量计算规范规定的工程是清单项目设置和工程量计算规则基础上，针对具体工程的施工图纸和施工组织设计计算出各个清单项目的工程量，根据规定的方法计算出综合单价，并汇总各清单合价得出工程总价。

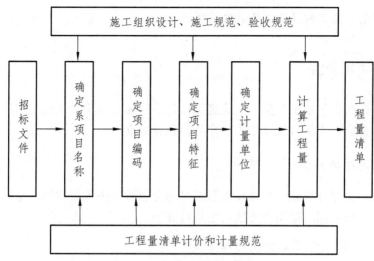

图 2.1.2　工程量清单编制程序

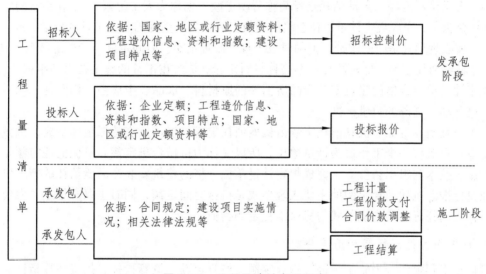

图 2.1.3　工程量清单应用程序

（1）分部分项工程费 =∑（分部分项工程量×相应分部分项工程综合单价）　（2.1.11）

（2）措施项目费 =∑各措施项目费　（2.1.12）

（3）其他项目费 = 暂列金额 + 暂估价 + 计日工 + 总承包服务费　（2.1.13）

（4）单位工程造价 = 分部分项工程费 + 措施项目费十其他项目费 + 规费 + 税金　（2.1.14）

（5）单项工程造价 =∑单位工程报价　（2.1.15）

（6）建设项目总造价 =∑单项工程报价　（2.1.16）

　　上式中，综合单价是指完成一个规定清单项目所需的人工费、材料和工程设备费、施工机具使用费和企业管理费、利润，以及一定范围内的风险费用。风险费用是隐含于已标价工程量清单综合单价中，用于化解发承包双方在工程合同中约定的风险内容和范围的费用。

　　工程量清单计价活动涵盖施工招标、合同管理，以及竣工交付全过程，主要包括：编制招标工程量清单、招标控制价、投标报价，确定合同价，进行工程计量与价款支付、合同价款的调整、工程结算和工程计价纠纷处理等活动。

五、工程定额体系

工程定额是指在正常施工条件下完成规定计量单位的合格建筑安装工程所消耗的人工、材料、施工机具台班、工期天数及相关费率等的数量标准。

（一）工程定额的分类

工程定额是一个综合概念，是建设工程造价计价和管理中各类定额的总称，包括许多种类的定额，可以按照不同的原则和方法对它进行分类。

1. 按定额反映的生产要素消耗内容分类

可以把工程定额划分为劳动消耗定额、材料消耗定额和机具消耗定额三种。

（1）劳动消耗定额。劳动消耗定额简称劳动定额（也称为人工定额），是在正常的施工技术和组织条件下，完成规定计量单位合格的建筑安装产品所消耗的人工工日的数量标准。劳动定额的主要表现形式是时间定额，但同时也表现为产量定额。时间定额与产量定额互为倒数。

（2）材料消耗定额。材料消耗定额简称材料定额，是指在正常的施工技术和组织条件下，完成规定计量单位合格的建筑安装产品所消耗的原材料、成品、半成品、构配件、燃料，以及水、电等动力资源的数量标准。

（3）机具消耗定额。机具消耗定额由机械消耗定额与仪器仪表消耗定额组成，机械消耗定额是以一台机械一个工作班为计量单位，所以又称为机械台班定额。机械消耗定额是指在正常的施工技术和组织条件下，完成规定计量单位合格的建筑安装产品所消耗的施工机械台班的数量标准。机械消耗定额的主要表现形式是机械时间定额，同时也以产量定额表现。施工仪器仪表消耗定额的表现形式与机械消耗定额类似。

2. 按定额的编制程序和用途分类

可以把工程定额分为施工定额、预算定额、概算定额、概算指标、投资估算指标等。

（1）施工定额。施工定额是完成一定计量单位的某一施工过程或基本工序所需消耗的人工、材料和施工机具台班数量标准。施工定额是施工企业（建筑安装企业）组织生产和加强管理在企业内部使用的一种定额，属于企业定额的性质。施工定额是以某一施工过程或基本工序作为研究对象，表示生产产品数量与生产要素消耗综合关系编制的定额。为了适应组织生产和管理的需要，施工定额的项目划分很细，是工程定额中分项最细、定额子目最多的一种定额，也是工程定额中的基础性定额。

（2）预算定额。预算定额是在正常的施工条件下，完成一定计量单位合格分项工程或结构构件所需消耗的人工、材料、施工机具台班数量及其费用标准。预算定额是一种计价性定额。从编制程序上看，预算定额是以施工定额为基础综合扩大编制的，同时它也是编制概算定额的基础。

（3）概算定额。概算定额是完成单位合格扩大分项工程或扩大结构构件所需消耗的人工、材料和施工机具台班的数量及其费用标准，是一种计价性定额。概算定额是编制扩大初步设计概算、确定建设项目投资额的依据。概算定额的项目划分粗细，与扩大初步设计的深度相适应，一般是在预算定额的基础上综合扩大而成的，每一扩大分项概算定额都包含了数项预算定额。

（4）概算指标。概算指标是以单位工程为对象，反映完成一个规定计量单位建筑安装产品的经济指标。概算指标是概算定额的扩大与合并，以更为扩大的计量单位来编制的。概算指标的内容包括人工、材料、机具台班三个基本部分，同时还列出了分部工程量及单位工程的造价，是一种计价定额。

（5）投资估算指标。投资估算指标是以建设项目、单项工程、单位工程为对象，反映建设总投资及其各项费用构成的经济指标。它是在项目建议书和可行性研究阶段编制投资估算、计算投资需要量时使用的一种定额。它的概略程度与可行性研究阶段相适应，投资估算指标往往根据历史的预、决算资料和价格变动等资料编制，但其编制基础仍然离不开预算定额、概算定额。

上述各种定额的相互联系可参见表 2.1.1。

表 2.1.1　各种定额间关系的比较

项目	施工定额	预算定额	概算定额	概算指标	投资估算指标
对象	工序	分项工程	扩大的分项工程	整个建筑物或构筑物	独立的单项工程或完整的工程项目
用途	编制施工预算	编制施工图预算	编制设计概算	编制初步设计概算	编制投资估算
项目划分	最细	细	较粗	粗	很粗
定额水平	平均先进	平均	平均	平均	平均
定额性质	生产性定额	计价性定额			

3. 按专业分类

由于工程建设涉及众多的专业，不同的专业所含的内容也不同，因此就确定人工、材料和机具台班消耗数量标准的工程定额来说，也需按不同的专业分别进行编制和执行。

（1）建筑工程定额按专业对象分为建筑及装饰工程定额、房屋修缮工程定额、市政工程定额、铁路工程定额、公路工程定额、矿山井巷工程定额等。

（2）安装工程定额按专业对象分为电气设备安装工程定额、机械设备安装工程定额、热力设备安装工程定额、通信设备安装工程定额、化学工业设备安装工程定额、工业管道安装工程定额、工艺金属结构安装工程定额等。

4. 按主编单位和管理权限分类

工程定额可以分为全国统一定额、行业统一定额、地区统一定额、企业定额、补充定额等。

（1）全国统一定额是由国家建设行政主管部门综合全国工程建设中技术和施工组织管理的情况编制，并在全国范围内执行的定额。

（2）行业统一定额是考虑到各行业专业工程技术特点，以及施工生产和管理水平编制的。一般是只在本行业和相同专业性质的范围内使用。

（3）地区统一定额包括省、自治区、直辖市定额。地区统一定额主要是考虑地区性特点和全国统一定额水平作适当调整和补充编制的。

（4）企业定额是施工单位根据本企业的施工技术、机械装备和管理水平编制的人工、材料、机械台班等的消耗标准。企业定额在企业内部使用，是企业综合素质的标志。企业定额水平一般应高于国家现行定额，才能满足生产技术发展、企业管理和市场竞争的需要。在工程量清单计价方法下、企业定额是施工企业进行建设工程投标报价的计价依据。

（5）补充定额是指随着设计、施工技术的发展，现行定额不能满足需要的情况下，为了补充缺陷所编制的定额。补充定额只能在指定的范围内使用，可以作为以后修订定额的基础。

上述各种定额虽然适用于不同的情况和用途，但是它们是一个互相联系的、有机的整体，在实际工作中配合使用。

（二）工程定额的制定与修订

工程定额的制定与修订包括制定、全面修订、局部修订、补充等工作，应遵循以下原则：

（1）对新型工程以及建筑产业现代化、绿色建筑、建筑节能等工程建设新要求，应及时制定新定额。

（2）对相关技术规程和技术规范已全面更新且不能满足工程计价需要的定额，发布实施已满五年的定额，应全面修订。

（3）对相关技术规程和技术规范发生局部调整且不能满足工程计价需要的定额，部分子目已不适应工程计价需要的定额，应及时局部修订。

（4）对定额发布后工程建设中出现的新技术、新工艺、新材料、新设备等情况，应根据工程建设需求及时编制补充定额。

第二节　工程量清单计价及工程量计算规范

工程量清单是载明建设工程分部分项工程项目、措施项目和其他项目的名称和相应数量以及规费和税金项目等内容的明细清单。其中由招标人根据国家标准、招标文件、设计文件以及施工现场实际情况编制的称为招标工程量清单，而作为投标文件组成部分的已标明价格并经承包人确认的称为已标价工程量清单。招标工程量清单应由具有编制能力的招标人或受其委托，具有相应资质的工程造价咨询人或招标代理人编制。采用工程量清单方式招标，招标工程量清单必须作为招标文件的组成部分，其准确性和完整性由招标人负责。招标工程量清单应以单位（项）工程为单位编制，由分部分项工程项目清单、措施项目清单、其他项目清单、规费项目和税金项目清单组成。

一、工程量清单计价与工程量计算规范概述

目前，工程量清单计价主要遵循的依据是工程量清单计价与工程量计算规范，由《建设工程工程量清单计价规范》GB 50500、《房屋建筑与装饰工程工程量计算规范》GB 50854、《仿古建筑工程工程量计算规范》GB 50855、《通用安装工程工程量计算规范》GB 50856、《市政工程工程量计算规范》GB 50857、《园林绿化工程工程量计算规范》GB 50858、《矿山工程工程量计算规范》GB 50859、《构筑物工程工程量计算规范》GB 50860、《城市轨道交通工程

工程量计算规范》GB 50861、《爆破工程工程量计算规范》GB 50862 等组成。

《建设工程工程量清单计价规范》GB 50500（以下简称计价规范）包括总则、术语、一般规定、工程量清单编制、招标控制价、投标报价、合同价款约定、工程计量、合同价款调整、合同价款期中支付、竣工结算与支付、合同解除的价款结算与支付、合同价款争议的解决、工程造价鉴定、工程计价资料与档案、工程计价表格及 11 个附录。

各专业工程量计算规范包括总则、术语、工程计量、工程量清单编制和附录。

（一）工程量清单计价的适用范围

清单计价规范适用于建设工程发承包及其实施阶段的计价活动。使用国有资金投资的建设工程发承包，必须采用工程量清单计价；非国有资金投资的建设工程，宜采用工程量清单计价；不采用工程量清单计价的建设工程，应执行计价规范中除工程量清单等专门性规定外的其他规定。

国有资金投资的项目包括全部使用国有资金（含国家融资资金）投资或国有资金投资为主的工程建设项目。

（1）国有资金投资的工程建设项目包括：

① 使用各级财政预算资金的项目。

② 使用纳入财政管理的各种政府性专项建设资金的项目。

③ 使用国有企事业单位自有资金，并且国有资产投资者实际拥有控制权的项目。

（2）国家融资资金投资的工程建设项目包括：

① 使用国家发行债券所筹资金的项目。

② 使用国家对外借款或者担保所筹资金的项目。

③ 使用国家政策性贷款的项目。

④ 国家授权投资主体融资的项目。

⑤ 国家特许的融资项目。

（3）国有资金（含国家融资资金）为主的工程建设项目是指国有资金占投资总额50%以上，或虽不足 50%但国有投资者实质上拥有控股权的工程建设项目。

（二）工程量清单计价的作用

1. 提供一个平等的竞争条件

采用施工图预算来投标报价，由于设计图纸的缺陷，不同施工企业的人员理解不一，计算出的工程量也不同，报价就更相去甚远，也容易产生纠纷。而工程量清单报价就为投标者提供了一个平等竞争的条件，相同的工程量，由企业根据自身的实力来填报不同的单价。投标人的这种自主报价，使得企业的优势体现到投标报价中，可在一定程度上规范建筑市场秩序，确保工程质量。

2. 满足市场经济条件下竞争的需要

招投标过程就是竞争的过程，招标人提供工程量清单，投标人根据自身情况确定综合单价，利用单价与工程量逐项计算每个项目的合价，再分别填入工程量清单表内，计算出投标总价。单价成了决定性的因素，定高了不能中标，定低了又要承担过大的风险。单价的高低直接取决于企业管理水平和技术水平的高低，这种局面促成了企业整体实力的竞争，有利于我国建设市场的快速发展。

3. 有利于提高工程计价效率，能真正实现快速报价

采用工程量清单计价方式，避免了传统计价方式下招标人与投标人之间的在工程量计算上的重复工作，各投标人以招标人提供的工程最清单为统一平台，结合自身的管理水平和施工方案进行报价，促进了各投标人企业定额的完善和工程造价信息的积累和整理，体现了现代工程建设中快速报价的要求。

4. 有利于工程款的拨付和工程造价的最终结算

中标后，业主要与中标单位签订施工合同，中标价就是确定合同价的基础，投标清单上的单价就成了拨付工程款的依据。业主根据施工企业完成的工程量，可以很容易地确定进度款的拨付额。工程竣工后，根据设计变更、工程量增减等，业主也很容易确定工程的最终造价，可在某种程度上减少业主与施工单位之间的纠纷。

5. 有利于业主对投资的控制

采用现在的施工图预算形式，业主对因设计变更、工程量的增减所引起的工程造价变化不敏感，往往等到竣工结算时才知道这些变化对项目投资的影响有多大，但此时常常是为时已晚。而采用工程量清单报价的方式则可对投资变化一目了然，在要进行设计变更时，能马上知道它对工程造价的影响，业主就能根据投资情况来决定是否变更或进行方案比较，以决定最恰当的处理方法。

二、分部分项工程项目清单

分部分项工程是"分部工程"和"分项工程"的总称。"分部工程"是单位工程的组成部分，系按结构部位、路段长度及施工特点或施工任务将单位工程划分为若干分部的工程。例如，砌筑工程分为砖砌体、砌块砌体、石砌体、垫层分部工程。"分项工程"是分部工程的组成部分，系按不同施工方法、材料、工序及路段长度等分部工程划分为若干个分项或项目的工程。例如砖砌体分为砖基础、砖砌挖孔桩护壁、实心砖墙、多孔砖墙、空心砖墙、空斗墙、空花墙、填充墙、实心砖柱、多孔砖柱、砖检查井、零星砌砖、砖散水、砖地坪、砖地沟、砖明沟等分项工程。

分部分项工程项目清单必须载明项目编码、项目名称、项目特征、计量单位和工程量。分部分项工程项目清单必须根据各专业工程工程量计算规范规定的项目编码、项目名称、项目特征、计量单位和工程量计算规则进行编制。其格式如表 2.2.1 所示，在分部分项工程项目清单的编制过程中，由招标人负责前六项内容填列，金额部分在编制招标控制价或投标报价时填列。

表 2.2.1　分部分项工程和单价措施项目清单与计价表

工程名称：　　　　　　　　　　　　　　标段：　　　　　　　第　页　共　页

序号	项目编码	项目名称	项目特征	计量单位	工程量	金额（元）		
						综合单价	合价	其中:暂估价

注：为计取规费等的使用，可在表中增设"定额人工费"。

（一）项目编码

项目编码是分部分项工程和措施项目清单名称的阿拉伯数字标识。清单项目编码以五级编码设置，用十二位阿拉伯数字表示。一、二、三、四级编码为全国统一，即一至九位应按工程量计算规范附录的规定设置；第五级即十至十二位为清单项目编码，应根据拟建工程的工程量清单项目名称设置，不得有重号，这三位清单项目编码由招标人针对招标工程项目具体编制，并应自001起顺序编制。

各级编码代表的含义如下：

（1）第一级表示专业工程代码（分二位）。

（2）第二级表示附录分类顺序码（分二位）。

（3）第三级表示分部工程顺序码（分二位）。

（4）第四级表示分项工程项目名称顺序码（分三位）。

（5）第五级表示清单项目名称顺序码（分三位）。

项目编码结构如图 2.2.1 所示（以房屋建筑与装饰工程为例）。

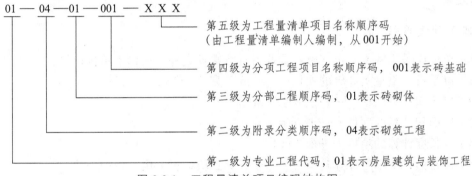

图 2.2.1　工程量清单项目编码结构图

当同一标段（或合同段）的一份工程最清单中含有多个单位工程且工程量清单是以单位工程为编制对象时，在编制工程量清单时应特别注意对项目编码十至十二位的设置不得有重码的规定。例如一个标段（或合同段）的工程盘清单中含有三个单位工程，每一单位工程中都有项目特征相同的实心砖墙砌体，在工程量清单中又需反映几个不同单位工程的实心砖墙砌体工程量时，则第一个单位工程的实心砖墙的项目编码应为010401003001，第二个单位工程的实心砖墙的项目编码应为 010401003002，第三个单位工程的实心砖墙的项目编码应为010401003003，并分别列出各单位工程实心砖墙的工程量。

（二）项目名称

分部分项工程项目清单的项目名称，应按各专业工程量计算规范附录的项目名称结合拟建工程的实际确定。附录表中的"项目名称"为分项工程项目名称，是形成分部分项工程项目清单项目名称的基础。即在编制分部分项工程项目清单时，以附录中的分项工程项目名称为基础，考虑该项目的规格、型号、材质等特征要求，结合拟建工程的实际情况，使其工程量清单项目名称具体化、细化，以反映影响工程造价的主要因素。例如"门窗工程"中"特种门"应区分"冷藏门""冷冻闸门""保温门""变电室门""隔音门""防射线门""人防门""金库门"等。清单项目名称应表达详细、准确，各专业工程量计算规范中的分项工程项目名称如有缺陷，招标人可作补充，并报当地工程造价管理机构（省级）备案。

（三）项目特征

项目特征是构成分部分项工程项目、措施项目自身价值的本质特征。项目特征是对项目的准确描述，是确定一个清单项目综合单价不可缺少的重要依据，是区分清单项目的依据，是履行合同义务的基础。分部分项工程项目清单的项目特征应按各专业工程工程量计算规范附录中规定的项目特征，结合技术规范、标准图集、施工图纸，按照工程结构、使材质及规格或安装位置等，予以详细而准确的表述和说明。凡项目特征中未描述到的其他独有特征，由清单编制人视项目具体情况确定，以准确描述清单项目为准。

在各专业工程工程量计算规范附录中还有关于各清单项目"工程内容"的描述。工程内容是指完成清单项目可能发生的具体工作和操作程序，但应注意的是，在编制分部分项工程项目清单时，工程内容通常无须描述，因为在工程量计算规范中，工程量清单项目与工程量计算规则、工程内容有一一对应关系，当采用工程量计算规范这一标准时，工程内容均有规定。

（四）计量单位

计量单位应采用基本单位，除各专业另有特殊规定外均按以下单位计量：

（1）以质量（重量）计算的项目——吨或千克（t 或 kg）。

（2）以体积计算的项目——立方米（m^3）。

（3）以面积计算的项目——平方米（m^2）。

（4）以长度计算的项目——米（m）。

（5）以自然计量单位计算的项目——个、套、块、樘、组、台……

（6）没有具体数量的项目——宗、项……

各专业有特殊计量单位的，再另外加以说明，当计量单位有两个或两个以上时，应根据所编工程量清单项目的特征要求，选择最适宜表现该项目特征并方便计量的单位。

例如：门窗工程计是单位为"樘/m^2"两个计量单位。实际工作中，就应选择最适宜、最方便计量和组价的单位来表示。

计量单位的有效位数应遵守下列规定：

（1）以"t"为单位，应保留 3 位小数，第 4 位小数四舍五入。

（2）以"m^3""m^2""m""kg"为单位，应保留 2 位小数，第 3 位小数四舍五入。

（3）以"个""项"等为单位，应取整数。

（五）工程数量的计算

工程数量主要通过工程量计算规则计算得到。工程量计算规则是指对清单项目工程量计算的规定。除另有说明外，所有清单项目的工程量应以实体工程量为准，并以完成后的净值计算；投标人投标报价时，应在单价中考虑施工中的各种损耗和需要增加的工程量。

根据工程量清单计价与工程量计算规范的规定，工程量计算规则可以分为房屋建筑与装饰工程、仿古建筑工程、通用安装工程、市政工程、园林绿化工程、构筑物工程、矿山工程、城市轨道交通工程、爆破工程等九大类。

以房屋建筑与装饰工程为例，其工程量计算规范中规定的分类项目包括土石方工程，地基处理与边坡支护工程，桩基工程，砌筑工程，混凝土及钢筋混凝土工程，金属结构工程，木结构工程，门窗工程，屋面及防水工程，保温、隔热、防腐工程，楼地面装饰工程，墙、柱面装饰与隔断、幕墙工程，天棚工程，油漆、涂料、裱糊工程，其他装饰工程，拆除工程、措施项目等，分别制定了它们的项目的设置和工程量计算规则。

随着工程建设中新材料、新技术、新工艺等的不断涌现，工程量计算规范规范附录所列的工程量清单项目不可能包含所有项目。在编制工程量清单时，当出现工程量计算规范规范附录中未包括的清单项目时，编制人应作补充。在编制补充项目时应注意以下三个方面：

（1）补充项目的编码应按工程量计算规范的规定确定。具体做法如下：补充项目的编码由工程量计算规范的代码与 B 和 3 位阿拉伯数字组成，并应从 001 起顺序编制，例如房屋建筑与装饰工程如需补充项目，则其编码应从 01B001 开始起顺序编制，同一招标工程的项目不得重码。

（2）在工程量清单中应附补充项目的项目名称、项目特征、计量单位、工程量计算规则和工作内容。

（3）将编制的补充项目报省级或行业工程造价管理机构备案。

三、措施项目清单

（一）措施项目列项

措施项目是指为完成工程项目施工，发生于该工程施工准备和施工过程中的技术、生活、安全、环境保护等方面的项目。

措施项目清单应根据相关工程现行工程量计算规范的规定编制，并应根据拟建工程的实际情况列项。例如，《房屋建筑与装饰工程工程量计算规范》GB 50854 中规定的措施项目，包括脚手架工程，混凝土模板及支架（撑），超高施工增加，垂直运输，大型机械设备进出场及安拆，施工排水、施工降水，安全义明施工及其他措施项目。

（二）措施项目清单的格式

1. 措施项目清单的类别

措施项目费用的发生与使用时间、施工方法或者两个以上的工序相关，如安全文明施工费，夜间施工，非夜间施工照明，二次搬运，冬雨季施工，地上、地下设施和建筑物的临时保护设施，已完工程及设备保护等。但是有些措施项目则是可以计算工程量的项目，如脚手架工程，混凝土模板及支架（撑），垂直运输，超高施工增加，大型机械设备进出场及安拆，施工排水、降水等，这类措施项目按照分部分项工程项目清单的方式采用综合单价计价，更有利于措施费的确定和调整。措施项目中可以计算工程量的项目（单价措施项目）宜采用分部分项工程项目清单的方式编制，列出项目编码、项目名称、项目特征、计量单位和工程量（如表 2.2.1 所示）；不能计算工程量的项目（总价措施项目），以"项"为计量单位进行编制（如表 2.2.2 所示）。

表 2.2.2 总价措施项目清单与计价表

工程名称：   标段：   第 页 共 页

序号	项目编码	项目名称	计算基础	费率（%）	金额(元)	调整费率(%)	调整后金额（元）	备注
1		安全文明施工费						
2		夜间施工增加费						
3		二次搬运费						
4		冬雨季施工增加费						
5		已完工程及设备保护费						
		……						
合　计								

编制人（造价人员）：   复核人（造价工程师）：

注：1. 计算基础中安全文明施工费可为"定额基价""定额人工费"或"定额人工费＋定额施工机具使用费"，其他项目可为"定额人工费"或"定额人工费＋定额施工机具使用费"。

　　2. 按施工方案计算的措施费，若无"计算基础"和"费率"的数值，也可只填"金额"数值，但应在备注栏说明施工方案或计算方法。

2. 措施项目清单的编制依据

措施项目清单的编制需考虑多种因素，除工程本身的因素外，还涉及水文、气象、环境、安全等因素。措施项目清单应根据拟建工程的实际情况列项。若出现工程量计算规范中未列的项目，可根据工程实际情况补充。

措施项目清单的编制依据主要有：

（1）施工现场情况、地勘水文资料、工程特点。

（2）常规施工方案。

（3）与建设工程有关的标准、规范、技术资料。

（4）拟定的招标文件。

（5）建设工程设计文件及相关资料。

四、其他项目清单

其他项目清单是指分部分项工程项目清单、措施项目清单所包含的内容以外，因招标人的特殊要求而发生的与拟建工程有关的其他费用项目和相应数量的清单。工程建设标准的高低、工程的复杂程度、工程的工期长短、工程的组成内容、发包人对工程管理的要求等都直接影响其他项目清单的具体内容。其他项目清单包括：暂列金额；暂估价（包括材料暂估单价、工程设备暂估单价、专业工程暂估价）；计日工；总承包服务费。其他项目清单宜按照表 2.2.3 的格式编制，出现未包含在表格中内容的项目，可根据工程实际情况补充。

表 2.2.3　其他项目清单与计价汇总表

工程名称：　　　　　　　　　　标段：　　　　　第　页　共　页

序号	项目名称	金额（元）	结算金额（元）	备注
1	暂列金额			明细详见表 2.2.4
2	暂估价			
2.1	材料（工程设备）暂估价/结算价			明细详见表 2.2.5
2.2	专业工程暂估价/结算价			明细详见表 2.2.6
3	计日工			明细详见表 2.2.7
4	总承包服务费			明细详见表 2.2.8
5	索赔与现场签证			
合　计				—

注：材料（工程设备）暂估单价进入综合单价，此处不汇总。

（一）暂列金额

暂列金额是招标人在工程量清单中暂定并包括在合同价款中的一笔款项，用于工程合同签订时尚未确定或者不可预见的所需材料、工程设备、服务的采购，施工中可能发生的工程变更、合同约定调整因素出现时的合同价款调整，以及发生的索赔、现场签证确认等的费用。不管采用何种合同形式，其理想的标准是，一份合同的价格就是其最终的竣工结算价格，或者至少两者应尽可能接近。我国规定对政府投资工程实行概算管理，经项目审批部门批复的设计概算是工程投资控制的刚性指标，即使商业性开发项目也有成本的预先控制问题，否则，无法相对准确预测投资的收益和科学合理地进行投资控制。但工程建设自身的特性决定了工程的设计需要根据工程进展不断地进行优化和调整，业主需求可能会随工程建设进展出现变化，工程建设过程还会存在一些不能预见、不能确定的因素。消化这些因素必然会影响合同价格的调整，暂列金额正是因这类不可避免的价格调整而设立，以便达到合理确定和有效控制工程造价的目标。设立暂列金额并不能保证合同结算价格就不会再出现超过合同价格的情况，是否超出合同价格完全取决于工程量清单编制人对暂列金额预测的准确性，以及工程建设过程是否出现了其他事先未预测到的事件。

暂列金额应根据工程特点，按有关计价规定估算。暂列金额可按照表 2.2.4 的格式列示。

表 2.2.4　暂列金额明细表

工程名称：　　　　　　　　　　标段：　　　　　第　页　共　页

序号	项目名称	计量单位	金额（元）	备注
1				
2				
3				
合　计				

注：此表由招标人填写，如不能详列，也可只列暂定金额总额，投标人应将上述暂列金额计入投标总计中。

（二）暂估价

暂估价是指招标人在工程量清单中提供的用于支付必然发生但暂时不能确定价格的材料、工程设备的单价以及专业工程的金额，包括材料暂估单价、工程设备暂估单价和专业工程暂估价；暂估价类似于 FIDIC 合同条款中的 Prime Cost Items，在招标阶段预见肯定要发生，只是因为标准不明确或者需要由专业承包人完成，暂时无法确定价格。暂估价数量和拟用项目应当结合工程量清单中的"暂估价表"予以补充说明。为方便合同管理，需要纳入分部分项工程项目清单综合单价中的暂估价应只是材料、工程设备暂估单价，以方便投标人组价。

专业工程的暂估价一般应是综合暂估价，包括人工费、材料费、施工机具使用费、企业管理费和利润，不包括规费和税金。总承包招标时，专业工程设计深度往往是不够的，一般需要交由专业设计人员设计。在国际社会，出于对提高可建造性的考虑，一般由专业承包人负责设计，以发挥其专业技能和专业施工经验的优势。这类专业工程交由专业分包人完成在国际工程施工中有良好实践，目前在我国工程建设领域也已经比较普遍。公开透明地合理确定这类暂估价的实际金额的最佳途径，就是通过施工总承包人与工程建设项目招标人共同组织的招标。

暂估价中的材料、工程设备暂估单价应根据工程造价信息或参照市场价格估算，列出明细表；专业工程暂估价应分不同专业，按有关计价规定估算，列出明细表。暂估价可按照表2.2.5、表 2.2.6 的格式列示。

表 2.2.5　材料（工程设备）暂估单价及调整表

工程名称：　　　　　　　　　　　　　标段：　　　　　第　页　共　页

序号	材料（工程设备）名称、规格、型号	计量单位	数量		暂估（元）		确认（元）		差额±（元）		备注
			暂估	确认	单价	合价	单价	合价	单价	合价	
合　计											

注：此表由招标人填写"暂估单价"，并在备注栏说明暂估价的材料、工程设备拟用在哪些清单项目上，投标人应将上述材料、工程设备暂估价计入工程量清单综合单价中。

表 2.2.6　专业工程暂估价及结算价表

工程名称：　　　　　　　　　　　　　标段：　　　　　第　页　共　页

序号	工程名称	工程内容	暂估金额（元）	结算金额（元）	差额±（元）	备注
合　计						

注：此表"暂估金额"由招标人填写，投标人应将"暂估金额"计入投标报价中。结算时按合同约定结算金额填写。

（三）计日工

在施工过程中，承包人完成发包人提出的工程合同范围以外的零星项目或工作，按合同中约定的单价计价的一种方式。计日工是为了解决现场发生的零星工作的计价而设立的。国际上常见的标准合同条款中，大多数都设立了计日工（Daywork）计价机制。计日工对完成零星工作所消耗的人工工日、材料数量、施工机具台班进行计量，并按照计日工表中填报的适用项目的单价进行计价支付。计日工适用的所谓零星项目或工作一般是指合同约定之外的或者因变更而产生的、工程量清单中没有相应项目的额外工作，尤其是那些难以事先商定价格的额外工作。

计日工应列出项目名称、计量单位和暂估数量。计日工可按照表 2.2.7 的格式列示。

表 2.2.7　计日工表

工程名称：　　　　　　　　　标段：　　　　第　页　共　页

序号	项目名称	单位	暂定数量	实际数量	综合单价	合价（元）	
						暂定	实际
一	人工						
1							
2							
	...						
	人工小计						
二	材料						
1							
2							
	...						
	材料小计						
三	施工机具						
1							
2							
	...						
	施工机具小计						
四	企业管理费和利润						
	合　计						

注：此表项目项目名称、暂定数量由招标人填写，编制招标控制价时，单价由招标人按有关计价规定确定；投标时，单价由投标人自主报价，按暂定数量计算合价计入投标总价中。结算时，按发承包双方确认的实际数量计算合价。

（四）总承包服务费

总承包服务费是指总承包人为配合协调发包人进行的专业工程发包，对发包人自行采购的材料、工程设备等进行保管以及施工现场管理、竣工资料汇总整理等服务所需的费用。招标人应预计该项费用并按投标人的投标报价向投标人支付该项费用。

总承包服务费应列出服务项目及其内容等。总承包服务费按照表 2.2.8 的格式列示。

表 2.2.8　总承包服务费计价表

工程名称：　　　　　　　　　　　标段：　　　　第　页　共　页

序号	项目名称	项目价值（元）	服务内容	计算基础	费率（%）	金额（元）
1	发包人发包专业工程					
2	发包人提供材料					
	……					
	合　计	—	—		—	

注：此表项目名称、服务内容由招标人填写，编制招标控制价时，费率及金额由招标人按有关计价规定确定；投标时，费率及金额由投标人自主报价，计入投标报价中。

五、规费、税金项目清单

规费项目清单应按照下列内容列项：社会保险费，包括养老保险费、失业保险费、医疗保险费、工伤保险费、生育保险费；住房公积金；工程排污费；出现计价规范中未列的项目，应根据省级政府或省级有关权力部门的规定列项。

税金项目清单应包括增值税。出现计价规范未列的项目，应根据税务部门的规定列项。

规费、税金项目计价表如 2.2.9 所示。

表 2.2.9　规费、税金项目清单与计价表

工程名称：　　　　　　　　　　　标段：　　　　第　页　共　页

序号	项目名称	计算基础	计算基数	费率（%）	金额（元）
1	规费	定额人工费			
1.1	社会保险费	定额人工费			
（1）	养老保险费	定额人工费			
（2）	失业保险费	定额人工费			
（3）	医疗保险费	定额人工费			
（4）	工伤保险费	定额人工费			
（5）	生育保险费	定额人工费			
1.2	住房公积金	定额人工费			
1.3	工程排污费	按工程所在地环境保护部门收取标准、按实计入			
2	税金（增值税）	人工费＋材料费＋施工机具使用费＋企业管理费＋利润＋规费			
	合　计				

编制人（造价人员）：　　　　　　　　　　审核人（造价工程师）：

第三节　建筑安装工程人工、材料及机具台班定额消耗量

一、施工过程分解及工时研究

（一）施工过程及其分类

1. 施工过程的含义

施工过程就是为完成某一项施工任务，在施工现场所进行的生产过程。其最终目的是要建造、改建、修复或拆除工业及民用建筑物和构筑物的全部或一部分。

建筑安装施工过程与其他物质生产过程一样，也包括生产力三要素，即劳动者、劳动对象、劳动工具，也就是说，施工过程是由不同工种、不同技术等级的建筑安装工人使用各种劳动工具（手动工具、小型工具、大中型机械和仪器仪表等），按照一定的施工工序和操作方法，直接或间接地作用于各种劳动对象（各种建筑、装饰材料，半成品，预制品和各种设备、零配件等），使其按照人们预定的目的，生产出建筑、安装以及装饰合格产品的过程。

每个施工过程的结束，获得了一定的产品，这种产品或者是改变了劳动对象的外表形态、内部结构或性质（由子制作和加工的结果），或者是改变了劳动对象在空间的位置（由于运输和安装的结果）。

2. 施工过程分类

根据不同的标准和需要，施工过程有如下分类：

（1）根据施工过程组织上的复杂程度，可以分解为工序、工作过程和综合工作过程。

① 工序是指施工过程中在组织上不可分割，在操作上属于同一类的作业环节。其主要特征是劳动者、劳动对象和使用的劳动工具均不发生变化。如果其中一个因素发生变化，就意味着由一项工序转入了另一项工序。如钢筋制作，它由平直钢筋、钢筋除锈、切断钢筋、弯曲钢筋等工序组成。

从施工的技术操作和组织观点看，工序是工艺方面最简单的施工过程。在编制施工定额时，工序是主要的研究对象。测定定额时只需分解和标定到工序为止。如果进行某项先进技术或新技术的工时研究，就要分解到操作甚至动作为止，从中研究可加以改进操作或节约工时。

工序可以由一个人来完成，也可以由小组或施工队内几名工人协同完成，可以手动完成，也可以由机械操作完成。在机械化的施工工序中，还可以包括由工人自己完成的各项操作和由机器完成的工作两部分。

② 工作过程是由同一工人或同一小组所完成的在技术操作上相互有机联系的工序的总合体。其特点是劳动者和劳动对象不发生变化，而使用的劳动工具可以变换。例如，砌墙和勾缝，抹灰和粉刷等。

③ 综合工作过程是同时进行的，在组织上有直接联系的，为完成一个最终产品结合起来的各个施工过程的总和。例如，砌砖墙这一综合工作过程，由调制砂浆、运砂浆、运砖、砌墙等工作过程构成，它们在不同的空间同时进行，在组织上有直接联系，并最终形成的共同产品是一定数量的砖墙。

（2）按照施工工序是否重复循环分类，施工过程可以分为循环施工过程和非循环施工过程两类。如果施工过程的工序或其组成部分以同样的内容和顺序不断循环，并且每重复一次可以生产出同样的产品，则称为循环施工过程；反之，则称为非循环的施工过程。

（3）按施工过程的完成方法和手段分类，施工过程可以分为手工操作过程（手动过程）、机械化过程（机动过程）和机手并动过程（半自动化过程）。

（4）按劳动者、劳动工具、劳动对象所处位置和变化分类，施工过程可分为工艺过程、搬运过程和检验过程。

① 工艺过程。工艺过程是指直接改变劳动对象的性质、形状、位置等，使其成为预期的施工产品的过程，例如房屋建筑中的挖基础、砌砖墙、粉刷墙面、安装门窗等。由于工艺过程是施工过程中最基本的内容，因而它是工作时间研究和制定定额的重点。

② 搬运过程。搬运过程是指将原材料、半成品、构件、机具设备等从某处移动到另一处，保证施工作业顺利进行的过程。但操作者在作业中随时拿起或存放在工作面上的材料等，是工艺过程的一部分，不应视为搬运过程。如砌筑工将已堆放在砌筑地点的砖块拿起砌在砖墙上，这一操作就属于工艺过程，而不应视为搬运过程。

③ 检验过程。此过程主要包括：对原材料、半成品、构配件等的数量、质量进行检验，判定其是否合格、能否使用；对施工活动的成果进行检测，判别其是否符合质量要求；对混凝土试块、关键零部件进行测试以及作业前对准备工作和安全措施的检查等。

3．施工过程的影响因素

对施工过程的影响因素进行研究，其目的是正确确定单位施工产品所需要的作业时间消耗。施工过程的影响因素包括技术因素、组织因素和自然因素。

（1）技术因素。它包括产品的种类和质量要求，所用材料、半成品、构配件的类别、规格和性能，所用工具和机械设备的类别、型号、性能及完好情况等。

（2）组织因素。它包括施工组织与施工方法、劳动组织、工人技术水平、操作方法和劳动态度、工资分配方式、劳动竞赛等。

（3）自然因素。它包括酷暑、大风、雨、雪、冰冻等。

（二）工作时间分类

研究施工中的工作时间最主要的目的是确定施工的时间定额和产量定额，其前提是对工作时间按其消耗性质进行分类，以便研究工时消耗的数量及其特点。

工作时间指的是工作班延续时间。例如 8 小时工作制的工作时间就是 8h，午休时间不包括在内。对工作时间消耗的研究，可以分为两个系统进行，即工人工作时间的消耗和工人所使用的机器工作时间消耗。

1．工人工作时间消耗的分类

工人在工作班内消耗的工作时间，按其消耗的性质，基本可以分为两大类：必需消耗的时间和损失时间。工人工作时间的一般分类如图 2.3.1 所示。

1）必需消耗的工作时间

这是工人在正常施工条件下，为完成一定合格产品（工作任务）所消耗的时间，是制定定额的主要依据，包括有效工作时间、休息时间和不可避免中断时间的消耗。

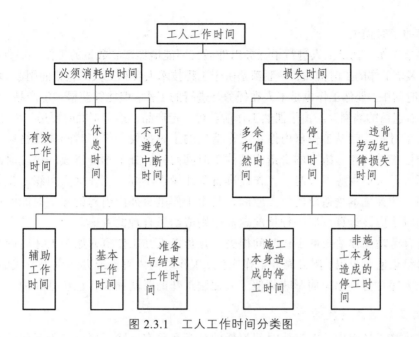

图 2.3.1 工人工作时间分类图

（1）有效工作时间是从生产效果来看与产品生产直接有关的时间消耗。其中包括基本工作时间、辅助工作时间、准备与结束工作时间的消耗。

① 基本工作时间是工人完成能生产一定产品的施工工艺过程所消耗的时间。通过这些工艺过程：可以使材料改变外形，如钢筋折弯等；可以使预制构配件安装组合成型；也可以改变产品外部及表面的性质，如粉刷、油漆等。基本工作时间所包括的内容依工作性质各不相同。基本工作时间的长短和工作量大小成正比例。

② 辅助工作时间是为保证基本工作能顺利完成所消耗的时间。在辅助工作时间里，不能使产品的形状大小、性质或位置发生变化。辅助工作时间的结束，往往就是基本工作时间的开始。辅助工作一般是手工操作。但如果在机手并动的情况下，辅助工作是在机械运转过程中进行的，为避免重复则不应再计辅助工作时间的消耗。辅助工作时间长短与工作量大小有关。

③ 准备与结束工作时间是执行任务前或任务完成后所消耗的工作时间。如工作地点、劳动工具和劳动对象的准备工作时间，工作结束后的整理工作时间等。准备和结束工作时间的长短与所担负的工作量大小无关，但往往和工作内容有关。这项时间消耗可以分为班内的准备与结束工作时间和任务的准备与结束工作时间。其中任务的准备和结束时间是一批任务的开始与结束时产生的，如熟悉图纸、准备相应的工具、事后清理场地等，通常不反映在每一个工作班里。

（2）休息时间是工人在工作过程中为恢复体力所必需的短暂休息和生理需要的时间消耗。这种时间是为了保证工人精力充沛地进行工作，所以在定额时间中必须进行计算。休息时间的长短与劳动性质、劳动条件、劳动强度和劳动危险性等密切相关。

（3）不可避免的中断所消耗的时间是由于施工工艺特点引起的工作中断所必需的时间。与施工过程工艺特点有关的工作中断时间，应包括在定额时间内，但应尽量缩短此项时间消耗。

2）损失时间

这是与产品生产无关，而与施工组织和技术上的缺点有关，与工人在施工过程中的个人过失或某些偶然因素有关的时间消耗。损失时间中包括有多余和偶然工作、停工、违背劳动纪律所引起的工时损失。

（1）多余工作，就是工人进行了任务以外而又不能增加产品数量的工作。如重砌质量不合格的墙体。多余工作的工时损失，一般都是由于工程技术人员和工人的差错而引起的，因此，不应计入定额时间中。偶然工作也是工人在任务外进行的工作，但能够获得一定产品。如抹灰工不得不补上偶然遗留的墙洞等。由于偶然工作能获得一定产品，拟定定额时要适当考虑它的影响。

（2）停工时间，就是工作班内停止工作造成的工时损失。停工时间按其性质可分为施工本身造成的停工时间和非施工本身造成的停工时间两种。施工本身造成的停工时间，是由于施工组织不善、材料供应不及时、工作面准备工作做得不好、工作地点组织不良等情况引起的停工时间。非施工本身造成的停工时间，是由于停电等外因引起的停工时间。前一种情况在拟定定额时不应该计算，后一种情况定额中则应给予合理的考虑。

（3）违背劳动纪律造成的工作时间损失，是指工人在工作班开始和午休后的迟到、午饭前和工作班结束前的早退、擅自离开工作岗位、工作时间内聊天或办私事等造成的工时损失。由于个别工人违背劳动纪律而影响其他工人无法工作的时间损失，也包括在内。

2. 机器工作时间消耗的分类

在机械化施工过程中，对工作时间消耗的分析和研究，除了要对工人工作时间的消耗进行分类研究之外，还需要分类研究机器工作时间的消耗。

机器工作时间的消耗，按其性质也分为必需消耗的时间和损失时间两大类。如图2.3.2所示。

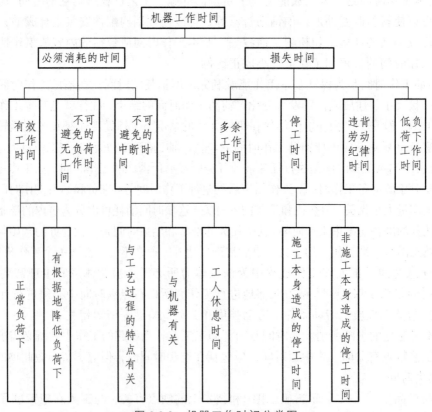

图 2.3.2　机器工作时间分类图

1）必需消耗的工作时间

包括有效工作、不可避免的无负荷工作和不可避免的中断三项时间消耗。而在有效工作的时间消耗中又包括正常负荷下、有根据地降低负荷下的工时消耗。

（1）正常负荷下的工作时间，是机器在与机器说明书规定的额定负荷相符的情况下进行工作的时间。

（2）有根据地降低负荷下的工作时间，是在个别情况下由于技术上的原因，机器在低于其计算负荷下工作的时间。例如，汽车运输质量轻而体积大的货物时，不能充分利用汽车的载重吨位因而不得不降低其计算负荷。

（3）不可避免的无负荷工作时间，是由施工过程的特点和机械结构的特点造成的机械无负荷工作时间。例如，筑路机在工作区末端调头等，就属于此项工作时间的消耗。

（4）不可避免的中断工作时间是与工艺过程的特点、机器的使用和保养、工人休息有关的中断时间。

① 与工艺过程的特点有关的不可避免中断工作时间，有循环的和定期的两种。循环的不可避免中断，是在机器工作的每一个循环中重复一次。如汽车装货和卸货时的停车。定期的不可避免中断，是经过一定时期重复一次。比如把灰浆泵由一个工作地点转移到另一工作地点时的工作中断。

② 与机器有关的不可避免中断工作时间，是由于工人进行准备与结束工作或辅助工作时，机器停止工作而引起的中断工作时间。它是与机器的使用与保养有关的不可避免中断时间。

③ 工人休息时间，前面已经做了说明。这里要注意的是，应尽量利用与工艺过程有关的和与机器有关的不可避免中断时间进行休息，以充分利用工作时间。

2）损失的工作时间

包括多余工作、停工、违背劳动纪律所消耗的工作时间和低负荷下的工作时间。

（1）机器的多余工作时间：一是机器进行任务内和工艺过程内未包括的工作而延续的时间，如工人没有及时供料而使机器空运转的时间；二是机械在负荷下所做的多余工作，如混凝土搅拌机搅拌混凝土时超过规定搅拌时间，即属于多余工作时间。

（2）机器的停工时间，按其性质也可分为施工本身造成和非施工本身造成的停工。前者是由于施工组织得不好而引起的停工现象，如由于未及时供给机器燃料而引起的停工。后者是由于气候条件所引起的停工现象，如暴雨时压路机的停工。上述停工中延续的时间，均为机器的停工时间。

（3）违反劳动纪律引起的机器的时间损失，是指工人迟到早退或擅离岗位等原因引起的机器停工时间。

（4）低负荷下的工作时间，是由于工人或技术人员的过错所造成的施工机械在降低负荷的情况下工作的时间。例如，工人装车的砂石数量不足引起的汽车在降低负荷的情况下工作所延续的时间。此项工作时间不能作为计算时间定额的基础。

（三）计时观察法

定额测定是制定定额的一个主要步骤。测定定额是用科学的方法观察、记录、整理、分析施工过程，为制定工程定额提供可靠依据。测定定额通常使用计时观察法，计时观察法是测定时间消耗的基本方法。

1. 计时观察法概述

计时观察法，是研究工作时间消耗的一种技术测定方法。它以研究工时消耗为对象，以观察测时为手段，通过密集抽样和粗放抽样等技术进行直接的时间研究。计时观察法以现场观察为主要技术手段，所以也称之为现场观察法。

计时观察法能够把现场工时消耗情况和施工组织技术条件联系起来加以考察，它不仅能为制定定额提供基础数据，而且也能为改善施工组织管理、改善工艺过程和操作方法、消除不合理的工时损失和进一步挖掘生产潜力提供技术根据。计时观察法的局限性，是考虑人的因素不够。

2. 计时观察前的准备工作

（1）确定需要进行计时观察的施工过程。计时观察之前的第一个准备工作，是研究并确定有哪些施工过程需要进行计时观察。对于需要进行计时观察的施工过程要编出详细的目录，拟定工作进度计划，制定组织技术措施，并组织编制定额的专业技术队伍，按计划认真开展工作。在选择观察对象时，必须注意所选择的施工过程要完全符合正常施工条件，所谓施工的正常条件，是指绝大多数企业和施工队、组，在合理组织施工的条件下所处的施工条件。与此同时，还需调查影响施工过程的技术因素、组织因素和自然因素。

（2）对施工过程进行预研究。目的是将所要测定的施工过程分别按工序、操作和动作划分为若干组成部分，以便准确地记录时间和分析研究。对于已确定的施工过程的性质应进行充分的研究，目的是正确地安排计时观察和收集可靠的原始资料。研究的方法，是全面地对各个施工过程及其所处的技术组织条件进行实际调查和分析，以便设计正常的（标准的）施工条件和分析研究测时数据。

① 熟悉与该施工过程有关的现行技术规范和技术标准等文件和资料。

② 了解新采用的工作方法的先进程度，了解已经得到推广的先进施工技术和操作，还应了解施工过程存在的技术组织方面的缺点和由于某些原因造成的混乱现象。

③ 注意系统地收集完成定额的统计资料和经验资料，以便与计时观察所得的资料进行对比分析。

④ 把施工过程划分为若干个组成部分（一般划分到工序）。施工过程划分的目的是便于计时观察。如果计时观察法的目的是研究先进工作法，或是分析影响劳动生产率提高或降低的因素，则必须将施工过程划分到操作以至动作。

⑤ 确定定时点和施工过程产品的计量单位。所谓定时点，即是上下两个相衔接的组成部分之间的分界点。确定定时点，对于保证计时观察的精确性是不容忽略的因素。确定产品计量单位，要能具体地反映产品的数量，并具有最大限度的稳定性。

（3）选择观察对象。所谓观察对象，就是对其进行计时观察完成该施工过程的工人。所选择的建筑安装工人，应具有与技术等级相符的工作技能和熟练程度，所承担的工作与其技术等级相等，同时应该能够完成或超额完成现行的施工劳动定额。

（4）选定正常的施工条件。施工的正常条件是指绝大多数施工企业和施工队、班组在合理组织施工的条件下所处的环境，一般包括工人的技术等级、工具及设备的种类和质量、工程机械化程度、材料实际需要量、劳动的组织形式、工资报酬形式、工作地点的组织和准备工作是否及时、安全技术措施的执行情况、气候条件等。

（5）其他准备工作。此外，还必须准备好必要的用具和表格。如测时用的秒表或电子计时器，测量产品数量的工具、器具，记录和整理测时资料用的各种表格等。如果有条件并且也有必要，还可配备电影摄像和电子记录设备。

3. 计时观察方法的分类

对施工过程进行观察、测时，计算实物和劳务产量，记录施工过程所处的施工条件和确定影响工时消耗的因素，是计时观察法的三项主要内容和要求。计时观察法种类很多，最主要的有三种，见图 2.3.3。

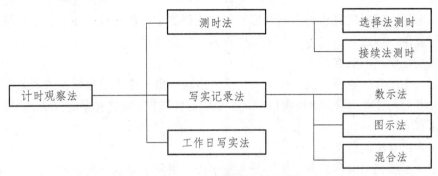

图 2.3.3　计时观察法的种类

1）测时法

测时法主要适用于测定定时重复的循环工作的工时消耗，是精确度比较高的一种计时观察法，一般可达到 0.2～15 s。测时法只用来测定施工过程中循环组成部分工作时间消耗，不研究工人休息、准备与结束及其他非循环的工作时间。

（1）测时法的分类

根据具体测时手段不同，可将测时法分为选择法和接续法两种。

① 选择法测时。它是间隔选择施工过程中非紧连接的组成部分（工序或操作）测定工时，精确度达 0.5 s。

选择法测时也称为间隔法测时。采用选择法测时，当被观察的某一循环工作的组成部分开始，观察者立即开动秒表，当该组成部分终止，则立即停止秒表。然后把秒表上指示的延续时间记录到选择法测时记录（循环整理）表上，并把秒针拨回到零点。下一组成部分开始，再开动秒表，如此依次观察，并依次记录下延续时间。

采用选择法测时，应特别注意掌握定时点。记录时间时仍在进行的工作组成部分，应不予观察。当所测定的各工序或操作的延续时间较短时，连续测定比较困难，用选择法测时比较方便且简单。

② 接续法测时。它是连续测定一个施工过程各工序或操作的延续时间。接续法测时每次要记录各工序或操作的终止时间，并计算出本工序的延续时间。

接续法测时也称作连续法测时。它比选择法测时准确、完善，但观察技术也较之复杂。它的特点是在工作进行中和非循环组成部分出现之前一直不停止秒表，秒针走动过程中，观察者根据各组成部分之间的定时点，记录它的终止时间，再用定时点终止时间之间的差表示各组成部分的延续时间。

（2）测时法的观察次数

由于测时法是属于抽样调查的方法，因此为了保证选取样本的数据可靠，需要对于同一施工过程进行重复测时。一般来说，观测的次数越多，资料的准确性越高，但要花费较多的时间和人力，这样既不经济，也不现实。确定观测次数较为科学的方法，应该是依据误差理论和经验数据相结合的方法来判断。

2）写实记录法

写实记录法是一种研究各种性质的工作时间消耗的方法，包括基本工作时间、辅助工作时间、不可避免中断时间、准备与结束时间以及各种损失时间。采用这种方法，可以获得分析工作时间消耗和制定定额所必需的全部资料。这种测定方法比较简便、易于掌握，并能保证必需的精确度。因此写实记录法在实际中得到了广泛应用。

（1）写实记录法的观察对象

可以是一个工人，也可以是一个工人小组。当观察由一个人单独操作或产品数量可单独计算时，采用个人写实记录。如果观察工人小组的集体操作，而产品数量又无法单独计算时，可采用集体写实记录。

（2）写实记录法的种类

写实记录法按记录时间的方法不同分为数示法、图示法和混合法三种，计时一般采用有秒针的普通计时表即可。

① 数示法写实记录。数示法的特征是用数字记录工时消耗，是三种写实记录法中精确度较高的一种，精确度达 5 s，可以同时对两个工人进行观察，适用于组成部分较少而且比较稳定的施工过程。数示法用来对整个工作班或半个工作班进行长时间观察，因此能反映工人或机具工作日全部情况。

② 图示法写实记录。图示法是在规定格式的图表上用时间进度线条表示工时消耗量的一种记录方式，精确度可达 30 s，可同时对 3 个以内的工人进行观察。这种方法的主要优点是记录简单，时间一目了然，原始记录整理方便。

③ 混合法写实记录。混合法吸取数字和图示两种方法的优点，以图示法中的时间进度线条表示工序的延续时间，在进度线的上部加写数字表示各时间区段的工人数。混合法适用于3 个以上工人工作时间的集体写实记录。

（3）写实记录法的延续时间

与确定测时法的观察次数相同，为保证写实记录法的数据可靠性，需要确定写实记录法的延续时间。延续时间的确定，是指在采用写实记录法中任何一种方法进行测定时，对每个被测施工过程或同时测定两个以上施工过程所需的总延续时间的确定。

延续时间的确定，应立足于既不能消耗过多的观察时间，又能得到比较可靠和准确的结果。影响写实记录法延续时间的主要因素有：所测施工过程的广泛性和经济价值；已经达到的功效水平的稳定程度；同时测定不同类型施工过程的数目；被测定的工人人数以及测定完成产品的可能次数等。写实记录法所需的延续时间如表 2.3.1 所示，必须同时满足表中三项要求，如其中任一项达不到最低要求，应酌情增加延续时间。

3）工作日写实法

工作日写实法是一种研究整个工作班内的各种工时消耗的方法。

表 2.3.1 写实记录法确定延续时间表

序号	项 目	同时测定施工过程的类型数	测定对象		
			单人的	集体的	
				2~3 人	4 人以上
1	被测定的个人或小组的最低数	任一数	3 人	3 个小组	2 个小组
2	测定总延续时间的最小值（h）	1	16	12	8
		2	23	18	12
		3	28	24	21
3	测定完成产品的最低次数	1	4	4	4
		2	6	6	6
		3	7	7	7

运用工作日写实法主要有两个目的：一是取得编制定额的基础资料；二是检查定额的执行情况，找出缺点，改进工作。当用于第一个目的时，工作日写实的结果要获得观察对象在工作班内工时消耗的全部情况，以及产品数量和影响工时消耗的影响因素。其中工时消耗应该按工时消耗的性质分类记录。在这种情况下，通常需要测定 3~4 次；当用于第二个目的时，通过工作日写实应该做到：查明工时损失量和引起工时损失的原因，制订消除工时损失，改善劳动组织和工作地点组织的措施，查明熟练工人是否能发挥自己的专长，确定合理的小组编制和合理的小组分工；确定机器在时间利用和生产率方面的情况，找出使用不当的原因，订出改警机器使用情况的技术组织措施，计算工人或机器完成定额的实际百分比和可能百分比。在这种情况下，通常需要测定 1~3 次。工作日写实法与测时法、写实记录法相比较，具有技术简便、费力不多、应用面广和资料全面的优点，在我国是一种采用较广的编制定额的方法。工作日写实法的缺点：由于有观察人员在场，即使在观察前做了充分准备，仍不免在工时利用上有一定的虚假性。

二、确定人工定额消耗量的基本方法

时间定额和产量定额是人工定额的两种表现形式。拟定出时间定额，也就可以计算出产量定额。

在全面分析了各种影响因素的基础上，通过计时观察资料，我们可以获得定额的各种必须消耗时间。将这些时间进行归纳，有的是经过换算，有的是根据不同的工时规范附加，最后把各种定额时间加以综合和类比就是整个工作过程的人工消耗的时间定额。

（一）确定工序作业时间

根据计时观察资料的分析和选择，我们可以获得各种产品的基本工作时间和辅助工作时间，将这两种时间合并，可以称之为工序作业时间。它是各种因素的集中反映，决定着整个产品的定额时间。

1. 拟定基本工作时间

基本工作时间在必需消耗的工作时间中占的比重最大。在确定基本工作时间时，必须细致、精确。基本工作时间消耗一般应根据计时观察资料来确定。其做法是，首先确定工作过程每一组成部分的工时消耗，然后再综合出工作过程的工时消耗。如果组成部分的产品计量单位和工作过程的产品计量单位不符，就需先求出不同计量单位的换算系数，进行产品计量单位的换算，然后再相加，求得工作过程的工时消耗。

（1）各组成部分与最终产品单位一致时的基本工作时间计算。此时，单位产品基本工作时间就是施工过程各个组成部分作业时间的总和，计算公式为：

$$T_1 = \sum_{i=1}^{n} t_i \qquad (2.3.1)$$

式中　T_1——单位产品基本工作时间；

　　　t_i——各组成部分的基本工作时间；

　　　n——各组成部分的个数。

（2）各组成部分单位与最终产品单位不一致时的基本工作时间计算。此时，各组成部分基本工作时间应分别乘以相应的换算系数。计算公式为：

$$T_1 = \sum_{i=1}^{n} k_i \times t_i \qquad (2.3.2)$$

式中　k_i——对应于 t_i 的换算系数。

2. 拟定辅助工作时间

辅助工作时间的确定方法与基本工作时间相同。如果在计时观察时不能取得足够的资料，也可采用工时规范或经验数据来确定。如具有现行的工时规范，可以直接利用工时规范中规定的辅助工作时间的百分比来计算。举例见表2.3.2。

表 2.3.2　木作工程各类辅助工作时间的百分率参考表

工作项目	工序作业时间（%）	工作项目	占工序作业时间（%）
磨刨刀	12.3	磨线刨	8.3
磨榴刨	5.9	锉锯	8.2
磨凿子	3.4	—	—

（二）确定规范时间

规范时间内容包括工序作业时间以外的准备与结束时间、不可避免中断时间以及休息时间。

1. 确定准备与结束时间

准备与结束工作时间分为班内和任务两种。任务的准备与结束时间通常不能集中在某一个工作日中，而要采取分摊计算的方法，分摊在单位产品的时间定额里。

如果在计时观察资料中不能取得足够的准备与结束时间的资料，也可根据工时规范或经验数据来确定。

2. 确定不可避免的中断时间

在确定不可避免中断时间的定额时，必须注意由工艺特点所引起的不可避免中断才可列入工作过程的时间定额。

不可避免中断时间也需要根据测时资料通过整理分析获得，也可以根据经验数据或工时规范，以占工作日的百分比表示此项工时消耗的时间定额。

3. 拟定休息时间

休息时间应根据工作班作息制度、经验资料、计时观察资料，以及对工作的疲劳程度作全面分析来确定。同时，应考虑尽可能利用不可避免中断时间作为休息时间。

规范时间均可利用工时规范或经验数据确定，常用的参考数据如表 2.3.3 所示。

表 2.3.3　准备与结束、休息、不可避免的中断时间占工作时间的百分比参考表

序号	工种　时间分类	准备与结束时间占工作时间（%）	休息时间占工作时间（%）	不可避免中断时间占工作时间（%）
1	材料运输及材料加工	2	13～16	2
2	人力土方工程	3	13～16	2
3	架子工程	4	12～15	2
4	砖石工程	6	10～13	4
5	抹灰工程	6	10～13	3
6	手工木作工程	4	7～10	3
7	机械木作工程	3	4～7	3
8	模板工程	5	7～10	3
9	钢筋工程	4	7～10	4
10	现浇混凝土工程	6	10～13	3
11	预制混凝土工程	4	10～13	2
12	防水工程	5	25	3
13	油漆玻璃工程	3	4～7	2
14	钢制品制作及安装工程	4	4～7	2
15	机械土方工程	2	4～7	2
16	石方工程	4	13～16	2
17	机械打桩工程	6	10～13	3
18	构件运输及吊装工程	6	10～13	3
19	水暖电气工程	5	7～10	3

（三）拟定定额时间

确定的基本工作时间、辅助工作时间、准备与结束工作时间、不可避免中断时间与休息时间之和，就是劳动定额的时间定额。根据时间定额可计算出产量定额，时间定额和产量定额互成倒数。

利用工时规范，可以计算劳动定额的时间定额。计算公式如下：

$$工序作业时间 = 基本工作时间 + 辅助工作时间 \tag{2.3.3}$$

$$规范时间 = 准备与结束工作时间 + 不可避免的中断时间 + 休息时间 \tag{2.3.4}$$

$$工序作业时间 = 基本工作时间 + 辅助工作时间 = \frac{基本工作时间}{1 - 辅助时间\%} \tag{2.3.5}$$

$$定额时间 = \frac{工序作业时间}{1 - 规范时间\%} \tag{2.3.6}$$

【例2.3.1】 通过计时观察资料得知：人工挖二类土 $1m^3$ 的基本工作时间为 6h，辅助工作时间占工序作业时间的 2%。准备与结束工作时间、不可避免的中断时间、休息时间分别占工作日的 3%、2%、18%。求该人工挖二类土的时间定额是多少？

解：基本工作时间 $= 6\,h = 0.75$（工日$/m^3$）

工序作业时间 $= 0.75/（1 - 2\%）= 0.765$（工日$/m^3$）

时间定额 $= 0.765/（1 - 3\% - 2\% - 18\%）= 0.994$（工日$/m^3$）

三、确定材料定额消耗量的基本方法

（一）材料的分类

合理确定材料消耗定额，必须研究和区分材料在施工过程中的类别。

1. 根据材料消耗的性质划分

施工中材料的消耗可分为必需的材料消耗和损失的材料两类性质。

必须消耗的材料，是指在合理用料的条件下，生产合格产品所需消耗的材料。它包括：直接用于建筑和安装工程的材料；不可避免的施工废料；不可避免的材料损耗。

必须消耗的材料属于施工正常消耗，是确定材料消耗定额的基本数据。其中：直接用于建筑和安装工程的材料，编制材料净用量定额；不可避免的施工废料和材料损耗，编制材料损耗定额。

2. 根据材料消耗与工程实体的关系划分

施工中的材料可分为实体材料和非实体材料两类。

（1）实体材料，是指直接构成工程实体的材料。它包括工程直接性材料和辅助材料。工程直接性材料主要是指一次性消耗、直接用于工程构成建筑物或结构本体的材料，如钢筋混凝土柱中的钢筋、水泥、砂、碎石等；辅助性材料主要是指虽也是施工过程中所必需的，却并不构成建筑物或结构本体的材料。如土石方爆破工程中所需的炸药、引信、雷管等。主要材料用量大，辅助材料用量少。

（2）非实体材料，是指在施工中必须使用但又不能构成工程实体的施工措施性材料。非实体材料主要是指周转性材料，如模板、脚手架、支撑等。

（二）确定材料消耗量的基本方法

确定实体材料的净用量定额和材料损耗定额的计算数据，是通过现场技术测定、实验室试验、现场统计和理论计算等方法获得的。

（1）现场技术测定法，又称为观测法，是根据对材料消耗过程的测定与观察，通过完成产品数量和材料消耗量的计算，而确定各种材料消耗定额的一种方法。现场技术测定法主要适用于确定材料损耗量，因为该部分数值用统计法或其他方法较难得到。通过现场观察，还可以区别出哪些是可以避免的损耗，哪些是属于难以避免的损耗，明确定额中不应列入可以避免的损耗。

（2）实验室试验法，主要用于编制材料净用量定额。通过试验，能够对材料的结构、化学成分和物理性能以及按强度等级控制的混凝土、砂浆、沥青、油漆等配比做出科学的结论，给编制材料消耗定额提供出有技术根据的、比较精确的计算数据。这种方法的优点是能更深入、更详细地研究各种因素对材料消耗的影响，其缺点在于无法估计到施工现场某些因素对材料消耗量的影响。

（3）现场统计法，是以施工现场积累的分部分项工程使用材料数量、完成产品数量、完成工作原材料的剩余数量等统计资料为基础，经过整理分析，获得材料消耗的数据。这种方法比较简单易行，但也有缺陷：一是该方法一般只能确定材料总消耗量，不能确定净用量和损耗量；二是其准确程度受到统计资料和实际使用材料的影响。因而其不能作为确定材料净用量定额和材料损耗定额的依据，只能作为编制定额的辅助性方法使用。

（4）理论计算法，理论计算法是根据施工图和建筑构造要求，用理论计算公式计算出产品的材料净用量的方法。这种方法较适合于不易产生损耗，且容易确定废料的材料消耗量的计算。

材料的损耗一般以损耗率表示。材料损耗率可以通过观察法或统计法确定。材料损耗率及材料损耗量的计算通常采用以下公式：

$$损耗率 = \frac{损耗量}{净用量} \times 100\% \tag{2.3.7}$$

$$消耗量 = 净用量 + 损耗量 = 净用量 \times （1 + 损耗率） \tag{2.3.8}$$

四、确定机具台班定额消耗量的基本方法

机具台班定额消耗量包括机械台班定额消耗量和仪器仪表台班定额消耗量二者的确定方法大体相同，本部分主要介绍机械台班定额消耗量的确定。

（一）确定机械1h纯工作正常生产率

机械纯工作时间，就是指机械的必需消耗时间。机械1h纯工作正常生产率，就是在正常施工组织条件下，具有必需的知识和技能的技术工人操纵机械1h的生产率。

根据机械工作特点的不同，机械 1h 纯工作正常生产率的确定方法，也有所不同。

（1）对于循环动作机械，确定机械纯工作 1h 正常生产率的计算公式如下：

$$\begin{matrix}\text{机械一次循环的}\\\text{正常延续时间}\end{matrix} = \sum\left(\begin{matrix}\text{循环各组成部分}\\\text{正常延续时间}\end{matrix}\right) - \text{交叠时间} \qquad (2.3.9)$$

$$\text{机械纯工作1h循环次数} = \frac{60 \times 60(s)}{\text{一次循环的正常延续时间}} \qquad (2.3.10)$$

$$\begin{matrix}\text{机械纯工作1h}\\\text{正常生产力}\end{matrix} = \begin{matrix}\text{机械纯工作1h}\\\text{正常循环次数}\end{matrix} \times \begin{matrix}\text{一次循环生产}\\\text{的产品数量}\end{matrix} \qquad (2.3.11)$$

（2）对于连续动作机械，确定机械纯工作 1h 正常生产率要根据机械的类型和结构特点以及工作过程的特点来进行。计算公式如下：

$$\text{连续工作机械纯工作1h正常生产率} = \frac{\text{工作时间内生产的产品数量}}{\text{工作时间 (h)}} \qquad (2.3.12)$$

工作时间内的产品数量和工作时间的消耗，要通过多次现场观察和机械说明书来取得数据。

（二）确定施工机械的时间利用系数

确定施工机械的时间利用系数，是指机械在一个台班内的净工作时间与工作班延续时间之比。机械的时间利用系数和机械在工作班内的工作状况有着密切的关系。所以，要确定机械的时间利用系数，首先要拟定机械工作班的正常工作状况，保证合理利用工时。机械时间利用系数的计算公式如下：

$$\begin{matrix}\text{机械时间}\\\text{利用系数}\end{matrix} = \frac{\text{机械在一个工作班内纯工作时间}}{\text{一个工作班延续时间 (8 h)}} \qquad (2.3.13)$$

（三）计算施工机械台班定额

计算施工机械台班定额是编制机械定额工作的最后一步。在确定了机械工作正常条件、机械 1h 纯工作正常生产率和机械时间利用系数之后，采用下列公式计算施工机械的产量定额：

$$\begin{matrix}\text{施工机械台班}\\\text{产量定额}\end{matrix} = \begin{matrix}\text{机械纯工作1h}\\\text{正常生产率}\end{matrix} \times \begin{matrix}\text{工作班纯}\\\text{工作时间}\end{matrix} \qquad (2.3.14)$$

$$\begin{matrix}\text{施工机械台班}\\\text{产量定额}\end{matrix} = \begin{matrix}\text{机械纯工作1h}\\\text{正常生产率}\end{matrix} \times \begin{matrix}\text{工作班}\\\text{延续时间}\end{matrix} \times \begin{matrix}\text{机械时间}\\\text{利用系数}\end{matrix} \qquad (2.3.15)$$

$$\text{施工机械时间定额} = \frac{1}{\text{机械台班产量定额指标}} \qquad (2.3.16)$$

【例 2.3.2】　某工程现场采用出料容量 500 L 的混凝土搅拌机，每一次循环中，装料、搅拌、卸料、中断需要的时间分别为 1 min、3 min、1 min、1 min，机械时间利用系数为 0.9，求该机械的台班产量定额。

解：该搅拌机一次循环的正常延续时间 = 1 + 3 + 1 + 1 = 6（min）= 0.1（h）

该搅拌机纯工作 1 h 循环次数 = 10（次）

该搅拌机纯工作 1 h 正常生产率 = $10 \times 500 = 5\ 000$（L）$= 5$（m^3）

该搅拌机台班产量定额 = $5 \times 8 \times 0.9 = 36$（m^3/台班）

第四节　建筑安装工程人工、材料及机械台班单价

一、人工日工资单价的组成

人工日工资单价是指施工企业平均技术熟练程度的生产工人在每工作日（国家法定工作时间内）按规定从事施工作业应得的日工资总额。合理确定人工工日单价是正确计算人工费和工程造价的前提和基础。

（一）人工日工资单价组成内容

人工日工资单价由计时工资或计件工资、奖金、津贴补贴以及特殊情况下支付的工资组成。

（1）计时工资或计件工资。按计时工资标准和工作时间或对已做工作按计件单价支付给个人的劳动报酬。

（2）奖金。对超额劳动和增收节支支付给个人的劳动报酬。如节约奖、劳动竞赛奖等。

（3）津贴补贴。为了补偿职工特殊或额外的劳动消耗和因其他原因支付给个人的津贴，以及为了保证职工工资水平不受物价影响支付给个人的物价补贴。如流动施工津贴、特殊地区施工津贴、高温（寒）作业临时津贴、高空津贴等。

（二）影响人工日工资单价的因素

影响人工日工资单价的因素很多，归纳起来有以下方面：

（1）社会平均工资水平。建筑安装工人人工日工资单价必然和社会平均工资水平趋同。社会平均工资水平取决于经济发展水平。由于经济的增长，社会平均工资也会增长，从而影响人工日工资单价的提高。

（2）生活消费指数。生活消费指数的提高会影响人工日工资单价的提高，以减少生活水平的下降，或维持原来的生活水平。生活消费指数的变动决定于物价的变动，尤其决定于生活消费品物价的变动。

（3）人工日工资单价的组成内容。《关于印发〈建筑安装工程费用项目组成〉的通知》（建标〔2013〕44 号）将职工福利费和劳动保护费从人工日工资单价中删除，这也必然影响人工日工资单价的变化。

（4）劳动力市场供需变化。劳动力市场如果需求大于供给，人工日工资单价就会提高；供给大于需求，市场竞争激烈，人工日工资单价就会下降。

（5）政府推行的社会保障和福利政策也会影响人工日工资单价的变动。

二、材料单价的组成和确定方法

在建筑工程中，材料费一般占总造价的 60% ~ 70%，在金属结构工程中所占比重还要大。

因此，合理确定材料价格构成，正确计算材料单价，有利于合理确定和有效控制工程造价。材料单价是指建筑材料从其来源地运到施工工地仓库，直至出库形成的综合单价。

（一）材料单价的编制依据和确定方法

1. 材料原价（或供应价格）

材料原价是指国内采购材料的出厂价格，国外采购材料抵达买方边境、港口或车站并交纳完各种手续费、税费（不含增值税）后形成的价格。在确定原价时，凡同一种材料因来源地、交货地、供货单位、生产厂家不同，而有几种价格（原价）时，根据不同来源地供货数量比例，采取加权平均的方法确定其综合原价。计算公式如下：

$$加权平均原价 = \frac{K_1 C_1 + K_2 C_2 + \cdots + K_n C_n}{K_1 + K_2 + \cdots + K_n} \tag{2.4.1}$$

式中　K_1，K_2，$\cdots$，K_n——各不同供应地点的供应量或各不同使用地点的需要量；

C_1，C_2，$\cdots$，C_n——各不同供应地点的原价。

若材料供货价格为含税价格，则材料原价应以购进货物适用的税率（17%或 11%）或征收率（3%）扣减增值税进项税额。

2. 材料运杂费

材料运杂费是指国内采购材料自来源地、国外采购材料自到岸港运至工地仓库或指定堆放地点发生的费用(不含增值税)。含外埠中转运输过程中所发生的一切费用和过境过桥费用，包括调车和驳船费、装卸费、运输费及附加工作费等。

同一品种的材料有若干个来源地，应采用加权平均的方法计算材料运杂费。计算公式如下：

$$加权平均运杂费 = \frac{K_1 T_1 + K_2 T_2 + \cdots + K_n T_n}{K_1 + K_2 + \cdots + K_n} \tag{2.4.2}$$

式中　K_1，K_2，$\cdots$，K_n——各不同供应点的供应量或各不同使用地点的需求量；

T_1，T_2，$\cdots$，T_n——各不同运距的运费。

若运输费用为含税价格，则需要按"两票制"和"一票制"两种支付方式分别调整。

（1）"两票制"支付方式。所谓"两票制"材料，是指材料供应商就收取的货物销售价款和运杂费向建筑业企业分别提供货物销售和交通运输两张发票的材料。在这种方式下，运杂费以接受交通运输与服务适用税率11%扣减增值税进项税额。

（2）"一票制"支付方式。所谓"一票制"材料，是指材料供应商就收取的货物销售价款和运杂费合计金额向建筑业企业仅提供一张货物销售发票的材料。在这种方式下，运杂费采用与材料原价相同的方式扣减增值税进项税额。

3. 运输损耗

在材料的运输中应考虑一定的场外运输损耗费用。这是指材料在运输装卸过程中不可避免的损耗。运输损耗的计算公式是：

$$运输损耗 = （材料原价 + 运杂费）\times 运输损耗率（\%） \tag{2.4.3}$$

4. 采购及保管费

采购及保管费是指为组织采购、供应和保管材料过程中所需要的各项费用，包含：采购费、仓储费、工地保管费和仓储损耗。

采购及保管费一般按照材料到库价格以费率取定。材料采购及保管费计算公式如下：

$$采购及保管费＝材料运到工地仓库价格×采购及保管费率（\%） \quad （2.4.4）$$

$$或采购及保管费＝（材料原价＋运杂费十运输损耗费）× \\ 采购及保管费率（\%） \quad （2.4.5）$$

综上所述，材料单价的一般计算公式为：

$$材料单价＝〔（供应价格＋运杂费）×（1＋运输损耗率（\%））〕× \\ （1＋采购及保管费率（\%）） \quad （2.4.6）$$

由于我国幅员广阔，建筑材料产地与使用地点的距离各地差异很大，采购、保管、运输方式也不尽相同，因此材料单价原则上按地区范围编制。

【例 2.4.1】 某建设项目材料（适用 17%增值税率）从两个地方采购，其采购量及有关费用如表 2.4.1 所示，求该工地水泥的单价（表中原价、运杂费均为含税价格，且材料采用"两票制"支付方式）。

表 2.4.1 材料采购信息表

采购处	采购量（t）	原价（元/t）	运杂费（元/t）	运输损耗率（%）	采购及保管费费率（%）
来源一	300	240	20	0.5	3.5%
来源二	200	250	15	0.4	

解：应将含税的原价和运杂费调整为不含税价格，具体过程见表 2.4.2 所示。

表 2.4.2 材料价格信息不含税价格处理

采购处	采购量（t）	原价（元/t）	原价（不含税）（元/t）	运杂费（元/t）	运杂费（不含税）（元/t）	运输损耗率（%）	采购及保管费率（%）
来源一	300	240	240/1.17＝205.13	20	20/1.11＝18.02	0.5	3.5%
来源二	200	250	250/1.17＝213.68	15	15/1.11＝13.51	0.4	

$$加权平均原价＝\frac{300×205.13＋200×213.68}{300＋200}＝208.55(元/t)$$

$$加权平均运杂费＝\frac{300×18.02＋200×13.51}{300＋200}＝16.22(元/t)$$

$$来源一的运输损耗费＝（205.13＋18.02）×0.5\%＝1.12（元/t）$$

$$来源二的运输损耗费＝（213.68＋13.51）×0.4\%＝0.91（元/t）$$

$$加权平均运输损耗费＝\frac{300×1.12＋200×0.91}{300＋200}＝1.04(元/t)$$

$$材料单价 = （208.55 + 16.22 + 1.04）×（1 + 3.5\%）= 233.71（元/t）$$

（二）影响材料单价变动的因素

（1）市场供需变化。材料原价是材料单价中最基本的组成。市场供大于求价格就会下降；反之，价格就会上升。从而也就会影响材料单价的涨落。

（2）材料生产成本的变动直接影响材料单价的波动。

（3）流通环节的多少和材料供应体制也会影响材料单价。

（4）运输距离和运输方法的改变会影响材料运输费用的增减，从而也会影响材料单价。

（5）国际市场行情会对进口材料单价产生影响。

三、施工机械台班单价的组成

施工机械使用费是根据施工中耗用的机械台班数量和机械台班单价确定的。施工机械台班耗用量按有关定额规定计算；施工机械台班单价是指一台施工机械，在正常运转条件下一个工作班中所发生的全部费用，每台班按 8 小时工作制计算。正确制定施工机械台班单价是合理确定和控制工程造价的重要方面。

根据《建设工程施工机械台班费用编制规则》的规定，施工机械划分为十二个类别：土石方及筑路机械、桩工机械、起重机械、水平运输机械、垂直运输机械、混凝土及砂浆机械、加工机械、泵类机械、焊接机械、动力机械、地下工程机械和其他机械。

施工机械台班单价由七项费用组成，包括折旧费、检修费、维护费、安拆费及场外运费、人工费、燃料动力费和其他费用。

四、施工仪器仪表台班单价的组成和确定方法

根据《建设工程施工仪器仪表台班费用编制规则》的规定，施工仪器仪表划分为七个类别：自动化仪表及系统、电工仪器仪表、光学仪器、分析仪表、试验机、电子和通信测量仪器仪表、专用仪器仪表。

施工仪器仪表台班单价由四项费用组成，包括折旧费、维护费、校验费、动力费。施工仪器仪表台班单价中的费用组成不包括检测软件的相关费用。

第五节　工程计价定额

工程计价定额是指工程定额中直接用于工程计价的定额或指标，包括预算定额、概算定额、概算指标和估算指标等。工程计价定额主要用来在建设项目的不同阶段作为确定和计算工程造价的依据。

一、预算定额及其基价编制

（一）预算定额的概念与用途

1. 预算定额的概念

预算定额是在正常的施工条件下，完成一定计量单位合格分项工程和结构构件所需消耗的人工、材料、施工机具台班数量及其相应费用标准。预算定额是工程建设中的一项重要的技术经济文件，是编制施工图预算的主要依据，是确定和控制工程造价的基础。

2. 预算定额的用途和作用

（1）预算定额是编制施工图预算、确定建筑安装工程造价的基础。施工图设计一经确定，工程预算造价就取决于预算定额水平和人工、材料及机具台班的价格。预算定额起着控制劳动消耗、材料消耗和机具食班使用的作用，进而起着控制建筑产品价格的作用。

（2）预算定额是编制施工组织设计的依据。施工组织设计的重要任务之一，是确定施工中所需人力、物力的供求量，并做出最佳安排。施工单位在缺乏本企业的施工定额的情况下，根据预算定额，亦能够比较精确地计算出施工中各项资源的需要量，为有计划地组织材料采购和预制件加工、劳动力和施工机具的调配，提供了可靠的计算依据。

（3）预算定额是工程结算的依据。工程结算是建设单位和施工单位按照工程进度对已完成的分部分项工程实现货币支付的行为。按进度支付工程款，需要根据预算定额将已完分项工程的造价算出。单位工程验收后，再按竣工工程量、预算定额和施工合同规定进行结算，以保证建设单位建设资金的合理使用和施工单位的经济收入。

（4）预算定额是施工单位进行经济活动分析的依据。预算定额规定的物化劳动和劳动消耗指标，是施工单位在生产经营中允许消耗的最高标准。施工单位必须以预算定额作为评价企业工作的重要标准，作为努力实现的目标。施工单位可根据预算定额对施工中的人工、材料、机具的消耗情况进行具体的分析，以便找出并克服低功效、高消耗的薄弱环节，提高竞争能力。只有在施工中尽量降低劳动消耗，采用新技术，提高劳动者素质，提高劳动生产率，才能取得较好的经济效益。

（5）预算定额是编制概算定额的基础。概算定额是在预算定额基础上综合扩大编制的。利用预算定额作为编制依据，不但可以节省编制工作的大量人力、物力和时间，收到事半功倍的效果，还可以使概算定额在水平上与预算定额保持一致，以免造成执行中的不一致。

（6）预算定额是合理编制招标控制价、投标报价的基础。在深化改革中，预算定额的指令性作用将日益削弱，而对施工单位按照工程个别成本报价的指导性作用仍然存在，因此预算定额作为编制招标控制价的依据和施工企业报价的基础性作用仍将存在，这也是由于预算定额本身的科学性和指导性决定的。

（二）预算定额的编制原则、依据和步骤

1. 预算定额的编制原则

为保证预算定额的质量，充分发挥预算定额的作用，实际使用简便，在编制工作中应遵循以下原则：

（1）按社会平均水平确定预算定额的原则。预算定额是确定和控制建筑安装工程造价的主要依据。因此，它必须遵照价值规律的客观要求，即按生产过程中所消耗的社会必要劳动时间确定定额水平。所谓预算定额的平均水平，是在正常的施工条件下，合理的施工组织和工艺条件、平均劳动熟练程度和劳动强度下，完成单位分项工程基本构造单元所需要的劳动时间。

（2）简明适用的原则。一是指在编制预算定额时，对于那些主要的，常用的、价值量大的项目，分项工程划分宜细；次要的、不常用的、价值最相对较小的项目则可以粗一些。二是指预算定额要项目齐全。要注意补充那些因采用新技术、新结构、新材料而出现的新的定额项目。如果项目不全，缺项多，就会使计价工作缺少充足的可靠的依据。三是还要求合理确定预算定额的计量单位，简化工程量的计算，尽可能地避免同一种材料用不同的计量单位和一量多用，尽量减少定额附注和换算系数。

2. 预算定额的编制依据

（1）现行施工定额。预算定额是在现行施工定额的基础上编制的。预算定额中人工、材料、机具台班消耗水平，需要根据施工定额取定；预算定额计量单位的选择，也要以施工定额为参考，从而保证两者的协调和可比性，减轻预算定额的编制工作量，缩短编制时间。

（2）现行设计规范、施工及验收规范，质量评定标准和安全操作规程。

（3）具有代表性的典型工程施工图及有关标准图。对这些图纸进行仔细分析研究，并计算出工程数量，作为编制定额时选择施工方法确定定额含量的依据。

（4）成熟推广的新技术、新结构、新材料和先进的施工方法等。这类资料是调整定额水平和增加新的定额项目所必需的依据。

（5）有关科学实验、技术测定和统计、经验资料。这类工程是确定定额水平的重要依据。

（6）现行的预算定额、材料单价、机具台班单价及有关文件规定等。包括过去定额编制过程中积累的基础资料，也是编制预算定额的依据和参考。

3. 预算定额的编制程序及要求

预算定额的制定、全面修订和局部修订工作均应按准备阶段、定额初稿编制、征求意见、审查、批准发布五个步骤进行。各阶段工作相互有交叉，有些工作还有多次反复。主要的工作内容包括：

（1）准备阶段。建设工程造价管理机构根据定额工作计划，组织具有一定工程实践经验和专业技术水平的人员成立编制组。编制组负责拟定工作大纲，建设工程造价管理机构负责对工作大纲进行审查。工作大纲主要内容应包括：任务依据、编制目的、编制原则、编制依据、主要内容、需要解决的主要问题、编制组人员与分工、进度安排、编制经费来源等。

（2）定额初稿编制。编制组根据工作大纲开展调查研究工作，深入定额使用单位了解情况、广泛收集数据，对编制中的重大问题或技术问题，应进行测算验证或召开专题会议论证，并形成相应报告，在此基础上经过项目划分和水平测算后编制完成定额初稿。主要工作内容包括：

① 确定编制细则。主要包括：统一编制表格及编制方法；统一计算口径、计量单位和小数点位数的要求；有关统一性规定，名称统一，用字统一，专业用语统一，符号代码统一，简化字要规范，文字要简练明确。

　　预算定额与施工定额计量单位往往不同。施工定额的计量单位一般按照工序或施工过程确定;而预算定额的计量单位主要是根据分部分项工程和结构构件的形体特征及其变化确定。由于工作内容综合,预算定额的计量单位亦具有综合的性质。工程量计算规则的规定应确切反映定额项目所包含的工作内容。预算定额的计量单位关系到预算工作的繁简和准确性。因此,要正确地确定各分部分项工程的计量单位。一般依据建筑结构构件形状的特点确定。

　　② 确定定额的项目划分和工程量计算规则。计算工程数量,是为了通过计算出典型设计图纸所包括的施工过程的工程量,以便在编制预算定额时,有可能利用施工定额的人工、材料和机具消耗指标确定预算定额所含工序的消耗量。

　　③ 定额人工、材料、机具台班耗用量的计算、复核和测算。

　　(3)征求意见。建设工程造价管理机构组织专家对定额初稿进行初审。编制组根据定额初审意见修改完成定额征求意见稿。征求意见稿由各主管部门或其授权的建设工程造价管理机构公开征求意见。征求意见的期限一般为1个月。征求意见稿包括正文和编制说明。

　　(4)审查。建设工程造价管理机构组织编制组根据征求意见进行修改后形成定额送审文件。送审文件应包括正文、编制说明、征求意见处理汇总表等。

　　定额送审文件的审查一般采取审查会议的形式。审查会议应由各主管部门组织召开,参加会议的人员应由有经验的专家代表、编制组人员等组成,审查会议应形成会议纪要。

　　(5)批准发布。建设工程造价管理机构组织编制组根据定额送审文件审查意见进行修改后形成报批文件,报送各主管部门批准。报批文件包括正文、编制报告、审查会议纪要、审查意见处理汇总表等。

(三)预算定额消耗量的编制方法

　　确定预算定额人工、材料、机具台班消耗指标时,必须先按施工定额的分项逐项计算出消耗指标,然后再按预算定额的项目加以综合。但是,这种综合不是简单的合并和相加,而需要在综合过程中增加两种定额之间的适当的水平差。预算定额的水平,首先取决于这些消耗量的合理确定。

　　人工、材料和机具台班消耗量指标,应根据定额编制原则和要求,采用理论与实际相结合、图纸计算与施工现场测算相结合、编制人员与现场工作人员相结合等方法进行计算和确定,使定额既符合政策要求,又与客观情况一致,便于贯彻执行。

　　1. 预算定额中人工工日消耗量的计算

　　预算定额中的人工的工日消耗量可以有两种确定方法。一种是以劳动定额为基础确定,另一种是以现场观察测定资料为基础计算,主要用于遇到劳动定额缺项时,采用现场工作日写实等测时方法测定和计算定额的人工耗用量。

　　预算定额中人工工日消耗量是指在正常施工条件下,生产单位合格产品所必须消耗的人工工日数量,是由分项工程所综合的各个工序劳动定额包括的基本用工、其他用工两部分组成的。

　　1)基本用工

　　基本用工指完成一定计量单位的分项工程或结构构件的各项工作过程的施工任务所必须消耗的技术工种用工。按技术工种相应劳动定额工时定额计算,以不同工种列出定额工日。基本用工包括:

（1）完成定额计量单位的主要用工。按综合取定的工程量和相应劳动定额进行计算。计算公式：

$$基本用工 = \sum（综合取定的工程量 \times 劳动定额）\qquad（2.5.1）$$

例如工程实际中的砖基础，有1砖厚，1砖半厚，2砖厚等之分，用工各不相同，在预算定额中由于不区分厚度，需要按照统计的比例，加权平均得出综合的人工消耗。

（2）按劳动定额规定应增（减）计算的用工量。例如在砖墙项目中，分项工程的工作内容包括了附墙烟囱孔、垃圾道、壁橱等零星组合部分的内容，其人工消耗量相应增加附加人工消耗。由于预算定额是在施工定额子目的基础上综合扩大的，包括的工作内容较多，施工的工效视具体部位而不一样，所以需要另外增加人工消耗，而这种人工消耗也可以列入基本用工内。

2）其他用工

其他用工是辅助基本用工消耗的工日，包括超运距用工、辅助用工和人工幅度差用工。

（1）超运距用工。超运距是指劳动定额中已包括的材料、半成品场内水平搬运距离与预算定额所考虑的现场材料、半成品堆放地点到操作地点的水平运输距离之差。计算公式如下：

$$超运距 = 预算定额取定运距 - 劳动定额已包括的运距\qquad（2.5.2）$$

$$超运距用工 = \sum（超运距材料数量 \times 时间定额）\qquad（2.5.3）$$

需要指出，实际工程现场运距超过预算定额取定运距时，可另行计算现场二次搬运费。

（2）辅助用工。辅助用工指技术工种劳动定额内不包括而在预算定额内又必须考虑的用工。例如机械土方工程配合用工、材料加工（筛砂、洗石、淋化石膏），电焊点火用工等。计算公式如下：

$$辅助用工 = \sum（材料加工数量 \times 相应的加工劳动定额）\qquad（2.5.4）$$

（3）人工幅度差。即预算定额与劳动定额的差额，主要是指在劳动定额中未包括而在正常施工情况下不可避免但又很难准确计量的用工和各种工时损失。内容包括：

① 各工种间的工序搭接及交叉作业相互配合或影响所发生的停歇用工。

② 施工过程中，移动临时水电线路而造成的影响工人操作的时间。

③ 工程质量检查和隐蔽工程验收工作而影响工人操作的时间。

④ 同一现场内单位工程之间因操作地点转移而影响工人操作的时间。

⑤ 工序交接时对前一工序不可避免的修整用工。

⑥ 施工中不可避免的其他零星用工。

人工幅度差计算公式如下：

$$人工幅度差 = （基本用工 + 辅助用工 + 超运距用工）\times 人工幅度差系数\qquad（2.5.5）$$

人工幅度差系数一般为10%～15%。在预算定额中，人工幅度差的用工量列入其他用工量中。

2. 预算定额中材料消耗量的计算

材料消耗量计算方法主要有：

（1）凡有标准规格的材料，按规范要求计算定额计量单位的耗用量，如砖、防水卷材、块料面层等。

（2）凡设计图纸标注尺寸及下料要求的按设计图纸尺寸计算材料净用量，如门窗制作用材料、方、板料等。

（3）换算法。各种胶结、涂料等材料的配合比用料，可以根据要求条件换算，得出材料用量。

（4）测定法。该法包括实验室试验法和现场观察法。它是指各种强度等级的混凝土及砌筑砂浆配合比的耗用原材料数量的计算，须按照规范要求试配，经过试压合格以后并经过必要的调整后得出的水泥、砂子、石子、水的用量。对新材料、新结构又不能用其他方法计算定额消耗用量时，须用现场测定方法来确定，根据不同条件可以采用写实记录法和观察法，得出定额的消耗量。

材料损耗是指在正常条件下不可避免的材料损耗，如现场内材料运输及施工操作过程中的损耗等。其关系式如下：

$$材料损耗率 = \frac{材料损耗量}{材料净用量} \times 100\% \tag{2.5.6}$$

$$材料损耗量 = 材料净用量 \times 损耗率（\%） \tag{2.5.7}$$

$$材料消耗量 = 材料净用量 + 损耗量 \tag{2.5.8}$$

或

$$材料消耗量 = 材料净用量 \times （1 + 损耗率（\%）） \tag{2.5.9}$$

3. 预算定额中机具台班消耗量的计算

预算定额中的机具台班消耗量是指在正常施工条件下，生产单位合格产品（分部分项工程或结构构件）必须消耗的某种型号施工机具的台班数量。下面主要介绍机械台班消耗量的计算。

（1）根据施工定额确定机械台班消耗量的计算。这种方法是指用施工定额中机械台班产量加机械幅度差计算预算定额的机械台班消耗量。

机械台班幅度差是指在施工定额中所规定的范围内没有包括，而在实际施工中又不可避免产生的影响机械或使机械停歇的时间。其内容包括：

① 施工机械转移工作面及配套机械相互影响损失的时间。

② 在正常施工条件下，机械在施工中不可避免的工序间歇。

③ 工程开工或收尾时工作量不饱满所损失的时间。

④ 检查工程质量影响机械操作的时间。

⑤ 临时停机、停电影响机械操作的时间。

⑥ 机械维修引起的停歇时间。

综上所述，预算定额的机械台班消耗量按下式计算：

$$\frac{预算定额机械}{耗用台班} = \frac{施工定额机械}{耗用台班} \times (1 + 机械幅度差系数) \tag{2.5.10}$$

【例 2.5.1】 已知某挖土机挖土，一次正常循环工作时间是 40s，每次循环平均挖土量 0.3m^3，机械时间利用系数为 0.8，机械幅度差系数为 25%。求该机械挖土方 1000 m^3 的预算定额机械耗用台班量。

解：机械纯工作 1 h 循环次数 = 3 600/40 = 90（次/台时）

机械纯工作 1 h 正常生产率 = 90 × 0.3 = 27（m³/台时）

施工机械台班产量定额 = 27 × 8 × 0.8 = 172.8（m³/台班）

施工机械台班时间定额 = 1/172.8 = 0.005 79（台班/m³）

预算定额机械耗用台班 = 0.005 79 ×（1 + 25%）= 0.907 23（台班/m³）

挖土方 1 000 m³ 的预算定额机械耗用台班量 = 1 000 × 0.007 23 = 7.23（台班）

（2）以现场测定资料为基础确定机械台班消耗量。如遇到施工定额缺项者，据单位时间完成的产量测定。具体方法可参见本章第三节。

（四）预算定额示例

表 2.5.1 为 2015 年《房屋建筑与装饰工程消耗量定额》中砖砌体部分砖墙、空花墙的示例。

表 2.5.1　砖墙、空斗墙、空花墙定额示例（计量单位：10 m³）

定额编号			4-2	4-3	4-4	4-5	4-6
项目			单面清水砖墙				
			1/2 砖	3/4 砖	1 砖	1 砖半	2 砖及 2 砖以上
名称		单位	消耗量				
人工	合计工日		工日	17.096	16.599	13.881	12.895	12.125
	其中	普工	工日	4.600	4.401	3.545	3.216	2.971
		一般技工	工日	10.711	10.455	8.859	8.296	7.846
		高级技工	工日	1.785	1.743	1.477	1.383	1.308
材料	烧结煤矸石普通砖 240×115×53		千块	5.585	5.456	5.337	5.290	5.254
	干混砌筑砂浆 DM M10		m³	1.978	2.163	2.313	2.440	2.491
	水		m³	1.130	1.100	1.060	1.070	1.060
	其他材料费		%	0.180	0.180	0.180	0.180	0.180
机械	干混砂浆罐式搅拌机		台班	0.198	0.217	0.232	0.244	0.249

预算定额的说明包括定额总说明、分部工程说明及各分项工程说明。涉及各分部需说明的共性问题列入总说明，属某一分部需说明的事项列章节说明。说明要求简明扼要，但是必须分门别类注明，尤其是对特殊的变化，力求使用简便，避免争议。

（五）预算定额基价编制

预算定额基价就是预算定额分项工程或结构构件的单价，只包括人工费、材料费和施工机具使用费，也称工料单价。

预算定额基价一般通过编制单位估价表、地区单位估价表及设备安装价目表确定单价，用于编制施工图预算。在预算定额中列出的"预算价值"或"基价"，应视作该定额编制时的工程单价。

预算定额基价的编制方法，简单说就是工、料、机的消耗量和工、料、机单价的结合过程。其中：人工费是由预算定额中每一分项工程各种用工数，乘以地区人工工日单价之和算出；材料费是由预算定额中每一分项工程的各种材料消耗量，乘以地区相应材料预算价格之和算出；

机具费是由预算定额中每一分项工程的各种机械台班消耗量,乘以地区相应施工机械台班预算价格之和,以及仪器仪表使用费汇总后算出。上述单价均为不含增值税进项税额的价格。

分项工程预算定额基价的计算公式:

$$分项工程预算定额基价 = 人工费 + 材料费 + 机具使用费 \qquad (2.5.11)$$

其中:人工费 $= \sum$(现行预算定额中各种人工工日用量×人工日工资单价)

材料费 $= \sum$(现行预算定额中各种材料耗用量×相应材料单价)

机具使用费 $= \sum$(现行预算定额中机械台班用量×机械台班单价) $+$
$\sum$(仪器仪表台班用量×仪器仪表台班单价)

预算定额基价是根据现行定额和当地的价格水平编制的,具有相对的稳定性。但是为了适应市场价格的变动,在编制预算时,必须根据工程造价管理部门发布的调价文件对固定的工程预算单价进行修正。修正后的工程单价乘以根据图纸计算出来的工程量,就可以获得符合实际市场情况的人工、材料、机具费用。

二、概算定额及其基价编制

(一)概算定额的概念

概算定额,是在预算定额基础上,确定完成合格的单位扩大分项工程或单位扩大结构构件所需消耗的人工、材料和施工机具台班的数量标准及其费用标准。概算定额又称扩大结构定额。

概算定额是预算定额的综合与扩大。它将预算定额中有联系的若干个分项工程项目综合为一个概算定额项目。如砖基础概算定额项目,就是以砖基础为主,综合了平整场地、挖地槽、铺设垫层、砌砖基础、铺设防潮层、回填土及运土等预算定额中分项工程项目。

概算定额与预算定额的相同之处在于,它们都是以建(构)筑物各个结构部分和分部分项工程为单位表示的,内容也包括人工、材料和机具台班使用量定额三个基本部分,并列有基准价。概算定额表达的主要内容、表达的主要方式及基本使用方法都与预算定额相近。

概算定额与预算定额的不同之处,在于项目划分和综合扩大程度上的差异,同时,概算定额主要用于设计概算的编制。由于概算定额综合了若干分项工程的预算定额,因此,概算工程量计算和概算表的编制,都比编制施工图预算简化一些。

(二)概算定额的作用

从1957年我国开始在全国试行统一的《建筑工程扩大结构定额》之后,各省、自治区、直辖市根据本地区的特点,相继编制了本地区的概算定额。概算定额和概算指标由省、自治区、直辖市在预算定额基础上组织编写,分别由主管部门审批,概算定额主要作用如下:

(1)它是初步设计阶段编制概算、扩大初步设计阶段编制修正概算的主要依据。

(2)它是对设计项目进行技术经济分析比较的基础资料之一。

(3)它是建设工程主要材料计划编制的依据。

(4)它是控制施工图预算的依据。

（5）它是施工企业在准备施工期间，编制施工组织总设计或总规划时，对生产要素提出需要量计划的依据。

（6）它是工程结束后，进行竣工决算和评价的依据。

（7）它是编制概算指标的依据。

（三）概算定额的编制原则和编制依据

1. 概算定额编制原则

概算定额应该贯彻社会平均水平和简明适用的原则。由于概算定额和预算定额都是工程计价的依据，所以应符合价值规律和反映现阶段大多数企业的设计、生产及施工管理水平。但在概预算定额水平之间应保留必要的幅度差。概算定额的内容和深度是以预算定额为基础的综合和扩大。在合并中不得遗漏或增及项目，以保证其严密和正确性。概算定额务必达到简化、准确和适用。

2. 概算定额的编制依据

概算定额的编制依据因其使用范围不同而不同。其编制依据一般有以下几种：

（1）相关的国家和地区文件。

（2）现行的设计规范、施工验收技术规范和各类工程预算定额、施工定额。

（3）具有代表性的标准设计图纸和其他设计资料。

（4）有关的施工图预算及有代表性的工程决算资料。

（5）现行的人工日工资单价标准、材料单价、机具台班单价及其他的价格资料。

（四）概算定额的编制步骤

概算定额的编制步骤与预算定额的编制步骤大体是一致的，包括准备阶段、定额初稿编制、征求意见、审查、批准发布五个步骤。在其定额初稿编制过程中，需要根据已经确定的编制方案和概算定额项目，收集和整理各种编制依据，对各种资料进行深入细致的测算和分析，确定人工、材料和机具台班的消耗量指标，最后编制概算定额初稿。概算定额水平与预算定额水平之间应由一定的幅度差，幅度差一般在5%以内。

（五）概算定额手册的内容

按专业特点和地区特点编制的概算定额手册，内容基本上是由文字说明、定额项目表和附录三个部分组成。

1. 概算定额的内容与形式

（1）文字说明部分。文字说明部分有总说明和分部工程说明。在总说明中，主要阐述概算定额的性质和作用、概算定额编纂形式和应注意的事项、概算定额编制目的和使用范围、有关定额的使用方法的统一规定。

（2）定额项目表。主要包括以下内容：

① 定额项目的划分。概算定额项目一般按以下两种方法划分：一是按工程结构划分。一般是按土石方、基础、墙、梁板柱、门窗、楼地面、屋面、装饰、构筑物等工程结构划分。二是按工程部位（分部）划分。一般是按基础、墙体、梁柱、楼地面、屋盖、其他工程部位

等划分，如基础工程中包括了砖、石、混凝土基础等项目。

② 定额项目表。定额项目表是概算定额手册的主要内容，由若干分节定额组成。各节定额由工程内容、定额表及附注说明组成。定额表中列有定额编号、计量单位、概算价格、人工、材料、机具台班消耗量指标，综合了预算定额的若干项目与数量。表 2.5.2 为某现浇钢筋混凝土矩形柱概算定额。

表 2.5.2 某现浇钢筋混凝土柱概算定额

工作内容：模板安拆、钢筋绑扎安放、混凝土浇捣养护

定额编号			3002	3003	3004	3005	3006
项 目			现浇钢筋混凝土柱				
			矩形				
			周长 1.5 m 以内	周长 2.0 m 以内	周长 2.5 m 以内	周长 3.0 m 以内	周长 3.5 m 以内
			m³	m³	m³	m³	m³
工、料、机名称（规格）		单位	数 量				
人工	混凝土工	工日	0.818 7	0.818 7	0.818 7	0.818 7	0.818 7
	钢筋工	工日	1.103 7	1.103 7	1.103 7	1.103 7	1.103 7
	木工（装饰）	工日	4.767 6	4.083 2	3.059 1	2.179 8	1.492 1
	其他工	工日	2.034 2	1.790 0	1.424 5	1.110 7	0.865 3
材料	泵送预拌混凝土	m³	1.015 0	1.015 0	1.015 0	1.015 0	1.015 0
	木模板成材	m³	0.036 3	0.031 1	0.023 3	0.016 6	0.014 4
	工具式组合钢模板	kg	9.708 7	8.315 0	6.229 4	4.438 8	3.038 5
	扣件	只	1.179 9	1.010 5	0.757 1	0.539 4	0.369 3
	零星卡具	kg	3.735 4	3.199 2	2.396 7	1.707 8	1.169 0
	钢支撑	kg	1.290 0	1.104 9	0.827 7	0.589 8	0.403 7
	柱箍、梁夹具	kg	1.957 9	1.676 8	1.256 3	0.895 2	0.612 8
	钢丝 18# ~ 22#	kg	0.902 4	0.902 4	0.902 4	0.902 4	0.902 4
	水	m³	1.276 0	1.276 0	1.276 0	1.276 0	1.276 0
	圆钉	kg	0.747 5	0.640 2	0.479 6	0.341 8	0.234 0
	草袋	m²	0.086 5	0.086 5	0.086 5	0.086 5	0.086 5
	成型钢筋	t	0.193 9	0.193 9	0.193 9	0.193 9	0.193 9
	其他材料费	%	1.090 6	0.957 9	0.746 7	0.552 3	0.391 6
机械	汽车式起重机 5 t	台班	0.028 1	0.024 1	0.018 0	0.012 9	0.008 8
	载重汽车 4 t	台班	0.042 2	0.036 1	0.027 1	0.019 3	0.013 2
	混凝土输送泵车 75 mm³/h	台班	0.010 8	0.010 8	0.010 8	0.010 8	0.010 8
	木工圆锯机 φ500 m	台班	0.010 5	0.009 0	0.006 8	0.004 8	0.003 3
	混凝土振捣器插入式	台班	0.100 0	0.100 0	0.100 0	0.100 0	0.100 0

2. 概算定额应用规则

（1）符合概算定额规定的应用范围。

（2）工程内容、计量单位及综合程度应与概算定额一致。

（3）必要的调整和换算应严格按定额的文字说明和附录进行。

（4）避免重复计算和漏项。

（5）参考预算定额的应用规则。

（六）概算定额基价的编制

概算定额基价和预算定额基价一样，都只包括人工费、材料费和机具费，是通过编制扩大单位估价表所确定的单价，用于编制设计概算。概算定额基价和预算定额基价的编制方法相同，单价均为不含增值税进项税额的价格。

$$概算定额基价 = 人工费 + 材料费 + 机具费 \qquad （2.5.12）$$

其中：　　人工费 = 现行概算定额中人工工日消耗最×人工单价

材料费 = $\sum$（现行概算定额中材料消耗量×相应材料单价）

机具费 = $\sum$（现行概算定额中机械台班消耗量×相应机械台班单价）+

$\sum$（仪器仪表台班用量×仪器仪表台班单价）

表 2.5.3 为某现浇钢筋混凝土柱概算定额基价表示形式。

表 2.5.3　现浇钢筋混凝土柱概算基价（计量单位：10 m³）

工程内容：模板制作、安装、拆除，钢筋制作、安装，混凝土浇捣、抹灰、刷浆

概算定额编号				4-3		4-4	
项　目		单位	单价（元）	矩形柱			
				周长 1.8 m 以内		周长 1.8 m 以外	
				数量	合价	数量	合价
基价		元		19 200.76		17 662.06	
其中	人工费	元		7 888.40		6 443.56	
	材料费	元		10 272.03		10 361.83	
	机具费	元		1 040.33		856.67	
合计工		工日	82.00	96.20	7 888.40	78.58	6 443.56
材料	中（粗）砂（天然）	t	35.81	9.494	339.98	8.817	315.74
	碎石 5~20 mm	t	36.18	12.207	441.65	12.207	441.65
	石灰青	m³	98.89	0.221	20.75	0.155	14.55
	普通木成材	m³	1 000.00	0.302	302.00	0.187	187.00
	圆钢〔钢筋〕	t	3 000.00	2.188	6 564.00	2.407	7 221.00
	组合钢模板	kg	4.00	64.416	257.66	39.848	159.39
	钢支撑（钢管）	kg	4.85	34.165	165.70	21.134	102.50

续表

概算定额编号			4-3		4-4	
项　目	单位	单价（元）	矩形柱			
			周长 1.8 m 以内		周长 1.8 m 以外	
			数量	合价	数量	合价
材料　零星卡具	kg	4.00	33.954	135.82	21.004	84.02
铁钉	kg	5.96	3.091	18.42	1.912	11.40
镀锌铁丝 22#	kg	8.07	8.368	67.53	9.206	74.29
电焊条	kg	7.84	15.644	122.65	17.212	134.94
803 涂料	kg	1.45	22.901	33.21	16.038	23.26
水	m³	0.99	12.700	12.57	12.300	12.21
水泥 425#	kg	0.25	664.459	166.11	517.117	129.28
水泥 525#	kg	0.30	4 141.200	1 242.36	4 141.200	1 242.36
脚手架	元			196.00		90.60
其他材料费	元			185.62		117.64
机械　垂直运输费	元			628.00		510.00
其他机械费	元			412.33		346.67

三、概算指标及其编制

（一）概算指标的概念及其作用

建筑安装工程概算指标通常是以单位工程为对象，以建筑面积、体积或成套设备装置的台或组为计量单位而规定的人工、材料、机具台班的消耗量标准和造价指标。

从上述概念中可以看出，建筑安装工程概算定额与概算指标的主要区别如下所述。

1. 确定各种消耗量指标的对象不同

概算定额是以单位扩大分项工程或单位扩大结构构件为对象，而概算指标则是以单位工程为对象，因此概算指标比概算定额更加综合与扩大。

2. 确定各种消耗量指标的依据不同

概算定额以现行预算定额为基础，通过计算之后才综合确定出各种消耗量指标，而概算指标中各种消耗量指标的确定，则主要来自各种预算或结算资料。

概算指标和概算定额、预算定额一样，都是与各个设计阶段相适应的多次性计价的产物，它主要用于初步设计阶段，其作用主要有：

（1）概算指标可以作为编制投资估算的参考。

（2）概算指标是初步设计阶段编制概算书，确定工程概算造价的依据。

（3）概算指标中的主要材料指标可以作为匡算主要材料用量的依据。

（4）概算指标是设计单位进行设计方案比较、设计技术经济分析的依据。

（5）概算指标是编制固定资产投资计划，确定投资额和主要材料计划的主要依据。

（6）概算指标是建筑企业编制劳动力、材料计划和实行经济核算的依据。

（二）概算指标的分类和表现形式

1. 概算指标的分类

概算指标可分为两大类，一类是建筑工程概算指标，另一类是设备及安装工程概算指标，如图 2.5.1 所示。

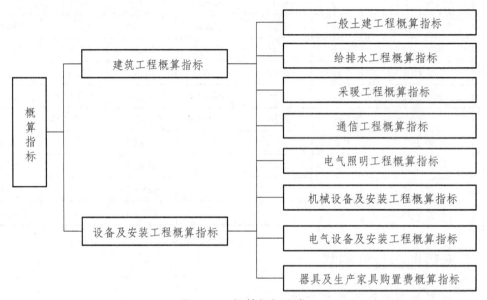

图 2.5.1　概算指标分类

2. 概算指标的组成内容及表现形式

1）概算指标的组成内容

一般分为文字说明和列表形式两部分，以及必要的附录。

（1）总说明和分册说明。其内容一般包括：概算指标的编制范围、编制依据、分册情况、指标包括的内容、指标未包括的内容、指标的使用方法、指标允许调整的范围及调整方法等。

（2）列表形式包括：

① 建筑工程列表形式。房屋建筑、构筑物一般是以建筑面积、建筑体积、"座""个"等为计算单位，附以必要的示意图，示意图画出建筑物的轮廓示意或单线平面图，列出综合指标："元/m²"或"元/m³"，自然条件（如地耐力、地震烈度等），建筑物的类型、结构形式及各部位中结构主要特点，主要工程量。

② 安装工程的列表形式。设备以"t"或"台"为计算单位，也可以设备购置费或设备原价的百分比（%）表示；工艺管道一般以"t"为计算单位；通信电话站安装以"站"为计算单位。列出指标编号、项目名称、规格、综合指标（元/计算单位）之后一般还要列出其中的人工费，必要时还要列出主要材料费、辅材费。

总体来讲，列表形式分为以下几个部分：

① 示意图。它表明工程的结构、工业项目，还表示出吊车及起重能力等。

② 工程特征。对采暖工程特征应列出采暖热媒及采暖形式，对电气照明工程特征可列出建筑层数、结构类型、配线方式、灯具名称等，对房屋建筑工程特征主要对工程的结构形式、层高、层数和建筑面积进行说明。如表 2.5.4 所示。

表 2.5.4　内浇外砌住宅结构特征

结构类型	层数	层高	檐高	建筑面积
内浇外砌	6 层	2.8 m	17.7 m	4 206 m^2

③ 经济指标。它说明该项目每 100 m^2 的造价指标及其土建、水暖和电气照明等单位工程的相应造价，如表 2.5.5 所示。

表 2.5.5　内浇外砌住宅经济指标（元）

100 m^2 建筑面积

项　目		合　计	其中			
			直接费	间接费	利润	税金
单方造价		30 422	21 860	5 576	1 893	1 093
其中	土建	26 133	18 778	4 790	1 626	939
	水暖	2 565	1 843	470	160	92
	电气照明	614	1239	316	107	62

④ 构造内容及工程量指标。它是指说明该工程项目的构造内容和相应计算单位的工程量指标及人工、材料消耗指标，如表 2.5.6、表 2.5.7 所示。

表 2.5.6　内浇外筑住宅构造内容及工程量指标（100 m^2 建筑面积）

序号		构造特征	工程量	
			单位	数量
一、土建				
1	基础	灌注桩	m^3	14.64
2	外墙	二砖墙、清水墙勾缝、内墙抹灰刷白	m^3	24.32
3	内墙	混凝土墙、一砖墙、抹灰刷白	m^3	22.70
4	柱	混凝土柱	m^3	0.70
5	地面	碎砖垫层、水泥砂浆面层	m^2	13
6	楼面	120 mm 预制空心板、水泥砂浆面层	m^2	65
7	门窗	木门窗	m^2	62
8	屋面	预制空心板、水泥珍珠岩保温、三毡四油卷材防水	m^2	21.7
9	脚手架	综合脚手架	m^2	100

序号	构造特征		工程量	
			单位	数量
二、水暖				
1	采暖方式	集中采暖		
2	给水性质	生活给水明设		
3	排水性质	生活排水		
4	通风方式	自然通风		
三、电气照明				
1	配电方式	塑料管暗配电线		
2	灯具种类	日光灯		
3	用电量			

表 2.5.7　内浇外筑住宅人工及主要材料消耗指标（100 m² 建筑面积）

序号	名称及规格	单位	数量	序号	名称及数量	单位	数量
一、土建				二、水暖			
1	人工	工日	506	1	人工	工日	39
2	钢筋	t	3.25	2	钢管	t	0.18
3	型钢	t	0.13	3	暖气片	m2	20
4	水泥	t	18.10	4	卫生器具	套	2.35
5	白灰	t	2.10	5	水表	个	1.84
6	沥青	t	0.29	三、电气照明			
7	红砖	千块	15.10	1	人工	工日	20
8	木材	m³	4.10	2	电线	m	283
9	砂	m³	41	3	钢管	t	0.04
10	砾石	m³	30.5	4	灯具	套	8.43
11	玻璃	m²	29.2	5	电表	个	1.84
12	卷材	m²	80.8	6	配电箱	套	6.1
				四、机具使用费		%	7.5
				五、其他材料费		%	19.57

2）概算指标的表现形式

概算指标在具体内容的表示方法上，分综合指标和单项指标两种形式。

（1）综合概算指标。综合概算指标是按照工业或民用建筑及其结构类型而制定的概算指标。综合概算指标的概括性较大，其准确性、针对性不如单项指标。

（2）单项概算指标。单项概算指标是指为某种建筑物或构筑物而编制的概算指标。单项概算指标的针对性较强，故指标中对工程结构形式要作介绍。只要工程项目的结构形式及工程内容与单项指标中的工程概况相吻合，编制出的设计概算就比较准确。

（三）概算指标的编制

1. 概算指标的编制依据

（1）标准设计图纸和各类工程典型设计。

（2）国家颁发的建筑标准、设计规范、施工规范等。

（3）现行的概算指标、概算定额、预算定额及补充定额。

（4）人工工资标准、材料预算价格、机具台班预算价格及其他价格资料。

2. 概算指标的编制步骤

概算指标的编制通常也分为准备、定额初稿编制、征求意见、审查、批准发布五个步骤。以房屋建筑工程为例，在定额初稿编制阶段主要是选定图样，并根据图样资料计算工程量和编制单位工程预算书，以及按编制方案确定的指标内容中的人工及主要材料消耗指标，填写概算指标的表格。

每百平方米建筑面积造价指标编制方法如下：

（1）编写资料审查意见及填写设计资料名称、设计单位、设计日期、建筑面积及构造情况，提出审查和修改意见。

（2）在计算工程量的基础上，编制单位工程预算书，据以确定每百平方米建筑面积及构造情况以及人工、材料、机具消耗指标和单位造价的经济指标。

① 计算工程量，就是根据审定的图样和预算定额计算出建筑面积及各分部分项工程量，然后按编制方案规定的项目进行归并，并以每平方米建筑面积为计算单位，换算出所含的工程量指标。

② 根据计算出的工程量和预算定额等资料，编出预算书，求出每百平方米建筑面积的预算造价及工、料、施工机具使用费和材料消耗量指标。

构筑物是以"座"为单位编制概算指标，因此，在计算完工程量，编出预算书后，不必进行换算，预算书确定的价值就是每座构筑物概算指标的经济指标。

四、投资估算指标及其编制

（一）投资估算指标及其作用

工程建设投资估算指标是编制建设项目建议书、可行性研究报告等前期工作阶段投资估算的依据，也可以作为编制固定资产计划投资额的参考。与概预算定额相比较，估算指标以独立的建设项目、单项工程或单位工程为对象，综合项目全过程投资和建设中的各类成本和费用，反映出其扩大的技术经济指标，既是定额的一种表现形式，但又不同于其他的计价定额。投资估算指标既具有宏观指导作用，又能为编制项目建议书和可行性研究阶段投资估算提供依据。

（1）在编制项目建议书阶段，它是项目主管部门审批项目建议书的依据之一，并对项目的规划及规模起参考作用。

（2）在可行性研究报告阶段，它是项目决策的重要依据，也是多方案比选、优化设计方案、正确编制投资估算、合理确定项目投资额的重要基础。

（3）在建设项目评价及决策过程中，它是评价建设项目投资可行性、分析投资效益的主要经济指标。

（4）在项目实施阶段，它是限额设计和工程造价确定与控制的依据。

（5）它是核算建设项目建设投资需要额和编制建设投资计划的重要依据。

（6）合理准确地确定投资估算指标是进行工程造价管理改革，实现工程造价事前管理和主动控制的前提条件。

（二）投资估算指标编制原则和依据

1. 投资估算指标的编制原则

由于投资估算指标属于项目建设前期进行估算投资的技术经济指标，它不但要反映实施阶段的静态投资，还必须反映项目建设前期和交付使用期内发生的动态投资，以投资估算指标为依据编制的投资估算，包含项目建设的全部投资额。这就要求投资估算指标比其他各种计价定额具有更大的综合性和概括性。因此，投资估算指标的编制工作，除应遵循一般定额的编制原则外，还必须坚持以下原则：

（1）投资估算指标项目的确定，应考虑以后几年编制建设项目建议书和可行性研究报告投资估算的需要。

（2）投资估算指标的分类、项目划分、项目内容、表现形式等要结合各专业的特点，并且要与项目建议书、可行性研究报告的编制深度相适应。

（3）投资估算指标的编制内容，典型工程的选择，必须遵循国家的有关建设方针政策。符合国家技术发展方向，贯彻国家发展方向原则，使指标的编制既能反映正常建设条件下的造价水平，也能适应今后若干年的科技发展水平。坚持技术上先进、可行和经济上的合理，力争以较少的投入求得最大的投资效益。

（4）投资估算指标的编制要反映不同行业、不同项目和不同工程的特点，投资估算指标要适应项目前期工作深度的需要，而且具有更大的综合性。投资估算指标要密切结合行业特点，项目建设的特定条件，在内容上既要贯彻指导性、准确性和可调性原则，又要有一定的深度和广度。

（5）投资估算指标的编制要贯彻静态和动态相结合的原则。要充分考虑到在市场经济条件下，由于建设条件、实施时间、建设期限等因素的不同，考虑到建设期的动态因素，即价格、建设期利息及涉外工程的汇率等因素的变动，导致指标的量差、价差、利息差、费用差等"动态"因素对投资估算的影响，对上述动态因素给予必要的调整办法和调整参数，尽可能减少这些动态因素对投资估算准确度的影响，使指标具有较强的实用性和可操作性。

2. 投资估算指标的编制依据

（1）依照不同的产品方案、工艺流程和生产规模，确定建设项目主要生产、辅助生产、公用设施及生活福利设施等单项工程内容、规模、数量以及结构形式，选择相应具有代表性、符合技术发展方向、数量足够的已经建成或正在建设的并具有重复使用可能的设计图样及其工程量清册、设备清单、主要材料用量表和预算资料、决算资料，经过分类、筛选、整理出编制依据。

（2）国家和主管部门制订颁发的建设项目用地定额、建设项目工期定额、单项工程施工工期定额及生产定员标准等。

（3）编制年度现行全国统一、地区统一的各类工程概预算定额、各种费用标准。

（4）编制年度的各类工资标准、材料单价、机具台班单价及各类工程造价指数，应以所处地区的标准为准。

（5）设备价格。

（三）投资估算指标的内容

投资估算指标是确定和控制建设项目全过程各项投资支出的技术经济指标，其范围涉及建设前期、建设实施期和竣工验收交付使用期等各个阶段的费用支出，内容因行业不同而各异，一般可分为建设项目综合指标、单项工程指标和单位工程指标三个层次。

1. 建设项目综合指标

这是指按规定应列入建设项目总投资的从立项筹建开始至竣工验收交付使用的全部投资额，包括单项工程投资、工程建设其他费用和预备费等。

建设项目综合指标一般以项目的综合生产能力单位投资表示，如"元/t""元/kW"或以使用功能表示，如医院床位："元/床"。

2. 单项工程指标

这是指按规定应列入能独立发挥生产能力或使用效益的单项工程内的全部投资额，包括建筑工程费、安装工程费、设备、工器具及生产家具购置费和可能包含的其他费用。单项工程一般划分原则如下：

（1）主要生产设施。这是直接参加生产产品的工程项目，包括生产车间或生产装置。

（2）辅助生产设施。这是为主要生产车间服务的工程项目，包括集中控制室，中央实验室，机修、电修、仪器仪表修理及木工（模）等车间，原材料、半成品、成品及危险品等仓库。

（3）公用工程。这包括给排水系统（给排水泵房、水塔、水池及全厂给排水管网）、供热系统（锅炉房及水处理设施、全厂热力管网）、供电及通信系统（变配电所、开关所及全厂输电、电信线路）以及热电站、热力站、煤气站、空压站、冷冻站、冷却塔和全厂管网等。

（4）环境保护工程。这包括废气、废渣、废水等处理和综合利用设施及全厂性绿化。

（5）总图运输工程。这包括厂区防洪、围墙大门、传达及收发室、汽车库、消防车库、厂区道路、桥涵、厂区码头及厂区大型土石方工程。

（6）厂区服务设施。这包括厂部办公室、厂区食堂、医务室、浴室、哺乳室、自行车棚等。

（7）生活福利设施。这包括职工医院、住宅、生活区食堂、职工医院、俱乐部、托儿所、幼儿园、子弟学校、商业服务点以及与之配套的设施。

（8）厂外工程。如水源工程、厂外输电、输水、排水、通信、输油等管线以及公路、铁路专用线等。

单项工程指标一般以单项工程生产能力单位投资，如"元/t"或其他单位表示。如：变配电站："元/（kV·A）"；锅炉房："元/蒸汽吨"；供水站："元/m"；办公室、仓库、宿舍、住宅等房屋则区别不同结构形式以"元/m²"表示。

3. 单位工程指标

单位工程指标按规定应列入能独立设计、施工的工程项目的费用，即建筑安装工程费用。

单位工程指标一般以如下方式表示：房屋区别不同结构形式以"元/m²"表示；道路区别不同结构层、面层以"元/m²"表示；水塔区别不同结构层、容积以"元/座"表示；管道区别不同材质、管径以"元/m"表示。

（四）投资估算指标的编制方法

投资估算的编制通常也分为准备阶段、定额初稿编制、征求意见、审查、批准发布五个通行步骤。但考虑到投资估算指标的编制涉及建设项目的产品规模、产品方案、工艺流程、设备选型、工程设计和技术经济等各个方面，既要考虑到现阶段技术状况，又要展望技术发展趋势和设计动向，通常编制人员应具备较高的专业素质。在各个工作阶段，针对投资估算指标的编制特点，具体工作具有特殊性。

1. 收集整理资料

收集整理已建成或正在建设的，符合现行技术政策和技术发展方向、有可能重复采用的、有代表性的工程设计施工图、标准设计以及相应的竣工决算或施工图预算资料等，这些资料是编制工作的基础，资料收集得越广泛，反映出的问题越多，编制工作考虑得越全面，就越有利于提高投资估算指标的实用性和覆盖面。同时，对调查收集到的资料要选择占投资比重大、相互关联多的项目进行认真的分析整理，由于已建成或正在建设的工程的设计意图、建设时间和地点、资料的基础等不同，相互之间的差异很大，需要去粗取精、去伪存真地加以整理，才能重复利用。将整理后的数据资料按项目划分栏目加以归类，按照编制年度的现行定额、费用标准和价格，调整成编制年度的造价水平及相互比例。

由于调查收集的资料来源不同，虽然经过一定的分析整理，但难免会由于设计方案、建设条件和建设时间上的差异带来的某些影响，使数据失准或漏项等。必须对有关资料进行综合平衡调整。

2. 测算审查

测算是将新编的指标和选定工程的概预算，在同一价格条件下进行比较，检验其"量差"的偏离程度是否在允许偏差的范围之内，如偏差过大，则要查找原因，进行修正，以保证指标的确切、实用。测算同时也是对指标编制质量进行的一次系统检查，应由专人进行，以保持测算口径的统一，在此基础上组织有关专业人员予以全面审查定稿。

本章小结

本章主要介绍了建设工程造价确定的依据，内容包括建设工程定额、工程量清单、工程技术文件、要素市场价格信息、建设工程环境和条件等。其中，建设工程定额和工程量清单对应了我国并行的两种不同的计价模式，是建设工程造价确定的主要依据。建设工程定额和工程量清单的概念、作用和内容是本章的重点及难点内容，需要重点掌握，因此对之做了详细介绍。

习　题

一、单项选择题

1. 下列关于工程计价的说法中，正确的是（　　）。
   A. 工程计价包含计算工程量和套定额两个环节
   B. 建筑安装工程费＝∑基本构造单元工程量×相应单价
   C. 工程计价包括工程单价的确定和总价的计算
   D. 工程计价中的工程单价仅指综合单价

2. 工程量清单计价中，在编制投标报价和招标控制价时共同依据的资料是（　　）。
   A. 企业定额
   B. 国家、地区或行业定额
   C. 工程造价各种信息资料和指数
   D. 投标人拟定的施工组织设计方案

3. 关于预算定额性质与特点的说法，不正确的是（　　）。
   A. 一种计价性定额
   B. 以分项工程为对象编制
   C. 反映平均先进水平
   D. 以施工定额为基础编制

4. 下列工程计价的标准和依据中，适用于项目建设前期各阶段对建设投资进行预测和估计的是（　　）。
   A. 工程量清单计价规范
   B. 工程定额
   C. 工程量清单计量规范
   D. 工程承包合同文件

5. 《建设工程工程量清单计价规范》规定，分部分项工程量清单项目编码的第三级为表示（　　）的顺序码。
   A. 分项工程（第四级）
   B. 扩大分项工程
   C. 分部工程
   D. 专业工程（第一级）

6. 关于工程量清单编制中的项目特征描述，下列说法中正确的是（　　）。
   A. 措施项目无需描述项目特征
   B. 应按计量规范附录中规定的项目特征，结合技术规范、标准图集加以描述
   C. 对完成清单项目可能发生的具体工作和操作程序仍需加以描述
   D. 图纸中已有的工程规格、型号、材质等可不描述

7. 关于分部分项工程量清单编制的说法，正确的是（　　）。
   A. 施工工程量大于按计算规则计算出的工程量的部分，由投标人在综合单价中考虑
   B. 在清单项目"工程内容"中包含的工作内容必须进行项目特征的描述
   C. 计价规范中就某一清单项目给出两个及以上计量单位时应选择最方便计算的单位

D. 同一标段的工程量清单中含有多个项目特征相同的单位工程时，可采用相同的项目编码

8. 下列措施项目中，适宜于采用综合单价方式计价的是（　　　）。

　A. 已完工程及设备保护　　　　　　　B. 大型机械设备进出场及安拆

　C. 安全文明施工　　　　　　　　　　D. 混凝土、钢筋混凝土模板

9. 在编制措施项目清单时，关于钢筋混凝土模板及支架费项目，应在清单中列明（　　　）。

　A. 项目编码　　　　　　　　　　　　B. 计算基础

　C. 取费费率　　　　　　　　　　　　D. 工作内容

10. 招标工程清单编制时，在总承包服务费计价表中，应由招标人填写的内容是（　　　）。

　A. 服务内容　　　　　　　　　　　　B. 项目价值

　C. 费率　　　　　　　　　　　　　　D. 金额

11. 根据《建设工程工程量清单计价规范》，关于材料和专业工程暂估价的说法中，正确的是（　　　）。

　A. 材料暂估价表中只填写原材料、燃料、构配件的暂估价

　B. 材料暂估价应纳入分部分项工程量清单项目综合单价

　C. 专业工程暂估价指完成专业工程的建筑安装工程费

　D. 专业工程暂估价由专业工程承包人填写

12. 关于工序特征的描述，下列说法中正确的是（　　　）。

　A. 工作者、工作地点不变，劳动工具、劳动对象可变

　B. 劳动对象、劳动工具不变，工作者、工作地点可变

　C. 劳动对象、劳动工具、工作地点不变，工作者可变

　D. 工作者、劳动对象、劳动工具和工作地点均不变

13. 下列因素中，影响施工过程的技术因素是（　　　）。

　A. 工人技术水平　　　　　　　　　　B. 操作方法

　C. 机械设备性能　　　　　　　　　　D. 劳动组织

14. 下列工人工作时间消耗中，属于有效工作时间的是（　　　）。

　A. 因混凝土养护引起的停工时间　　　B. 偶然停工（停水、停电）增加的时间

　C. 产品质量不合格返工的工作时间　　D. 准备施工工具花费的时间

15. 工人的工作时间中，熟悉施工图纸所消耗的时间属于（　　　）。

　A. 基本工作时间　　　　　　　　　　B. 辅助工作时间

　C. 准备与结束工作时间　　　　　　　D. 不可避免的中断时间

16. 在机械工作时间消耗的分类中，由于工人装料数量不足引起的砂浆搅拌机不能满载工作的时间属于（　　　）。

　A. 有根据地降低负荷下的工作时间　　B. 机械的多余工作时间

　C. 违反劳动纪律引起的机械时间损失　D. 低负荷下的工作时间

17. 下列施工机械消耗时间中，属于机械必需消耗时间的是（　　　）。

　A. 未及时供料引起的机械停工时间　　B. 由于气候条件引起的机械停工时间

　C. 装料不足时的机械运转时间　　　　D. 因机械保养而中断使用的时间

18. 用计时观察法测定时间消耗的诸多方法中，精确度较高的方法是（　　　）。

    A. 数示法   B. 图示法

    C. 接续法   D. 选择法

19. 下列费用项目中，应计入进口材料运杂费中的是（   ）。

    A. 国际运费   B. 国际运输保险费

    C. 到岸后外埠中转运输费   D. 进口环节税费

20. 下列用工项目中，属于预算定额与劳动定额人工幅度差的是（   ）。

    A. 施工机械辅助用工   B. 超过预算定额取定运距增加的运输用工

    C. 班组操作地点转移用工   D. 机械维修引起的操作人员停工

21. 下列施工机械的停歇时间，不在预算定额机械幅度差中考虑的是（   ）。

    A. 机械维修引起的停歇   B. 工程质量检查引起的停歇

    C. 机械转移工作面引起的停歇   D. 进行准备与结束工作时引起的停歇

22. 下列工程中，属于概算指标编制对象的是（   ）。

    A. 分项工程   B. 单位工程

    C. 分部工程   D. 整个建筑物

23. 根据单项工程的一般划分原则，下列单项工程中属于辅助生产设施的是（   ）。

    A. 废水处理站   B. 水塔

    C. 机修车间   D. 职工医院

二、多项选择题

1. 关于工程定额的说法中，正确的有（   ）。

    A. 人工定额与机械消耗定额的主要表现形式是时间定额

    B. 预算定额为工程定额中的基础性定额

    C. 概算定额的每一综合分项都包含了数个预算定额分项工程项目

    D. 概算指标能够反映整个建、构筑物人工、材料、机械台班消耗量

    E. 已完工程竣工决算是一种典型的投资估算指标

2. 编制工程量清单时，可以依据施工组织设计、施工规范、验收规范确定的要素有（   ）。

    A. 项目名称   B. 项目编码

    C. 项目特征   D. 计量单位

    E. 工程量

3. 关于工程量清单及其编制，下列说法中正确的有（   ）。

    A. 招标工程量清单必须作为投标文件的组成部分

    B. 安全文明施工费应列入以"项"为单位计价的措施项目清单中

    C. 招标工程量清单的准确性和完整性由其编制人负责

    D. 暂列金中包括用于施工中必然发生但暂不能确定价格的材料、设备的费用

    E. 计价规范中未列的规费项目，应根据省级政府或省级有关权力部门的规定列项

4. 下列材料单价的构成费用，包含在采购及保管费中进行计算的有（   ）。

    A. 运杂费   B. 仓储费

    C. 工地管理费   D. 运输损耗

    E. 仓储损耗

5. 下列用工项目中，构成预算定额人工工日消耗量但并不包括在施工定额中的有（　　　）。

　　A. 材料水平搬运用工　　　　　　　B. 材料加工用工和电焊点火用工

　　C. 工序交接时对前一工序修整用工　D. 在施工定额基础上应增加计算的用工

　　E. 完成施工任务必须消耗的技术工程用工

三、计算题

1. 通过计时观察资料得知：人工挖二类土 1 m^3 的基本工作时间为 6 h，辅助工作时间占工序作业时间的 2%。准备与结束工作时间、不可避免的中断时间、休息时间分别占工作日的 3%、2%、18%，则该人工挖二类土的时间定额是多少？

2. 通过计时观察，完成某工程的基本工时为 6h/m3，辅助工作时间为工序作业时间的 8%。规范时间占工作时间的 15%，则完成该工程的时间定额是多少？

3. 出料容量为 500 L 的砂浆搅拌机，每循环工作一次，需要运料、装料、搅拌、卸料和中断的时间分别为 120 s、30 s、180 s、30 s、30 s，其中运料与其他循环组成部分交叠的时间为 30 s。机械正常利用系数为 0.8，则 500 L 砂浆搅拌机的产量定额为多少？（1 m^3 = 1 000 L）

4. 经现场观测，完成 10 m^3 某分项工程需消耗某种材料 1.76 m^3，其中损耗量 0.055 m^3，则该种材料的损耗率为多少？

5. 某工程需用的 425$^\#$ 水泥从两个地方采购。根据下表数据，计算某工程 425$^\#$ 水泥的基价为多少元/t。

货源地	数量（t）	原价（元/t）	运杂费（元/t）	运输损耗率（%）	采购及保管费率（%）
甲地	600	290	25	2.0	3.0
乙地	400	300	20	2.0	3.0

第三章　建设项目决策和设计阶段工程造价的预测

第一节　投资估算的编制

一、项目决策阶段影响工程造价的主要因素

（一）项目决策的概念

项目决策是指投资者在调查分析、研究的基础上，选择和决定投资行动方案的过程，是对拟建项目的必要性和可行性进行技术经济论证，对不同建设方案进行技术经济比较并做出判断和决定的过程。项目决策的正确与否，直接关系到项目建设的成败，关系到工程造价的高低及投资效果的好坏。总之，项目投资决策是投资行动的准则，正确的项目投资行动来源于正确的项目投资决策，正确的决策是正确估算和有效控制工程造价的前提。

（二）项目决策与工程造价的关系

1. 项目决策的正确性是工程造价合理性的前提

项目决策正确，意味着对项目建设做出科学的决断，优选出最佳投资行动方案，达到资源的合理配置，在此基础上合理地估算工程造价，在实施最优投资方案过程中，有效控制工程造价。项目决策失误，例如项目选择的失误、建设地点的选择错误，或者建设方案的不合理等，会带来不必要的资金投入，甚至造成不可弥补的损失。因此，为达到工程造价的合理性，事先就要保证项目决策的正确性，避免决策失误。

2. 项目决策的内容是决定工程造价的基础

决策阶段是项目建设全过程的起始阶段，决策阶段的工程计价对项目全过程的造价起着宏观控制的作用。决策阶段各项技术经济决策，对该项目的工程造价有重大影响，特别是建设标准的确定、建设地点的选择、工艺的评选、设备的选用等，直接关系到工程造价的高低。据有关资料统计，在项目建设各阶段中，投资决策阶段影响工程造价的程度最高，达到 70% ~ 90%。因此，决策阶段是决定工程造价的基础阶段。

3. 项目决策的深度影响投资估算的精确度

投资决策是一个由浅入深、不断深化的过程，不同阶段决策的深度不同，投资估算的精度也不同。如：在项目规划和项目建议书阶段，投资估算的误差率在 ±30% 左右；而在可行性研究阶段，误差率在 ±10% 以内。在项目建设的各个阶段，通过工程造价的确定与控制，形成相应的投资估算、设计概算、施工图预算、合同价、结算价和竣工决算价，各造价形式

之间存在着前者控制后者，后者补充前者的相互作用关系。因此，只有加强项目决策的深度，采用科学的估算方法和可靠的数据资料，合理地计算投资估算，才能保证其他阶段的造价被控制在合理范围，避免"三超"现象的发生，继而实现投资控制目标。

4. 工程造价的数额影响项目决策的结果

项目决策影响着项目造价的高低以及拟投入资金的多少，反之亦然。项目决策阶段形成的投资估算是进行投资方案选择的重要依据之一，同时也是决定项目是否可行及主管部门进行项目审批的参考依据。因此，项目投资估算的数额，从某种程度上也影响着项目决策。

（三）影响工程造价的主要因素

在项目决策阶段，影响工程造价的主要因素包括：建设规模、建设地区及建设地点（厂址）、技术方案、设备方案、工程方案、环境保护措施等。

1. 建设规模

建设规模也称项目生产规模，是指项目在其设定的正常生产运营年份可能达到的生产能力或者使用效益。在项目决策阶段应选择合理的建设规模，以达到规模经济的要求。但规模扩大所产生效益不是无限的，它受到技术进步、管理水平、项目经济技术环境等多种因素的制约。

1）制约项目规模合理化的主要因素

包括市场因素、技术因素以及环境因素等几个方面。合理的处理好这几方面间的关系，对确定项目合理的建设规模，从而控制好投资十分重要。

（1）市场因素。市场因素是确定建设规模需考虑的首要因素。

① 市场需求状况是确定项目生产规模的前提。通过对产品市场需求的科学分析与预测，在准确把握市场需求状况、及时了解竞争对手情况的基础上，最终确定项目的最佳生产规模。一般情况下，项目的生产规模应以市场预测的需求量为限，并根据项目产品市场的长期发展趋势作相应调整，确保所建项目在未来能够保持合理的盈利水平和持续发展的能力。

② 原材料市场、资金市场、劳动力市场等对建设规模的选择起着不同程度的制约作用。如项目规模过大可能导致原材料供应紧张和价格上涨，造成项目所需投资资金的筹集困难和资金成本上升等，将制约项目的规模。

③ 市场价格分析是制定营销策略和影响竞争力的主要因素。市场价格预测应综合考虑影响预期价格变动的各种因素，对市场价格做出合理的预测。根据项目具体情况，可选择采用回归法或比价法进行预测。

④ 市场风险分析是确定建设规模的重要依据。在可行性研究中，市场风险分析是指对未来某些重大不确定因素发生的可能性及其对项目可能造成的损失进行的分析，并提出风险规避措施。市场风险分析可采用定性分析或定量分析的方法。

（2）技术因素。先进适用的生产技术及技术装备是项目规模效益赖以存在的基础，而相应的管理技术水平则是实现规模效益的保证。若与经济规模生产相适应的先进技术及其装备的来源没有保障，或获取技术的成本过高，或管理水平跟不上，则不仅达不到预期的规模效益，还会给项目的生存和发展带来危机，导致项目投资效益低下、工程造价支出严重浪费。

（3）环境因素。项目的建设、生产和经营都离不开一定的社会经济环境，项目规模确定中需考虑的主要环境因素有：政策因素，燃料动力供应，协作及土地条件，运输及通信条件。其中，政策因素包括产业政策、投资政策、技术经济政策以及国家、地区及行业经济发展规划等。特别是，为了取得较好的规模效益，国家对部分行业的新建项目规模作了下限规定，选择项目规模时应予以遵照执行。

不同行业、不同类型项目确定建设规模，还应分别考虑以下因素：

① 对于煤炭、金属与非金属矿山、石油、天然气等矿产资源开发项目，在确定建设规模时，应充分考虑资源合理开发利用要求和资源可采储量、赋存条件等因素。

② 对于水利水电项目，在确定建设规模时，应充分考虑水的资源量、可开发利用量、地质条件、建设条件、库区生态影响、占用土地以及移民安置等因素。

③ 对于铁路、公路项目，在确定建设规模时，应充分考虑建设项目影响区域内一定时期运输量的需求预测，以及该项目在综合运输系统和本系统中的作用确定线路等级、线路长度和运输能力等因素。

④ 对于技术改造项目，在确定建设规模时，应充分研究建设项目生产规模与企业现有生产规模的关系；新建生产规模属于外延型还是外延内涵复合型，以及利用现有场地、公用工程和辅助设施的可能性等因素。

2）建设规模方案比选

在对以上三方面进行充分考核的基础上，应确定相应的产品方案、产品组合方案和项目建设规模。可行性研究报告应根据经济合理性、市场容量、环境容量以及资金、原材料和主要外部协作条件等方面的研究，对项目建设规模进行充分论证，必要时进行多方案技术经济比较。大型、复杂项目的建设规模论证应研究合理、优化的工程分期，明确初期规模和远景规模。不同行业、不同类型项目在研究确定其建设规模时还应充分考虑其自身特点。项目合理建设规模的确定方法包括：

（1）盈亏平衡产量分析法。通过分析项目产量与项目费用和收入的变化关系，找出项目的盈亏平衡点，以探求项目合理建设规模。当产量提高到一定程度，如果继续扩大规模，项目就出现亏损，此点称为项目的最大规模盈亏平衡点。当规模处于这两点之间时，项目盈利，所以这两点是合理建设规模的下限和上限，可作为确定合理经济规模的依据之一。

（2）平均成本法。最低成本和最大利润属"对偶现象"。成本最低，利润最大；成本最大，利润最低。因此可以通过争取达到项目最低平均成本，来确定项目的合理建设规模。

（3）生产能力平衡法。在技改项目中，可采用生产能力平衡法来确定合理生产规模。最大工序生产能力法是以现有最大生产能力的工序为标准，逐步填平补齐，成龙配套，使之满足最大生产能力的设备要求。最小公倍数法是以项目各工序生产能力或现有标准设备的生产能力为基础，并以各工序生产能力的最小公倍数为准，通过填平补齐，成龙配套，形成最佳的生产规模。

（4）政府或行业规定。为了防止投资项目效率低下和资源浪费，国家对某些行业的建设项目规定了规模界限。投资项目的规模，必须满足这些规定。

经过多方案比较，在项目建议书阶段，应提出项目建设（或生产）规模的倾向意见，报上级机构审批。

2. 建设地区及建设地点（厂址）

一般情况下，确定某个建设项目的具体地址（或厂址），需要经过建设地区选择和建设地点选择（厂址选择）两个不同层次、相互联系又相互区别的工作阶段，二者之间是一种递进关系。其中，建设地区选择是指在几个不同地区之间对拟建项目适宜配置的区域范围的选择；建设地点选择则是对项目具体坐落位置的选择。

1）建设地区的选择

建设地区选择的合理与否，在很大程度上决定着拟建项目的命运，影响着工程造价的高低、建设工期的长短、建设质量的好坏，还影响到项目建成后的运营状况。因此，建设地区的选择要充分考虑各种因素的制约，具体要考虑以下因素：

（1）要符合国民经济发展战略规划、国家工业布局总体规划和地区经济发展规划的要求。

（2）要根据项目的特点和需要，充分考虑原材料条件、能源条件、水源条件、各地区对项目产品需求及运输条件等。

（3）要综合考虑气象、地质、水文等建厂的自然条件。

（4）要充分考虑劳动力来源、生活环境、协作、施工力量、风俗文化等社会环境因素的影响。

因此，在综合考虑上述因素的基础上，建设地区的选择应遵循以下两个基本原则：

（1）靠近原料、燃料提供地和产品消费地的原则。满足这一原则，在项目建成投产后，可以避免原料、燃料和产品的长期远途运输，减少运输费用，降低产品的生产成本，并且缩短流通时间，加快流动资金的周转速度。但这一原则并不是意味着项目安排在距原料、燃料提供地和产品消费地的等距离范围内，而是根据项目的技术经济特点和要求，具体对待。例如，对农产品、矿产品的初步加工项目，由于大量消耗原料，应尽可能靠近原料产地；对于能耗高的项目，如铝厂、电石厂等，宜靠近电厂，由此带来的减少电能输送损失所获得的利益，通常大大超过原料、半成品调运中的劳动耗费；而对于技术密集型的建设项目，由于大中城市工业和科学技术力量雄厚，协作配套条件完备、信息灵通，所以其选址宜在大中城市。

（2）工业项目适当聚集的原则。在工业布局中，通常是一系列相关的项目聚成适当规模的工业基地和城镇，从而有利于发挥"集聚效益"，对各种资源和生产要素充分利用，便于形成综合生产能力，便于统一建设比较齐全的基础结构设施，避免重复建设，节约投资。此外，还能为不同类型的劳动者提供多种就业机会。

但当工业聚集超越客观条件时，也会带来许多弊端，促使项目投资增加，经济效益下降。这主要是因为：① 各种原料、燃料需要量大增，原料、燃料和产品的运输距离延长，流通过程中的劳动耗费增加；② 城市人口相应集中，形成对各种农副产品的大量需求，势必增加城市农副产品供应的费用；③ 生产和生活用水量大增，在本地水源不足时，需要开辟新水源，远距离引水，耗资巨大；④ 大量生产和生活排泄物集中排放，势必造成环境污染、生态平衡破坏，为保持环境质量，不得不增加环境保护费用。当工业集聚带来的"外部不经济性"的总和超过生产集聚带来的利益时，综合经济效益反而下降，这就表明集聚程度已超过经济合理的界限。

2）建设地点（厂址）的选择

遵照上述原则确定建设区域范围后，具体的建设地点（厂址）的选择又是一项极为复杂的技术经济综合性很强的系统工程，它不仅涉及项目建设条件、产品生产要素、生态环境和未来产品销售等重要问题，受社会、政治、经济、国防等多因素的制约；而且还直接影响到项目建设投资、建设速度和施工条件，以及未来企业的经营管理及所在地点的城乡建设规划与发展。因此，必须从国民经济和社会发展的全局出发，运用系统观点和方法分析决策。

（1）选择建设地点（厂址）的要求

① 节约土地，少占耕地，降低土地补偿费用。项目的建设尽量将厂址选择在荒地、劣地、山地和空地，不占或少占耕地，力求节约用地。与此同时，还应注意节省土地的补偿费用，降低工程造价。

② 减少拆迁移民数量。项目建设的选址、选线应着眼少拆迁、少移民，尽可能不靠近、不穿越人口密集的城镇或居民区，减少或不发生拆迁安置费，降低工程造价。若必须拆迁移民，应制订详尽的征地拆迁移民安置方案，充分考虑移民数量、安置途径、补偿标准，拆迁安置工作量和所需资金等，作为前期费用计入项目投资成本。

③ 应尽量选在工程地质、水文地质条件较好的地段，土壤耐压力应满足拟建厂的要求，严防选在断层、熔岩、流沙层与有用矿床上以及洪水淹没区、已采矿坑塌陷区、滑坡区。建设地点（厂址）的地下水位应尽可能低于地下建筑物的基准面。

④ 要有利于厂区合理布置和安全运行。厂区土地面积与外形能满足厂房与各种构筑物的需要，并适合于按科学的工艺流程布置厂房与构筑物，满足生产安全要求。厂区地形力求平坦而略有坡度（一般 5%～10%为宜），以减少平整土地的土方工程量，节约投资，又便于地面排水。

⑤ 应尽量靠近交通运输条件和水电供应等条件好的地方。建设地点（厂址）应靠近铁路、公路、水路，以缩短运输距离，减少建设投资和未来的运营成本；建设地点（厂址）应设在供电、供热和其他协作条件便于取得的地方，有利于施工条件的满足和项目运营期间的正常运作。

⑥ 应尽量减少对环境的污染。对于排放大量有害气体和烟尘的项目，不能建在城市的上风口，以免对整个城市造成污染；对于噪声大的项目，建设地点（厂址）应远离居民集中区，同时，要设置一定宽度的绿化带，以减弱噪声的干扰；对于生产或使用易燃、易爆、辐射产品的项目，建设地点（厂址）应远离城镇和居民密集区。

上述条件的满足与否，不仅关系到建设工程造价的高低和建设期限，还关系到项目投产后的运营状况。因此，在确定厂址时，也应进行方案的技术经济分析、比较，选择最佳建设地点（厂址）。

（2）建设地点（厂址）选择时的费用分析

在进行厂址多方案技术经济分析时，除比较上述建设地点（厂址）条件外，还应具有全寿命周期的理念，从以下两方面进行分析：

① 项目投资费用。它包括土地征购费、拆迁补偿费、土石方工程费、运输设施费、排水及污水处理设施费、动力设施费、生活设施费、临时设施费、建材运输费等。

② 项目投产后生产经营费用比较。它包括原材料、燃料运入及产品运出费用，给水、排水、污水处理费用，动力供应费用等。

（3）建设地点（厂址）方案的技术经济论证

选址方案的技术经济论证，不仅是寻求合理的经济和技术决策的必要手段，还是项目选址工作的重要组成部分。在项目选址工作中，通过实地调查和基础资料的搜集，拟订项目选址的备选方案，并对各种方案进行技术经济论证，确定最佳厂址方案。建设地点（厂址）比较的主要内容有：建设条件比较、建设费用比较、经营费用比较、运输费用比较、环境影响比较和安全条件比较。

3. 技术方案

生产技术方案指产品生产所采用的工艺流程和生产方法。在建设规模和建设地区及地点确定后，具体的工程技术方案的确定，在很大程度上影响着工程建设成本以及建成后的运营成本。技术方案的选择直接影响项目的工程造价，因此，必须遵照以下原则，认真评价和选择拟采用的技术方案。

1）技术方案选择的基本原则

（1）先进适用。这是评定技术方案最基本的标准。保证工艺技术的先进性是首先要满足的，它能够带来产品质量、生产成本的优势。但在技术方案选择时不能单独强调先进而忽略适用，而应在满足先进的同时，结合我国国情和国力，考察工艺技术是否符合我国的技术发展政策。总之，要根据国情和建设项目的经济效益，综合考虑先进与适用的关系。

对于拟采用的工艺，除了必须保证能用指定的原材料按时生产出符合数量、质量要求的产品外，还要考虑与企业的生产和销售条件（包括原有设备能否配套，技术和管理水平、市场需求、原材料种类等）是否相适应，特别要考虑到原有设备能否利用，技术和管理水平能否跟上。

（2）安全可靠。项目所采用的技术或工艺，必须经过多次试验和实践证明是成熟的，技术过关，质量可靠，安全稳定，有详尽的技术分析数据和可靠性记录，且生产工艺的危害程度控制在国家规定的标准之内，才能确保生产安全、高效运行，发挥项目的经济效益。对于核电站、产生有毒有害和易燃易爆物质的项目（比如油田、煤矿等）及水利水电枢纽等项目，更应重视技术的安全性和可靠性。

（3）经济合理。经济合理是指所用的技术或工艺应讲求经济效益，以最小的消耗取得最佳的经济效果，要求综合考虑所用工艺所能产生的经济效益和国家的经济承受能力。在可行性研究中可能提出几种不同的技术方案，各方案的劳动需要量、能源消耗量、投资数量等可能不同，在产品质量和产品成本等方面可能也有差异，应反复进行比较，从中挑选最经济合理的技术或工艺。

2）技术方案选择内容

（1）生产方法选择。生产方法是指产品生产所采用的制作方法，生产方法直接影响生产工艺流程的选择。一般在选择生产方法时，从以下几个方面着手：① 研究分析与项目产品相关的国内外生产方法的优缺点，并预测未来发展趋势，积极采用先进适用的生产方法；② 研究拟采用的生产方法是否与采用的原材料相适应，避免出现生产方法与供给原材料不匹配的现象；③ 研究拟采用生产方法的技术来源的可得性，若采用引进技术或专利，应比较所需费用；④ 研究拟采用生产方法是否符合节能和清洁的要求，应尽量选择节能环保的生产方法。

（2）工艺流程方案选择。工艺流程是指投入物（原料或半成品）经过有序的生产加工，成为产出物（产品或加工品）的过程。选择工艺流程方案的具体内容包括以下几个方面：① 研究工艺流程方案对产品质量的保证程度；② 研究工艺流程各工序间的合理衔接，工流程应通畅、简捷；③ 研究选择先进合理的物料消耗定额，提高收益；④ 研究选择主要艺工艺参数；⑤ 研究工艺流程的柔性安排，既能保证主要工序生产的稳定性，又能根据市场需求变化，使生产的产品在品种规格上保持一定的灵活性。

（3）工艺方案的比选。工艺方案比选的内容包括技术的先进程度、可靠程度和技术对产品质量性能的保证程度、技术对原材料的适应性、工艺流程的合理性、自动化控制水平、估算本国及外国各种工艺方案的成本、成本耗费水平、对环境的影响程度等技术经济指标等。工艺改造项目工艺方案的比选论证，还应与原有的工艺方案进行比较。

比选论证后提出的推荐方案，应绘制主要的工艺流程图，编制主要物料平衡表，主要原材料、辅助材料以及水、电、气等的消耗量等图表。

4. 设备方案

在确定生产工艺流程和生产技术后，应根据工厂生产规模和工艺过程的要求，选择设备的型号和数量。设备的选择与技术密切相关，二者必须匹配。没有先进的技术，再好的设备也没用，没有先进的设备，技术的先进性无法体现。

1）设备方案选择应符合的要求

（1）主要设备方案应与确定的建设规模、产品方案和技术方案相适应，并满足项目投产后生产或使用的要求。

（2）主要设备之间、主要设备与辅助设备之间的生产或使用性能要相互匹配。

（3）设备质量应安全可靠、性能成熟，保证生产和产品质量稳定。

（4）在保证设备性能前提下，力求经济合理。

（5）选择的设备应符合政府部门或专门机构发布的技术标准要求。

2）设备选用应注意处理的问题

（1）要尽量选用国产设备。凡国内能够制造，且能保证质量、数量和按期供货的设备，或者进口一些技术资料就能仿制的设备，原则上必须国内生产，不必从国外进口；凡只要引进关键设备就能由国内配套使用的，就不必成套引进。

（2）要注意进口设备之间以及国内外设备之间的衔接配套问题。有时一个项目从国外引进设备时，为了考虑各供应厂家的设备特长和价格等问题，可能分别向几家制造厂购买，这时，就必须注意各厂所供设备之间技术、效率等方面的衔接配套问题。为了避免各厂所供设备不能配套衔接，引进时最好采用总承包的方式。还有一些项目，一部分为进口国外设备，另一部分则引进技术由国内制造。这时，也必须注意国内外设备之间的衔接配套问题。

（3）要注意进口设备与原有国产设备、厂房之间的配套问题。主要应注意本厂原有国产设备的质量、性能与引进设备是否配套，以免因国内外设备能力不平衡而影响生产。对于利用原有厂房安装引进设备的项目，应全面掌握原有厂房的结构、面积、高度以及原有设备的情况，以免设备到厂后安装不下或互不适应而造成浪费。

（4）要注意进口设备与原材料、备品备件及维修能力之间的配套问题。应尽量避免引进设备所用的主要原料需要进口，如果必须从国外引进时，应安排国内有关厂家尽快研制这种原料。采用进口设备，还必须同时组织国内研制所需备品备件问题，避免有些备件在厂家输出技术或设备之后不久就被淘汰，从而保证设备长期发挥作用。另外，对于进口的设备，还必须懂得设备的操作和维修，否则设备的先进性就可能达不到充分发挥。在外商派人调试安装时，可培训国内技术人员及时学会操作，必要时也可派人出国培训。

5. 工程方案

工程方案选择是在已选定项目建设规模、技术方案和设备方案的基础上，研究论证主要建筑物、构筑物的建造方案，包括对于建筑标准的确定。

1）工程方案选择应满足的基本要求

（1）满足生产使用功能要求。确定项目的工程内容、建筑面积和建筑结构时，应满足生产和使用的要求。分期建设的项目，应留有适当的发展余地。

（2）适应已选定的场址（线路走向）。在已选定的场址（线路走向）的范围内，合理布置建筑物、构筑物，以及地上、地下管网的位置。

（3）符合工程标准规范要求。建筑物、构筑物的基础、结构和所采用的建筑材料，应符合政府部门或者专门机构发布的技术标准规范要求，确保工程质量。

（4）经济合理。工程方案在满足使用功能、确保质量的前提下，力求降低造价、节约建设资金。

2）工程方案研究内容

（1）一般工业项目的厂房、工业窑炉、生产装置等建筑物、构筑物的工程方案，主要研究其建筑特征（面积、层数、高度、跨度），建筑物、构筑物的结构形式，以及特殊建筑要求（防火、防爆、防腐蚀、隔声、隔热等），基础工程方案，抗震设防等。

（2）矿产开采项目的工程方案主要研究开拓方式，根据矿体分布、形态、地质构造等条件，结合矿产品位、可采资源量，确定井下开采或者露天开采的工程方案。这类项目的工程方案将直接转化为生产方案。

（3）铁路项目工程方案的主要研究内容包括线路、路基、轨道、桥涵、隧道、站场以及通信信号等方案。

（4）水利水电项目工程方案的主要研究内容包括防洪、治涝、灌溉、供水、发电等工程方案。水利水电枢纽和水库工程主要研究坝址、坝型、坝体建筑结构、坝基处理以及各种建筑物、构筑物的工程方案。同时，还应研究提出库区移民安置的工程方案。

6. 环境保护措施

建设项目一般会引起项目所在地自然环境、社会环境和生态环境的变化，对环境状况、环境质量产生不同程度的影响。因此，需要在确定场址方案和技术方案时，对所在地的环境条件进行充分的调查研究，识别和分析拟建项目影响环境的因素，并提出治理和保护环境的措施，比选和优化环境保护方案。

1）环境保护的基本要求

工程建设项目应注意保护场址及其周围地区的水土资源、海洋资源、矿产资源、森林植被、文物古迹、风景名胜等自然环境和社会环境。其环境保护措施应坚持以下原则：

（1）符合国家环境保护相关法律、法规以及环境功能规划的整体要求。

（2）坚持污染物排放总量控制和达标排放的要求。

（3）坚持"三同时原则"，即环境治理措施应与项目的主体工程同时设计、同时施工、同时投产使用。

（4）力求环境效益与经济效益相统一，工程建设与环境保护必须同步规划、同步实施、同步发展，全面规划，合理布局，统筹安排好工程建设和环境保护工作，力求环境保护治理方案技术可行和经济合理。

（5）注重资源综合利用和再利用，对项目在环境治理过程中产生的废气、废水、固体废弃物等，应提出回水处理和再利用方案。

2）环境治理措施方案

对于在项目建设过程中涉及的污染源和排放的污染物等，应根据其性质的不同，采用有针对性的治理措施。

（1）废气污染治理，可采用冷凝、活性炭吸附法、一催化燃烧法、催化氧化法、酸碱中和法、等离子法等方法。

（2）废水污染治理，可采用物理法（如重力分离、离心分离、过滤、蒸发结晶、高磁分离等）、化学法（如中和、化学凝聚、氧化还原等）、物理化学法（如离子交换、电渗析、反渗透、气泡悬上分离、汽提吹脱、吸附萃取等）、生物法（如自然氧池、生物过滤、活性污泥、厌氧发酵）等方法。

（3）固体废弃物污染治理，有毒废弃物可采用防渗漏池堆存；放射性废弃物可采用封闭固化；无毒废弃物可采用露天堆存；生活垃圾可采用卫生填埋、堆肥、生物降解或者焚烧方式处理；利用无毒害固体废弃物加工制作建筑材料或者作为建材添加物，进行综合利用。

（4）粉尘污染治理，可采用过滤除尘、湿式除尘、电除尘等方法。

（5）噪声污染治理，可采用吸声、隔声、减振、隔振等措施。

（6）建设和生产运营引起环境破坏的治理。对岩体滑坡、植被破坏、地面塌陷、土壤劣化等，也应提出相应治理方案。

3）环境治理方案比选

对环境治理的各局部方案和总体方案进行技术经济比较，做出综合评价，并提出推荐方案。环境治理方案比选的主要内容包括：

（1）技术水平对比，分析对比不同环境保护治理方案所采用的技术和设备的先进性、适用性、可靠性和可得性。

（2）治理效果对比，分析对比不同环境保护治理方案在治理前及治理后环境指标的变化情况，以及能否满足环境保护法律法规的要求。

（3）管理及监测方式对比，分析对比各治理方案所采用的管理和监测方式的优缺点。

（4）环境效益对比，将环境治理保护所需投资和环保措施运行费用与所获得的收益相比较，并将分析结果作为方案比选的重要依据。效益费用比值较大的方案为优。

二、投资估算的概念及其编制内容

（一）投资估算的含义及作用

1. 投资估算的含义

投资估算是在投资决策阶段，以方案设计或可行性研究文件为依据，按照规定的程序、方法和依据，对拟建项目所需总投资及其构成进行的预测和估计，是在研究并确定项目的建设规模、产品方案、技术方案、工艺技术、设备方案、厂址方案、工程建设方案以及项目进度计划等的基础上，依据特定的方法，估算项目从筹建、施工直至建成投产所需全部建设资金总额并测算建设期各年资金使用计划的过程。投资估算的成果文件称作投资估算书，也简称投资估算。投资估算书是项目建议书或可行性研究报告的重要组成部分，是项目决策的重要依据之一。

投资估算按委托内容可分为建设项目的投资估算、单项工程投资估算、单位工程投资估算。投资估算的准确与否不仅影响到可行性研究工作的质量和经济评价结果，而且直接关系到下一阶段设计概算和施工图预算的编制，以及建设项目的资金筹措方案。因此，全面准确地估算建设项目的工程造价，是可行性研究乃至整个决策阶段造价管理的重要任务。

2. 投资估算的作用

投资估算作为论证拟建项目的重要经济文件，既是建设项目技术经济评价和投资决策的重要依据，又是该项目实施阶段投资控制的目标值。投资估算在建设工程的投资决策、造价控制、筹集资金等方面都有重要作用。

（1）项目建议书阶段的投资估算，是项目主管部门审批项目建议书的依据之一，也是编制项目规划、确定建设规模的参考依据。

（2）项目可行性研究阶段的投资估算，是项目投资决策的重要依据，也是研究、分析、计算项目投资经济效果的重要条件。当可行性研究报告被批准后，其投资估算额将作为设计任务书中下达的投资限额，即建设项目投资的最高限额，不能随意突破。

（3）项目投资估算是设计阶段造价控制的依据，投资估算一经确定，即成为限额设计的依据，用以对各设计专业实行投资切块分配，作为控制和指导设计的尺度。

（4）项目投资估算可作为项目资金筹措及制订建设贷款计划的依据，建设单位可根据批准的项目投资估算额，进行资金筹措和向银行申请贷款。

（5）项目投资估算是核算建设项目固定资产投资需要额和编制固定资产投资计划的重要依据。

（6）投资估算是建设工程设计招标、优选设计单位和设计方案的重要依据。在工程设计招标阶段，投标单位报送的投标书中包括项目设计方案、项目的投资估算和经济性分析，招标单位根据投资估算对各项设计方案的经济合理性进行分析、衡量、比较，在此基础上，择优确定设计单位和设计方案。

（二）投资估算的阶段划分与精度要求

1. 国外项目投资估算的阶段划分与精度要求

在英、美等国，对一个建设项目从开发设想直至施工图设计期间各阶段项目投资的预计额均称估算，只是因各阶段设计深度、技术条件的不同，对投资估算的准确度要求有所不同。英、美等国把建设项目的投资估算分为以下 5 个阶段：

（1）投资设想阶段的投资估算。在尚无工艺流程图、平面布置图，也未进行设备分析的情况下，即根据假想条件比照同类已投产项目的投资额，并考虑涨价因素编制项目所需投资额。这一阶段称为毛估阶段，或称比照估算。这一阶段投资估算的意义是判断一个项目是否需要进行下一步工作，此阶段对投资估算精度的要求较低，允许误差大于 ±30%。

（2）投资机会研究阶段的投资估算。此时应有初步的工艺流程图、主要生产设备的生产能力及项目建设的地理位置等条件，故可套用相近规模厂的单位生产能力建设费用来估算拟建项目所需的投资额，据此初步判断项目是否可行，或审查项目引起投资兴趣的程度。这一阶段称为粗估阶段，或称因素估算，其对投资估算精度的要求误差控制在±30%以内。

（3）初步可行性研究阶段的投资估算。此时已具有设备规格表、主要设备的生产能力和尺寸、项目的总平面布置、各建筑物的大致尺寸、公用设施的初步位置等条件。此时期的投资估算额，可据此决定拟建项目是否可行，或据此列入投资计划。这一阶段称为初步估算阶段，或称认可估算。其对投资估算精度的要求为误差控制在±20%以内。

（4）详细可行性研究阶段的投资估算。此时项目的细节已清楚，并已进行了建筑材料、设备的询价，亦已进行了设计和施工的咨询，但工程图纸和技术说明尚不完备。可根据此时期的投资估算额进行筹款。这一阶段称为确定估算，或称控制估算。其对投资估算精度的要求为误差控制在±10%以内。

（5）工程设计阶段的投资估算。此时应具有工程的全部设计图纸、详细的技术说明、材料清单、工程现场勘察资料等，故可根据单价逐项计算，从而汇总出项目所需的投资额。可据此投资估算控制项目的实际建设。这一阶段称为详细估算，或称投标估算。其对投资估算精度的要求为误差控制在±5%以内。

2. 我国项目投资估算的阶段划分与精度要求

投资估算是进行建设项目技术经济评价和投资决策的基础。在项目建议书、预可行性研究、可行性研究、方案设计阶段（包括概念方案设计和报批方案设计）以及项目申请报告中应编制投资估算。投资估算的准确性不仅影响可行性研究工作的质量和经济评价结果，还直接关系到下一阶段设计概算和施工图预算的编制。因此，应全面准确地对建设项目建设总投资进行投资估算。尤其是前三个阶段的投资估算显得尤为重要。

（1）项目建议书阶段的投资估算。项目建议书阶段，是指按项目建议书中的产品方案、项目建设规模、产品主要生产工艺、企业车间组成、初选建厂地点等，估算建设项目所需投资额。此阶段项目投资估算是审批项目建议书的依据，是判断项目是否需要进行下一阶段工作的依据，其对投资估算精度的要求为误差控制在±30%以内。

（2）预可行性研究阶段的投资估算。预可行性研究阶段，是指在掌握更详细、更深入的资料的条件下，估算建设项目所需投资额。此阶段项目投资估算是初步明确项目方案，为项目进行技术经济论证提供依据，同时是判断是否进行可行性研究的依据，其对投资估算精度的要求为误差控制在±20%以内。

（3）可行性研究阶段的投资估算。可行性研究阶段的投资估算较为重要。是对项目进行较详细的技术经济分析，决定项目是否可行，并比选出最佳投资方案的依据，此阶段的投资估算经审查批准后，即是工程设计任务书中规定的项目投资限额，对工程设计概算起控制作用。其对投资估算精度的要求为误差控制在±10%以内。

（三）投资估算的内容

根据中国建设工程造价管理协会标准《建设项目投资估算编审规程》CECA/GC 1—2015规定，投资估算按照编制估算的工程对象划分，包括建设项目投资估算、单项工程投资估算和单位工程投资估算等。投资估算文件一般由封面、签署页、编制说明、投资估算分析、总投资估算表、单项工程估算表、主要技术经济指标等内容组成。

1. 投资估算编制说明

投资估算编制说明一般包括以下内容：

（1）工程概况。

（2）编制范围。说明建设项目总投资估算中所包括的和不包括的工程项目和费用；如有几个单位共同编制时，说明分工编制的情况。

（3）编制方法。

（4）编制依据。

（5）主要技术经济指标。这包括投资、用地和主要材料用量指标。当设计规模有远、近期不同的考虑时，或者土建与安装的规模不同时，应分别计算后再综合。

（6）有关参数、率值选定的说明。如征地拆迁、供电供水、考察咨询等费用的费率标准选用情况。

（7）特殊问题的说明（包括采用新技术、新材料、新设备、新工艺）；必须说明的价格的确定；进口材料、设备、技术费用的构成与技术参数；采用特殊结构的费用估算方法扩安全、节能、环保、消防等专项投资占总投资的比重；建设项目总投资中未计算项目或费用的必要说明等。

（8）采用限额设计的工程还应对投资限额和投资分解作进一步说明。

（9）采用方案比选的工程还应对方案比选的估算和经济指标作进一步说明。

（10）资金筹措方式。

2. 投资估算分析

投资估算分析应包括以下内容：

（1）工程投资比例分析。一般民用项目要分析土建及装修、给排水、消防、采暖、通风空调、电气等主体工程和道路、广场、围墙、大门、室外管线、绿化等室外附属/总体工程占建设项目总投资的比例；一般工业项目要分析主要生产系统（需列出各生产装置）、辅助生产系统、公用工程（给排水、供电和通信、供气、总图运输等）、服务性工程、生活福利设施、厂外工程等占建设项目总投资的比例。

（2）各类费用构成占比分析。分析设备及工器具购置费、建筑工程费、安装工程费、工程建设其他费用、预备费占建设项目总投资的比例；分析引进设备费用占全部设备费用的比例等。

（3）分析影响投资的主要因素。

（4）与类似工程项目的比较，对投资总额进行分析。

3. 总投资枯算

总投资估算包括汇总单项工程估算、工程建设其他费用、基本预备费、价差预备费、计算建设期利息等。

4. 单项工程投资估算

单项工程投资估算中，应按建设项目划分的各个单项工程分别计算组成工程费用的建筑工程费、设备及工器具购置费和安装工程费。

5. 工程建设其他费用估算

工程建设其他费用估算应按预期将要发生的工程建设其他费用种类，逐项详细估算其费用金额。

6. 主要技术经济指标

工程造价人员应根据项目特点，计算并分析整个建设项目、各单项工程和主要单位工程的主要技术经济指标。

三、投资估算的编制

（一）投资估算的编制依据、要求及步骤

1. 投资估算的编制依据

建设项目投资估算编制依据是指在编制投资估算时所遵循的计量规则、用标准及工程计价有关参数、率值等基础资料，主要有以下几个方面：

（1）国家、行业和地方政府的有关法律、法规或规定；政府有关部门、市场价格、费金融机构等发布的价格指数、利率、汇率、税率等有关参数。

（2）行业部门、项目所在地工程造价管理机构或行业协会等编制的投资估算指标、概算指标（定额）、工程建设其他费用定额（规定）、综合单价、价格指数和有关造价文件等。

（3）类似工程的各种技术经济指标和参数。

（4）工程所在地同期的人工、材料、机具市场价格，建筑、工艺及附属设备的市场价格和有关费用。

（5）与建设项目有关的工程地质资料、设计文件、图纸或有关设计专业提供的主要工程量和主要设备清单等。

（6）委托单位提供的其他技术经济资料。

2. 投资估算的编制要求

建设项目投资估算编制时，应满足以下要求：

（1）应委托有相应工程造价咨询资质的单位编制。投资估算编制单位应在投资估算成果文件上签字和盖章，对成果质量负责并承担相应责任；工程造价人员应在投资估算编制的文件上签字和盖章，并承担相应责任。由几个单位共同编制投资估算时，委托单位应制定主编单位，并由主编单位负责投资估算编制原则的制定、汇编总估算，其他参编单位负责所承担的单项工程等的投资估算编制。

（2）应根据主体专业设计的阶段和深度，结合各自行业的特点，所采用生产工艺流程的成熟性，以及编制单位所掌握的国家及地区、行业或部门相关投资估算基础资料和数据的合理、可靠、完整程度，采用合适的方法，对建设项目投资估算进行编制。

（3）应做到工程内容和费用构成齐全，不漏项，不提高或降低估算标准，计算合理，不少算、不重复计算。

（4）应充分考虑拟建项目设计的技术参数和投资估算所采用的估算系数、估算指标，在质和量方面所综合的内容，应遵循口径一致的原则。

（5）投资估算应参考相应工程造价管理部门发布的投资估算指标，依据工程所在地市场价格水平，结合项目实体情况及科学合理的建造工艺，全面反映建设项目建设前期和建设期的全部投资。对于建设项目的边界条件，如建设用地费和外部交通、水、电、通信条件，或

市政基础设施配套条件等差异所产生的与主要生产内容投资无必然关联的费用，应结合建设项目的实际情况进行修正。

（6）应对影响造价变动的因素进行敏感性分析，分析市场的变动因素，充分估计物价上涨因素和市场供求情况对项目造价的影响，确保投资估算的编制质量。

（7）投资估算精度应能满足控制初步设计概算要求，并尽量减少投资估算的误差。

3. 投资估算的编制步骤

根据投资估算的不同阶段，主要包括项目建议书阶段及可行性研究阶段的投资估算。可行性研究阶段的投资估算的编制一般包含静态投资部分、动态投资部分与流动资金估算三部分，主要包括以下步骤。

（1）分别估算各单项工程所需建筑工程费、设备及工器具购置费、安装工程费，在汇总各单项工程费用的基础上，估算工程建设其他费用和基本预备费，完成工程项目静态投资部分的估算。

（2）在静态投资部分的基础上，估算价差预备费和建设期利息，完成工程项目动态投资部分的估算。

（3）估算流动资金。

（4）估算建设项目总投资。

投资估算编制的具体流程图如图 3.1.1 所示。

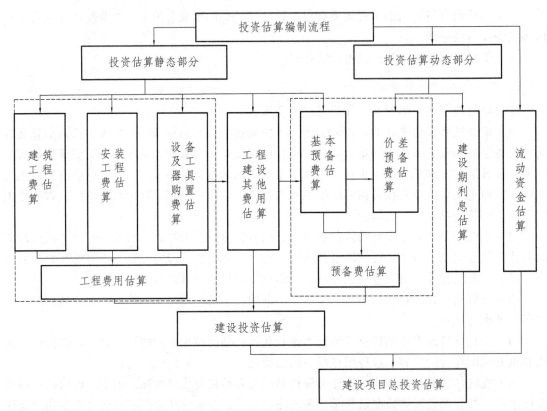

图 3.1.1　建设项目投资估算编制流程

（二）静态投资部分的估算方法

静态投资部分估算的方法很多，各有其适用的条件和范围，而且误差程度也不相同。一般情况下，应根据项目的性质、占有的技术经济资料和数据的具体情况，选用适宜的估算方法。在项目建议书阶段，投资估算的精度较低，可采取简单的匡算法，如生产能力指数法、系数估算法、比例估算法或混合法等，在条件允许时，也可采用指标估算法；在可行性研究阶段，投资估算精度要求高，需采用相对详细的投资估算方法，即指标估算法。

1. 项目建议书阶段投资估算方法

1）生产能力指数法

生产能力指数法又称指数估算法，它是根据已建成的类似项目生产能力和投资额来粗略估算同类但生产能力不同的拟建项目静态投资额的方法，其计算公式为：

$$C_2 = C_1 \left(\frac{Q_2}{Q_1} \right)^x \cdot f \tag{3.1.1}$$

式中　C_1——已建成类似项目的静态投资额；

　　　C_2——拟建项目静态投资额；

　　　Q_1——已建类似项目的生产能力；

　　　Q_2——拟建项目的生产能力；

　　　x——生产能力指数；

　　　f——不同时期、不同地点的定额、单价、费用和其他差异的综合调整系数。

上式表明造价与规模（或容量）呈非线性关系，且单位造价随工程规模（或容量）的增大而减小。生产能力指数法的关键是生产能力指数的确定，一般要结合行业特点确定，并应有可靠的例证。正常情况下，$0 \leq x \leq 1$。不同生产率水平的国家和不同性质的项目中，x 的取值是不同的。若已建类似项目规模和拟建项目规模的比值在 0.5 到 2 之间时，x 的取值近似为 1；若已建类似项目规模与拟建项目规模的比值为 2~50，且拟建项目生产规模的扩大仅靠增大设备规模来达到时，则 x 的取值为 0.6~0.7；若是靠增加相同规格设备的数量达到时，x 的取值一般在 0.8 到 0.9 之间。

【例 3.1.1】　某地 2015 年拟建一年产 20 万吨化工产品的项目。根据调查，该地区 2013 年建设的年产 10 万吨相同产品的已建项目的投资额为 5 000 万元。生产能力指数 0.6，2013 年至 2015 年工程造价平均每年递增 10%。估算该项目的建设投资。

解：拟建项目的建设投资 $= 5\,000 \times \left(\frac{20}{10} \right)^{0.6} \times (1 + 10\%)^2 = 9170.082\,5$（万元）

生产能力指数法误差可控制在 ±20% 以内。生产能力指数法主要应用于设计深度不足，拟建建设项目与类似建设项目的规模不同，设计定型并系列化，行业内相关指数和系数等基础资料完备的情况。一般拟建项目与已建类似项目生产能力比值不宜大于 50，以在 10 倍内效果较好，否则误差就会增大。另外，尽管该办法估价误差仍较大，但有它独特的好处：即这种估价方法不需要详细的工程设计资料，只需要知道工艺流程及规模就可以，在总承包工程报价时，承包商大都采用这种方法。

2）系数估算法

系数估算法也称为因子估算法，它是以拟建项目的主体工程费或主要设备购置费为基数，以其他辅助配套工程费与主体工程费或设备购置费的百分比为系数，依此估算拟建项目静态投资的方法。本办法主要应用于设计深度不足，拟建建设项目与类似建设项目的主体工程费或主要设备购置费比重较大，行业内相关系数等基础资料完备的情况。在我国国内常用的方法有设备系数法和主体专业系数法，世行项目投资估算常用的方法是朗格系数法。

1）设备系数法。设备系数法是指以拟建项目的设备购置费为基数，根据已建成的同类项目的建筑安装工程费和其他工程费等与设备价值的百分比，求出拟建项目建筑安装工程费和其他工程费，进而求出项目的静态投资。其计算公式为：

$$C = E(1 + f_1 P_1 + f_2 P_2 + f_3 P_3 + \cdots) + I \tag{3.1.2}$$

式中　C ——拟建项目的静态投资；

　　　E ——拟建项目根据当时当地价格计算的设备购置费；

　　　P_1，P_2，P_3，$\cdots$ ——已建成类似项目中建筑安装工程费及其他工程费等与设备购置费的比例；

　　　f_1，f_2，f_3，$\cdots$ ——不同建设时间、地点而产生的定额、价格、费用标准等差异的调整系数；

　　　I ——拟建项目的其他费用。

（2）主体专业系数法。主体专业系数法是指以拟建项目中投资比重较大，并与生产能力直接相关的工艺设备投资为基数，根据已建同类项目的有关统计资料，计算出拟建项目各专业工程（总图、土建、采暖、给排水、管道、电气、自控等）与工艺设备投资的百分比，据以求出拟建项目各专业投资，然后加总即为拟建项目的静态投资。其计算公式为：

$$C = E(1 + f_1 P_1' + f_2 P_2' + f_3 P_3' + \cdots) + I \tag{3.1.3}$$

式中　E ——与生产能力直接相关的工艺设备投资。

　　　P_1'，P_2'，P_3'，$\cdots$ ——已建项目中各专业工程费用与工艺设备投资的比重。

其他符号同公式（3.1.2）。

3）比例估算法

比例估算法是根据已知的同类建设项目主要设备购置费占整个建设项目的投资比例，先逐项估算出拟建项目主要设备购置费，再按比例估算拟建项目的静态投资的方法。本办法主要应用于设计深度不足，拟建建设项目与类似建设项目的主要设备购置费比重较大，行业内相关系数等基础资料完备的情况。其计算公式为：

$$I = \frac{1}{K} \sum_{i=1}^{n} Q_i P_i \tag{3.1.4}$$

式中　I ——拟建项目的静态投资；

　　　K ——已建项目主要设备购置费占已建项目投资的比例；

　　　n ——主要设备种类数；

　　　Q_i ——第 i 种主要设备的数量；

　　　P_i ——第 i 种主要设备的购置单价（到厂价格）。

4）混合法

混合法是根据主体专业设计的阶段和深度，投资估算编制者所掌握的国家及地区、行业或部门相关投资估算基础资料和数据，以及其他统计和积累的可靠的相关造价基础资料，对一个拟建建设项目采用生产能力指数法与比例估算法或系数估算法与比例估算法混合估算其静态投资额的方法。

2. 可行性研究阶段投资估算方法

指标估算法是投资估算的主要方法，为了保证编制精度，可行性研究阶段建设项目投资估算原则上应采用指标估算法。指标估算法是指依据投资估算指标，对各单位工程或单项工程费用进行估算，进而估算建设项目总投资的方法。首先把拟建建设项目以单项工程或单位工程为单位，按建设内容纵向划分为各个主要生产系统、辅助生产系统、公用工程、服务性工程、生活福利设施，以及各项其他工程费用；同时，按费用性质横向划分为建筑工程、设备购置、安装工程等。然后，根据各种具体的投资估算指标，进行各单位工程或单项工程投资的估算，在此基础上汇集编制成拟建建设项目的各个单项工程费用和拟建项目的工程费用投资估算。最后，再按相关规定估算工程建设其他费、基本预备费等，形成拟建建设项目静态投资。

在条件具备时，对于对投资有重大影响的主体工程应估算出分部分项工程量，套用相关综合定额（概算指标）或概算定额进行编制。对于子项单一的大型民用公共建筑，主要单项工程估算应细化到单位工程估算书。无论如何，可行性研究阶段的投资估算应满足项目的可行性研究与评估，并最终满足国家和地方相关部门批复或备案的要求。预可行性研究阶段、方案设计阶段项目建设投资估算视设计深度，宜参照可行性研究阶段的编制办法进行。

1）建筑工程费用估算

建筑工程费用是指为建造永久性建筑物和构筑物所需要的费用。主要采用单位实物工程量投资估算法，即以单位实物工程量的建筑工程费乘以实物工程总量来估算建筑工程费的方法。当无适当估算指标或类似工程造价资料时，可采用计算主体实物工程量套用相关综合定额或概算定额进行估算，但通常需要较为详细的工程资料，工作量较大。实际工作中可根据具体条件和要求选用。建筑工程费估算通常应根据不同的专业工程选择不同的实物工程量计算方法。

（1）工业与民用建筑物以"m^2"或"m^3"为单位，套用规模相当、结构形式和建筑标准相适应的投资估算指标或类似工程造价资料进行估算；构筑物以"延长米""m^2""m^3"或"座位"为单位，套用技术标准、结构形式相适应投资估算指标或类似工程造价资料进行估算。

（2）大型土方、总平面竖向布置、道路及场地铺砌、室外综合管网和线路、围墙大门等，分别以"m^3""m^2""延长米"或"座"为单位，套用技术标准、结构形式相适应的投资估算指标或类似工程造价资料进行建筑工程费估算。

（3）矿山井巷开拓、露天剥离工程、坝体堆砌等，分别以"m^3""延长米"为单位，套用技术标准、结构形式、施工方法相适应的投资估算指标或类似工程造价资料进行建筑工程费估算。

（4）公路、铁路、桥梁、隧道、涵洞设施等，分别以"千米（公里）"（铁路、公路）、"100平方米桥面（桥梁）"、"100平方米断面（隧道）"、"道（涵洞）"为单位，套用技术标准、结构形式、施工方法相适应的投资估算指标或类似工程造价资料进行估算。

2）设备及工器具购置费估算

设备购置费根据项目主要设备表及价格、费用资料编制，工器具购置费按设备费的一定比例计取。对于价值高的设备应按单台（套）估算购置费，价值较小的设备可按类估算，国内设备和进口设备应分别估算。具体估算方法见本书第一章第二节。

3）安装工程费估算

安装工程费包括安装主材费和安装费。其中，安装主材费可以根据行业和地方相关部门定期发布的价格信息或市场询价进行估算；安装费根据设备专业属性，可按以下方法估算：

（1）工艺设备安装费估算。以单项工程为单元，根据单项工程的专业特点和各种具体的投资估算指标，采用按设备费百分比估算指标进行估算；或根据单项工程设备总重，采用以吨为单位的综合单价指标进行估算。即：

$$安装工程费 = 设备原价 \times 设备安装费率 \qquad (3.1.5)$$
$$安装工程费 = 设备吨重 \times 单位重量（吨）安装费指标 \qquad (3.1.6)$$

（2）工艺非标准件、金属结构和管道安装费估算。以单项工程为单元，根据设计选用的材质、规格，以"t"为单位，套用技术标准、材质和规格、施工方法相适应的投资估算指标或类似工程造价资料进行估算，即：

$$安装工程费 = 重量总量 \times 单位重量安装费指标 \qquad (3.1.7)$$

（3）工业炉窑砌筑和保温工程安装费估算。以单项工程为单元，以"t""m^3"或"m^2"为单位，套用技术标准、材质和规格、施工方法相适应的投资估算指标或类似工程造价资料进行估算。

$$安装工程费 = 重量（体积、面积）总量 \times 单位重量（"m^3""m^2"）安装费指标 \qquad (3.1.8)$$

（4）电气设备及自控仪表安装费估算。以单项工程为单元，根据该专业设计的具体内容，采用相适应的投资估算指标或类似工程造价资料进行估算，或根据设备台套数、变配电容量、装机容量、桥架重量、电缆长度等工程量，采用相应综合单价指标进行估算，即：

$$安装工程费 = 设备工程量 \times 单位工程量安装费指标 \qquad (3.1.9)$$

4）工程建设其他费用估算

工程建设其他费用的计算应结合拟建项目的具体情况，有合同或协议明确的费用按合同或协议列入；无合同或协议明确的费用，根据国家和各行业部门、工程所在地方政府的有关工程建设其他费用定额（规定）和计算办法估算。

5）基本预备费估算

基本预备费的估算一般是以建设项目的工程费用和工程建设其他费用之和为基础，乘以基本预备费率进行计算[如公式（3.1.10）所示]。基本预备费率的大小，应根据建设项目的设计阶段和具体的设计深度，以及在估算中所采用的各项估算指标与设计内容的贴近度、项目所属行业主管部门的具体规定确定。

$$基本预备费 = （工程费用 + 工程建设其他费用） \times 基本预备费费率 \qquad (3.1.10)$$

6）指标估算法注意事项

使用指标估算法，应注意以下事项：

（1）影响投资估算精度的因素主要包括价格变化、现场施工条件、项目特征的变化等。因而，在应用指标估算法时，应根据不同地区、建设年代、条件等进行调整。因为地区、年代不同，人工、材料与设备的价格均有差异，调整方法可以以人工、主要材料消耗量或"工程量"为计算依据，也可以按不同的工程项目的"万元工料消耗定额"确定不同的系数。在有关部门颁布定额或人工、材料价差系数（物价指数）时，可以据其调整。

（2）使用估算指标法进行投资估算绝不能生搬硬套，必须对工艺流程、定额、价格及费用标准进行分析，经过实事求是的调整与换算后，才能提高其精确度。

（三）动态投资部分的估算方法

动态投资部分包括价差预备费和建设期利息两部分。动态部分的估算应以基准年静态投资的资金使用计划为基础来计算，而不是以编制年的静态投资为基础计算。

1. 价差预备费

价差预备费计算可详见第一章第五节。除此之外，如果是涉外项目，还应该计算汇率的影响。汇率是两种不同货币之间的兑换比率，汇率的变化意味着一种货币相对于另一种货币的升值或贬值。在我国，人民币与外币之间的汇率采取以人民币表示外币价格的形式给出，如 1 美元 = 6.3 元人民币。由于涉外项目的投资中包含人民币以外的币种，需要按照相应的汇率把外币投资额换算为人民币投资额，所以汇率变化就会对涉外项目的投资额产生影响。

（1）外币对人民币升值。项目从国外市场购买设备材料所支付的外币金额不变，但换算成人民币的金额增加；从国外借款，本息所支付的外币金额不变，但换算成人民币的金额增加。

（2）外币对人民币贬值。项目从国外市场购买设备材料所支付的外币金额不变，但换算成人民币的金额减少；从国外借款，本息所支付的外币金额不变，但换算成人民币的金额减少。

估计汇率变化对建设项目投资的影响，是通过预测汇率在项目建设期内的变动程度，以估算年份的投资额为基数，相乘计算求得。

2. 建设期利息

建设期利息包括银行借款和其他债务资金的利息，以及其他融资费用。其他融资费用是指某些债务融资中发生的手续费、承诺费、管理费、信贷保险费等融资费用，一般情况下应将其单独计算并计入建设期利息；在项目前期研究的初期阶段，也可作粗略估算并计入建设投资；对于不涉及国外贷款的项目，在可行性研究阶段，也可作粗略估算并计入建设投资。建设期利息的计算可详见第一章第五节。

（四）流动资金的估算

1. 流动资金估算方法

流动资金是指项目运营需要的流动资产投资，指生产经营性项目投产后，为进行正常生产运营，用于购买原材料、燃料，支付工资及其他经营费用等所需的周转资金。流动资金估算一般采用分项详细估算法，个别情况或者小型项目可采用扩大指标法。

（1）分项详细估算法。流动资金的显著特点是在生产过程中不断周转，其周转额的大小与生产规模及周转速度直接相关。分项详细估算法是根据项目的流动资产和流动负债，估算项目所占用流动资金的方法。其中，流动资产的构成要素一般包括存货、库存现金、应收账款和预付账款；流动负债的构成要素一般包括应付账款和预收账款。流动资金等于流动资产和流动负债的差额，计算公式为：

$$流动资金＝流动资产－流动负债 \tag{3.1.11}$$

$$流动资产＝应收账款＋预付账款＋存货＋库存现金 \tag{3.1.12}$$

$$流动负债＝应付账款＋预收账款 \tag{3.1.13}$$

$$流动资金本年增加额＝本年流动资金－上年流动资金 \tag{3.1.14}$$

进行流动资金估算时，首先计算各类流动资产和流动负债的年周转次数，然后再分项估算占用资金额。

（2）扩大指标估算法。扩大指标估算法是根据现有同类企业的实际资料，求得各种流动资金率指标，亦可依据行业或部门给定的参考值或经验确定比率。将各类流动资金率乘以相对应的费用基数来估算流动资金。一般常用的基数有营业收入、经营成本、总成本费用和建设投资等，究竟采用何种基数依行业习惯而定，其计算公式为：

$$年流动资金额＝年费用基数×各类流动资金率 \tag{3.1.15}$$

扩大指标估算法简便易行，但准确度不高，适用于项目建议书阶段的估算。

2. 流动资金估算应注意的问题

（1）在采用分项详细估算法时，应根据项目实际情况分别确定现金、应收账款、预付账款、存货、应付账款和预收账款的最低周转天数，并考虑一定的保险系数。因为最低周转天数减少，将增加周转次数，从而减少流动资金需用量，因此，必须切合实际地选用最低周转天数。对于存货中的外购原材料和燃料，要分品种和来源，考虑运输方式和运输距离，以及占用流动资金的比重大小等因素确定。

（2）流动资金属于长期性（永久性）流动资产，流动资金的筹措可通过长期负债和资本金（一般要求占30%）的方式解决。流动资金一般要求在投产前一年开始筹措，为简化计算，可规定在投产的第一年开始按生产负荷安排流动资金需用量。其借款部分按全年计算利息，流动资金利息应计入生产期间财务费用，项目计算期末收回全部流动资金（不含利息）。

（3）用扩大指标估算法计算流动资金，需以经营成本及其中的某些科目为基数，因此实际上流动资金估算应能够在经营成本估算之后进行。

（4）在不同生产负荷下的流动资金，应按不同生产负荷所需的各项费用金额，根据上述公式分别估算而不能直接按照100%生产负荷下的流动资金乘以生产负荷百分比求得。

（五）投资估算文件的编制

根据中国建设工程造价管理协会标准《建设项目投资估算编审规程》CECA/GC1—2015规定，单独成册的投资估算文件应包括封面、签署页、目录、编制说明、有关附表等，与可行性研究报告（或项目建议书）统一装订的应包括签署页、编制说明、有关附表等。在编制投资估算文件的过程中，一般需要编制建设投资估算表、建设期利息估算表、流动资金估算表、单项工程投资估算汇总表、总投资估算汇总表和分年度总投资估算表等。对于对投资有重大影响的单位工程或分部分项工程的投资估算应另附主要单位工程或分部分项工程投资估算表，列出主要分部分项土程量和综合单价进行详细估算。

1. 建设投资估算表的编制

建设投资是项目投资的重要组成部分，也是项目财务分析的基础数据。当估算出建设投资后需编制建设投资估算表，按照费用归集形式，建设投资可按概算法或按形成资产法分类。

（1）概算法。按照概算法分类，建设投资由工程费用、工程建设其他费用和预备费三部分构成。其中：工程费用又由建筑工程费、设备及工器具购置费（含工器具及生产家具购置费）和安装工程费构成；工程建设其他费用内容较多，随行业和项目的不同而有所区别；预备费包括基本预备费和价差预备费。按照概算法编制的建设投资估算表如表 3.1.1 所示。

表 3.1.1　建设投资估算表（概算法）

人民币单位：万元　　　　　　　　　　　　　外币单位：

| 序号 | 工程或费用名称 | 估算价值（万元） | | | | | 技术经济指标 | |
		建筑工程费	设备购置费	安装工程费	工程建设其他费用	合计	其中：外币	比例（%）
1	工程费用							
1.1	主体工程							
1.1.1	×××							
	…							
1.2	辅助工程							
1.2.1	×××							
	…							
1.3	公用工程							
1.3.1	×××							
	…							
1.4	服务性工程							
1.4.1	×××							
	…							
1.5	厂外工程							
1.5.1	×××							
	…							
1.6	×××							
2	工程建设其他费用							
2.1	×××							
	…							
3	预备费							
3.1	基本预备费							
3.2	价差预备费							
4	建设投资合计							
	比例（%）							

（2）形成资产法。按照形成资产法分类，建设投资由形成固定资产的费用、形成无形资产的费用、形成其他资产的费用和预备费四部分组成。固定资产费用是指项目投产时将直接形成固定资产的建设投资，包括工程费用和工程建设其他费用中按规定将形成固定资产的费用，后者被称为固定资产其他费用，主要包括建设管理费、可行性研究费、研究试验费、勘察设计费、专项评价及验收费、场地准备及临时设施费、引进技术和引进设备其他费、工程保险费、联合试运转费、特殊设备安全监督检验费和市政公用设施建设及绿化费等；无形资产费用是指将直接形成无形资产的建设投资，主要是专利权、非专利技术、商标权、土地使用权和商誉等；其他资产费用是指建设投资中除形成固定资产和无形资产以外的部分，如生产准备及开办费等。

对于土地使用权的特殊处理：按照有关规定，在尚未开发或建造自用项目前，土地使用权作为无形资产核算，房地产开发企业开发商品房时，将其账面价值转入开发成本；企业建造自用项目时将其账面价值转入在建工程成本。因此，为了与以后的折旧和摊销计算相协调，在建设投资估算表中通常可将土地使用权直接列入固定资产其他费用中。按形成资产法编制的建设投资估算表如表 3.1.2 所示。

表 3.1.2　建设投资估算表（形成资产法）

人民币单位：万元　　　　　　　　　　　　外币单位：

序号	工程或费用名称	估算价值（万元）					技术经济指标	
		建筑工程费	设备购置费	安装工程费	工程建设其他费用	合计	其中：外币	比例（%）
1	固定资产费用							
1.1	工程费用							
1.1.1	×××							
1.1.2	×××							
1.1.3	×××							
	…							
1.2	固定资产其他费用							
	×××							
	…							
2	无形资产							
2.1	×××							
	…							
3	其他资产费用							
3.1	×××							
	…							
4	预备费							
4.1	基本预备费							
4.2	价差预备费							
5	建设投资合计							
	比例（%）							

2. 建设期利息估算表的编制

在估算建设期利息时，需要编制建设期利息估算表（见表 3.1.3）。建设期利息估算表主要包括建设期发生的各项借款及其债券等项目，期初借款余额等于上年借款本金和应计利息之和，即上年期末借款余额；其他融资费用主要指融资中发生的手续费、承诺费、管理费、信贷保险费等融资费用。

表 3.1.3　建设期利息估算表（人民币单位：万元）

序号	项　目	合　计	计算期					
			1	2	3	4	…	n
1	借款							
1.1	建设期利息							
1.1.1	期初借款余额							
1.1.2	当期借款							
1.1.3	当期应计利息							
1.1.4	期末借款余额							
1.2	其他融资费用							
1.3	小计（1.1＋1.2）							
2	债券							
2.1	建设期利息							
2.1.1	期初债务余额							
2.1.2	当期债务余额							
2.1.3	当期应计利息							
2.1.4	期末债务余额							
2.2	其他融资费用							
2.3	小计（2.1＋2.2）							
3	合计（1.3＋2.3）							
3.1	建设期利息合计 （1.1＋2.1）							
3.2	其他融资费用合计 （1.2＋2.2）							

3. 流动资金估算表的编制

可行性研究阶段，根据详细估算法估算的各项流动资金估算的结果，编制流动资金估算表，见表 3.1.4。

表 3.1.4 流动资金估算表（人民币单位：万元）

序号	项　目	最低周转天数	周转次数	计算器					
				1	2	3	4	…	n
1	流动资金								
1.1	应收账款								
1.2	存货								
1.2.1	原材料								
1.2.2	×××								
	…								
1.2.3	燃料								
1.2.4	×××								
	…								
1.2.5	在产品								
1.2.6	产成品								
1.3	现金								
1.4	预付账款								
2	流动负债								
2.1	应付账款								
2.2	预收账款								
3	流动资金								
4	流动资金当期增加额								

4. 单项工程投资估算汇总表的编制

按照指标估算法，可行性研究阶段根据各种投资估算指标，进行各单位工程或单项工程投资的估算。单项工程投资估算应按建设项目划分的各个单项工程分别计算组成工程费用的建筑工程费、设备及工器具购置费和安装工程费，形成单项工程投资估算汇总表，见表 3.1.5。

表 3.1.5 单项工程投资估算汇总表

工程名称

序号	工程和费用名称	估算价值（万元）						技术经济指标			
		建筑工程费	设备及工器具购置费	安装工程费		其他费用	合计	单位	数量	单位价值	比例（%）
				安装费	主材费						
一	工程费用										
（一）	主要生产系统										
1	××车间										
	一般土建及装修										
	给排水										

续表

序号	工程和费用名称	估算价值（万元）						技术经济指标			
		建筑工程费	设备及工器具购置费	安装工程费		其他费用	合计	单位	数量	单位价值	比例（%）
				安装费	主材费						
	采暖										
	通风空调										
	照明										
	工艺设备及安装										
	工艺金属结构										
	工艺管道										
	工艺筑炉及保温										
	工艺非标准件										
	变配电设备及安装										
	仪表设备及安装										
	…										
	小计										
	…										
2	×××										
	…										

5. 项目总投资估算汇总表的编制

将上述投资估算内容和估算方法所估算的各类投资进行汇总，编制项目总投资估算汇总表，见表 3.1.6。项目建议书阶段的投资估算一般只要求编制总投资估算表。总投资估算表中工程费用的内容应分解到主要单项工程；工程建设其他费用可在总投资估算表中分项计算。

表 3.1.6　项目总投资估算汇总表

工程名称：

序号	费用名称	估算价值（万元）					技术经济指标			
		建筑工程费	设备及工器具购置费	安装工程费	其他费用	合计	单位	数量	单位价值	比例（%）
一	工程费用									
（一）	主要生产系统									
1	××车间									
2	××车间									
3	…									

序号	费用名称	估算价值（万元）					技术经济指标			
		建筑工程费	设备及工器具购置费	安装工程费	其他费用	合计	单位	数量	单位价值	比例（%）
（二）	辅助生产系统									
1	××车间									
2	××仓库									
3	…									
（三）	公用及福利设施									
1	变电所									
2	锅炉房									
3	…									
（四）	外部工程									
1	××工程									
2	…									
	小计									
二	工程建设其他费用									
1	…									
	小计									
三	预备费									
1	基本预备费									
2	价差预备费									
	小计									
四	建设期利息									
五	流动资金									
	投资估算合计（万元）									
	比例（%）									

6. 项目分年投资计划表的编制

估算出项目总投资后，应根据项目计划进度的安排，编制分年投资计划表，见表3.1.7。该表中的分年建设投资可以作为安排融资计划，估算建设期利息的基础。

表 3.1.7　分年投资计划表

人民币单位：万元　　　　　　　　　　　　　　　　外币单位：

序号	项　目	人民币			外币		
		第 1 年	第 2 年	…	第 1 年	第 2 年	…
	分年计划（%）						
1	建设投资						
2	建设期利息						
3	流动资金						
4	项目投入总资金（1+2+3）						

第二节　设计概算的编制

根据国家有关文件的规定，一般工业项目设计可按初步设计和施工图设计两个阶段进行，称为"两阶段设计"；对于技术上复杂、在设计时有一定难度的工程，根据项目相关管理部门的意见和要求，可以按初步设计、技术设计和施工图设计三个阶段进行，称为"三阶段设计"。小型工程建设项目，技术上较简单的，经项目相关管理部门同意可以简化为施工图设计一阶段进行。

一、设计阶段影响工程造价的主要因素

国内外相关资料研究表明，设计阶段的费用只占工程全部费用不到 1%，但在项目决策正确的前提下，它对工程造价影响程度高达 75%以上。根据工程项目类别的不同，在设计阶段需要考虑的影响工程造价的因素也有所不同，以下就工业建设项目和民用建设项目分别介绍影响工程造价的因素。

（一）影响工业建设项目工程造价的主要因素

1. 总平面设计

总平面设计主要指总图运输设计和总平面配置，主要内容包括：厂址方案、占地面积、土地利用情况；总图运输、主要建筑物和构筑物及公用设施的配置；外部运输、水、电、气及其他外部协作条件等、

总平面设计是否合理对于整个设计方案的经济合理性有重大影响。正确合理的总平面设计可大大减少建筑工程量，节约建设用地，节省建设投资，加快建设进度，降低工程造价和项目运行后的使用成本，并为企业创造良好的生产组织、经营条件和生产环境，还可以为城市建设或工业区创造完美的建筑艺术整体。

总平面设计中影响工程造价的主要因素包括：

（1）现场条件。现场条件是制约设计方案的重要因素之一，对工程造价的影响主要体现在：地质、水文、气象条件等影响基础形式的选择、基础的埋深（持力层、冻土线）；地形地貌影响平面及室外标高的确定；场地大小、邻近建筑物地上附着物等影响平面布置、建筑层数、基础形式及埋深。

（2）占地面积。占地面积的大小一方面影响征地费用的高低，另一方面也影响管线布置成本和项目建成运营的运输成本。因此在满足建设项目基本使用功能的基础上，应尽可能节约用地。

（3）功能分区。无论是工业建筑还是民用建筑都有许多功能，这些功能之间相互联系、相互制约。合理的功能分区既可以使建筑物的各项功能充分发挥，又可以使总平面布置紧凑、安全。比如在建筑施工阶段避免大挖大填，可以减少土石方量和节约用地，降低工程造价。对于工业建筑，合理的功能分区还可以使生产工艺流程顺畅，从全生命周期造价管理考虑还可以使运输简便，降低项目建成后的运营成本。

（4）运输方式。运输方式决定运输效率及成本，不同运输方式的运输效率和成本不同。例如，有轨运输的运量大，运输安全，但是需要一次性投入大量资金事无轨运输无须一次性大规模资金，但运量小、安全性较差。因此，要综合考虑建设项目生产工艺流程和功能区的要求以及建设场地等具体情况，选择经济合理的运输方式。

2. 工艺设计

工艺设计阶段影响工程造价的主要因素包括：建设规模、标准和产品方案；工艺流程和主要设备的选型；主要原材料、燃料供应情况；生产组织及生产过程中的劳动定员情况；"三废"治理及环保措施等。

按照建设程序，建设项目的工艺流程在可行性研究阶段已经确定。设计阶段的任务就是严格按照批准的可行性研究报告的内容进行工艺技术方案的设计，确定具体的工艺流程和生产技术。在具体项目工艺设计方案的选择时，应以提高投资的经济效益为前提，深入分析、比较，综合考虑各方面的因素。

3. 建筑设计

在进行建筑设计时，设计单位及设计人员应首先考虑业主所要求的建筑标准，根据建筑物、构筑物的使用性质、功能及业主的经济实力等因素确定；其次应在考虑施工条件和施工过程的合理组织的基础上，决定工程的立体平面设计和结构方案的工艺要求。

建筑设计阶段影响工程造价的主要因素包括：

（1）平面形状。一般来说，建筑物平面形状越简单，单位面积造价就越低。当一座建筑物的形状不规则时，将导致室外工程、排水工程、砌砖工程及屋面工程等复杂化，增加工程费用。即使在同样的建筑面积下，建筑平面形状不同，建筑周长系数 K_m（建筑物周长与建筑面积比，即单位建筑面积所占外墙长度）便不同。通常情况下建筑周长系数越低，设计越经济。圆形、正方形、矩形、T 形、L 形建筑的 K_m 依次增大。但是圆形建筑物施工复杂，施工费用一般比矩形建筑增加 20%～30%，所以其墙体工程量所节约的费用并不能使建筑工程造价降低。虽然正方形建筑的既有利于施工，又能降低工程造价，但是若不能满足建筑物美观和使用要求，则毫无意义。因此，建筑物平面形状的设计应在满足建筑物使用功能的前提下，降低建筑周长系数，充分注意建筑平面形状的简洁、布局的合理，从而降低工程造价。

（2）流通空间。在满足建筑物使用要求的前提下，应将流通空间减少到最小，这是建筑物经济平面布置的主要目标之一。因为门厅、走廊、过道、楼梯以及电梯井的流通空间都不能为了获利目的而加以使用，但是却需要相当多的采光、采暖、装饰、清扫等方面的费用。

（3）空间组合。空间组合包括建筑物的层高、层数、室内外高差等因素。

① 层高。在建筑面积不变的情况下，建筑层高的增加会引起各项费用的增加。如：墙与隔墙及其有关粉刷、装饰费用的提高；楼梯造价和电梯设备费用的增加；供暖空间体积的增加；卫生设备、上下水管道长度的增加等。另外，施工垂直运输量增加，可能增加屋面造价；层高增加而导致建筑物总高度增加很多时，还可能增加基础造价。

② 层数。建筑物层数对造价的影响，因建筑类型、结构和形式的不同而不同。层数不同，则荷载不同，对基础的要求也不同，同时也影响占地面积和单位面积造价。如果增加一个楼层不影响建筑物的结构形式，单位建筑面积的造价可能会降低。但是当建筑物超过一定层数时，结构形式就要改变，单位造价通常会增加。建筑物越高，电梯及楼梯的造价将有提高的趋势，建筑物的维修费用也将增加，但是采暖费用有可能下降。

③ 室内外高差。室内外高差过大，则建筑物的工程造价提高；高差过小又影响使用及卫生要求等。

（4）建筑物的体积与面积。建筑物尺寸的增加，一般会引起单位面积造价的降低。对于同一项目，固定费用不一定会随着建筑体积和面积的扩大而有明显的变化，一般情况下，单位面积固定费用会相应减少。对于工业建筑，厂房、设备布置紧凑合理，可提高生产能力，采用大跨度、大柱距的平面设计形式，可提高平面利用系数，从而降低工程造价。

（5）建筑结构。建筑结构是指建筑工程中由基础、梁、板、柱、墙、屋架等构件所组成的起骨架作用的、能承受直接和间接荷载的空间受力体系。建筑结构因所用的建筑材料不同，可分为砌体结构、钢筋混凝土结构、钢结构、轻型钢结构、木结构和组合结构等。

建筑结构的选择既要满足力学要求，又要考虑其经济性。对于五层以下的建筑物一般选用砌体结构；对于大中型工业厂房一般选用钢筋混凝土结构；对于多层房屋或大跨度建筑，选用钢结构明显优于钢筋混凝土结构；对于高层或者超高层建筑，框架结构和剪力墙结构比较经济。由于各种建筑体系的结构各有利弊，在选用结构类型时应结合实际，因地制宜，就地取材，采用经济合理的结构形式。

（6）柱网布置。对于工业建筑，柱网布置对结构的梁板配筋及基础的大小会产生较大的影响，从而对工程造价和厂房面积的利用效率都有较大的影响。柱网布置是确定柱子的跨度和间距的依据。柱网的选择与厂房中有无吊车、吊车的类型及吨位、屋顶的承重结构以及厂房的高度等因素有关。对于单跨厂房，当柱间距不变时，跨度越大单位面积造价越低。因为除屋架外，其他结构架分摊在单位面积上的平均造价随跨度的增大而减小。对于多跨厂房，当跨度不变时，中跨数目越多越经济，这是因为柱子和基础分摊在单位面积上的造价减少。

4. 材料选用

建筑材料的选择是否合理，不仅直接影响到工程质量、使用寿命、耐火抗震性能，而且对施工费用、工程造价有很大的影响。建筑材料一般占直接费的70%，降低材料费用，不仅可以降低直接费，而且也可以降低间接费。因此，设计阶段合理选择建筑材料，控制材料单价或工程量，是控制工程造价的有效途径。

5. 设备选用

现代建筑越来越依赖于设备。对于住宅来说，楼层越多设备系统越庞大，如高层建筑物内部空间的交通工具电梯，室内环境的调节设备如空调、通风、采暖等，各个系统的分布占用空向都在考虑之列，既有面积、高度的限额，又有位置的优选和规范的要求。因此，设备配置是否得当，直接影响建筑产品整个寿命周期的成本。

设备选用的重点因设计形式的不同而不同，应选择能满足生产工艺和生产能力要求的最适用的设备和机械。此外，根据工程造价资料的分析，设备安装工程造价一般占工程总投资的20%~56%，由此可见设备方案设计对工程造价的影响。设备的选用应充分考虑自然环境对能源节约的有利条件，如果能从建筑产品的整个寿命周期分析，能源节约是一笔不可忽略的费用。

（二）影响民用建设项目工程造价的主要因素

民用建设项目设计是根据建筑物的使用功能要求，确定建筑标准、结构形式、建筑物空间与平面布置以及建筑群体的配置等。民用建筑设计包括住宅设计、公共建筑设计以及住宅小区设计。住宅建筑是民用建筑中最大量、最主要的建筑形式。

1. 住宅小区建设规划中影响工程造价的主要因素

在进行住宅小区建设规划时，要根据小区的基本功能和要求，确定各构成部分的合理层次与关系，据此安排住宅建筑、公共建筑、管网、道路及绿地的布局，确定合理人口与建筑密度、房屋间距和建筑层数，布置公共设施项目、规模及服务半径，以及水、电、热、煤气的供应等，并划分包括土地开发在内的上述各部分的投资比例。小区规划设计的核心问题是提高土地利用率。

（1）占地面积。居住小区的占地面积不仅直接决定着土地费的高低，而且影响着小区内道路、工程管线长度和公共设备的多少，而这些费用对小区建设投资的影响通常很大。因而，用地面积指标在很大程度上影响小区建设的总造价。

（2）建筑群体的布置形式。建筑群体的布置形式对用地的影响不容忽视，通过采取高低搭配、点条结合、前后错列以及局部东西向布置、斜向布置或拐角单元等手法节省用地。在保证小区居住功能的前提下，适当集中公共设施，提高公共建筑的层数，合理布置道路，充分利用小区内的边角用地，有利于提高建筑密度，降低小区的总造价。或者通过合理压缩建筑的间距、适当提高住宅层数或高低层搭配以及适当增加房屋长度等方式节约用地。

2. 民用住宅建筑设计中影响工程造价的主要因素

（1）建筑物平面形状和周长系数。与工业项目建筑设计类似，如按使用指标，虽然圆形建筑K_m最小，但由于施工复杂，施工费用较矩形建筑增加20%~30%，故其墙体工程量的减少不能使建筑工程造价降低，而且使用面积有效利用率不高以及用户使用不便。因此，一般都建造矩形和正方形住宅，既有利于施工，又能降低造价和使用方便。在矩形住宅建筑中，又以长：宽＝2：1为佳。一般住宅单元以3~4个住宅单元、房屋长度60~80 m较为经济。在满足住宅功能和质量前提下，适当加大住宅宽度。这是由于宽度加大，墙体面积系数相应减少，有利于降低造价。

（2）住宅的层高和净高。住宅的层高和净高，直接影响工程造价。根据不同性质的工程综合测算住宅层高每降低10 cm，可降低造价1.2%~1.5%。层高降低还可提高住宅区的建筑密度，节约土地成本及市政设施费。但是，层高设计中还需考虑采光与通风问题，层高过低不利于采光及通风，因此，民用住宅的层高一般不宜超过2.8 m。

（3）住宅的层数。在民用建筑中，在一定幅度内，住宅层数的增加具有降低造价和使用费用以及节约用地的优点。表3.2.1分析了砖混结构的住宅单方造价与层数之间的关系。

表3.2.1　砖混结构多层住宅层数与造价的关系

住宅层数	一	二	三	四	五	六
单方造价系数（%）	138.05	116.95	108.38	103.51	101.68	100
边际造价系数（%）		−21.1	−8.57	−4.87	−1.83	−1.68

由上表可知，随着住宅层数的增加，单方造价系数在逐渐降低，即层数越多越经济。但是边际造价系数也在逐渐减小，说明随着层数的增加，单方造价系数下降幅度减缓，根据《住宅设计规范》GB 50096—2011的规定，7层及7层以上住宅或住户入口层楼面距室外设计地面的高度超过16 m时必须设置电梯，需要较多的交通面积（过道、走廊要加宽）和补充设备（供水设备和供电设备等）。当住宅层数超过一定限度时，要经受较强的风力荷载，需要提高结构强度，改变结构形式，使工程造价大幅度上升。

（4）住宅单元组成、户型和住户面积。据统计三居室住宅的设计比两居室的设计降低1.5%左右的工程造价。四居室的设计又比三居室的设计降低3.5%的工程造价。

衡量单元组成、户型设计的指标是结构面积系数（住宅结构面积与建筑面积之比），系数越小设计方案越经济。因为，结构面积小，有效面积就增加。结构面积系数除与房屋结构有关外，还与房屋外形及其长度和宽度有关，同时也与房间平均面积大小和户型组成有关。房屋平均面积越大，内墙、隔墙在建筑面积所占比重就越小。

（5）住宅建筑结构的选择。随着我国工业化水平的提高，住宅工业化建筑体系的结构形式多种多样，考虑工程造价时应根据实际情况，因地制宜、就地取材，采用适合本地区经济合理的结构形式。

（三）影响工程造价的其他因素

除以上因素之外，在设计阶段影响工程造价的因素还包括其他内容，如：

1. 设计单位和设计人员的知识水平

设计单位和人员的知识水平对工程造价的影响是客观存在的。为了有效地降低工程造价，设计单位和人员首先要能够充分利用现代设计理念，运用科学的设计方法优化设计成果；其次要善于将技术与经济相结合，运用价值工程理论优化设计方案；最后，设计单位和人员应及时与造价咨询单位进行沟通，使得造价咨询人员能够在前期设计阶段就参与项目，达到技术与经济的完美结合。

2. 项目利益相关者的利益诉求

设计单位和人员在设计过程中要综合考虑业主、承包商、监管机构、咨询单位、运营单位等利益相关者的要求和利益，并通过利益诉求的均衡以达到和谐的目的，避免后期出现频繁的设计变更而导致工程造价的增加。

3. 风险因素

设计阶段承担着重大的风险，它对后面的工程招标和施工有着重要的影响。该阶段是确定建设工程总造价的一个重要阶段，决定着项目的总体造价水平。

二、设计概算的概念及其编制内容

（一）设计概算的含义及作用

1. 设计概算的概念

设计概算是以初步设计文件为依据，按照规定的程序、方法和依据，对建设项目总投资及其构成进行的概略计算。具体而言，设计概算是在投资估算的控制下由设计单位根据初步设计或扩大初步设计的图纸及说明，利用国家或地区颁发的概算指标、概算定额、综合指标预算定额、各项费用定额或取费标准（指标）、建设地区自然、技术经济条件和设备、材料预算价格等资料，按照设计要求，对建设项目从筹建至竣工交付使用所需全部费用进行的预计。设计概算的成果文件称作设计概算书，也简称设计概算。设计概算书是初步设计文件的重要组成部分，其特点是编制工作相对简略，无须达到施工图预算的准确程度。采用两阶段设计的建设项目，初步设计阶段必须编制设计概算；采用三阶段设计的，扩大初步设计阶段必须编制修正概算。

设计概算的编制内容包括静态投资和动态投资两个层次。静态投资作为考核工程设计和施工图预算的依据；动态投资作为项目筹措、供应和控制资金使用的限额。

政府投资项目的设计概算经批准后，一般不得调整。如果由于下列原因需要调整概算时，应由建设单位调查分析变更原因，报主管部门审批同意后，由原设计单位核实编制调整概算，并按有关审批程序报批。当影响工程概算的主要因素查明且工程量完成了一定量后，方可对其进行调整。一个工程只允许调整一次概算。允许调整概算的原因包括以下几点：① 超出原设计范围的重大变更；② 超出基本预备费规定范围不可抗拒的重大自然灾害引起的工程变动和费用增加；③ 超出工程造价调整预备费的国家重大政策性的调整。

2. 设计概算的作用

设计概算是工程造价在设计阶段的表现形式，但其并不具备价格属性。因为设计概算不是在市场竞争中形成的，而是设计单位根据有关依据计算出来的工程建设的预期费用，用于衡量建设投资是否超过估算并控制下一阶段费用支出。设计概算的主要作用是控制以后各阶段的投资，具体表现为：

（1）设计概算是编制固定资产投资计划、确定和控制建设项目投资的依据。设计概算投资应包括建设项目从立项、可行性研究、设计、施工、试运行到竣工验收等的全部建设资金。按照国家有关规定，编制年度固定资产投资计划，确定计划投资总额及其构成数额，要以批准的初步设计概算为依据，没有批准的初步设计文件及其概算，建设工程不能列入年度固定资产投资计划。

政府投资项目设计概算一经批准，将作为控制建设项目投资的最高限额。在工程建设过程中，年度固定资产投资计划安排、银行拨款或贷款、施工图设计及其预算、竣工决算等，未经规定程序批准，都不能突破这一限额，确保对国家固定资产投资计划的严格执行和有效控制。

（2）设计概算是控制施工图设计和施工图预算的依据。经批准的设计概算是建设工程项目投资的最高限额。设计单位必须按批准的初步设计和总概算进行施工图设计，施工图预算不得突破设计概算，设计概算批准后不得任意修改和调整；如需修改或调整时，须经原批准部门重新审批。竣工结算不能突破施工图预算，施工图预算不能突破设计概算。

（3）设计概算是衡量设计方案技术经济合理性和选择最佳设计方案的依据。设计部门在初步设计阶段要选择最佳设计方案，设计概算是从经济角度衡量设计方案经济合理性的重要依据。因此，设计概算是衡量设计方案技术经济合理性和选择最佳设计方案的依据。

（4）设计概算是编制招标控制价（招标标底）和投标报价的依据。以设计概算进行招投标的工程，招标单位以设计概算作为编制招标控制价（标底）及评标定标的依据。承包单位也必须以设计概算为依据，编制合适的投标报价，以在投标竞争中取胜。

（5）设计概算是签订建设工程合同和贷款合同的依据。合同法中明确规定，建设工程合同价款是以设计概、预算价为依据，且总承包合同不得超过设计总概算的投资额。银行贷款或各单项工程的拨款累计总额不能超过设计概算。如果项目投资计划所列支投资额与贷款突破设计概算时，必须查明原因，之后由建设单位报请上级主管部门调整或追加设计概算总投资。凡未获批准之前，银行对其超支部分不予拨付。

（6）设计概算是考核建设项目投资效果的依据。通过设计概算与竣工决算对比，可以分析和考核建设工程项目投资效果的好坏，同时还可以验证设计概算的准确性，有利于加强设计概算管理和建设项目的造价管理工作。

（二）设计概算的编制内容

设计概算文件的编制应采用单位工程概算、单项工程综合概算、建设项目总概算三级概算编制形式。当建设项目为一个单项工程时，可采用单位工程概算、总概算两级概算编制形式。三级概算之间的相互关系和费用构成，如图3.2.1所示。

（1）单位工程概算。单位工程是指具有独立的设计文件，能够独立组织施工，但不能独立发挥生产能力或使用功能的工程项目，是单项工程的组成部分。单位工程概算是以初步设计文件为依据，按照规定的程序、方法和依据，计算单位工程费用的成果文件，是编制单项工程综合概算（或项目总概算）的依据，是单项工程综合概算的组成部分。单位工程概算按其工程性质可分为建筑工程概算和设备及安装工程概算两大类。建筑工程概算包括土建工程概算，给排水、采暖工程概算，通风、空调工程概算，电气照明工程概算，弱电工程概算，特殊构筑物工程概算等；设备及安装工程概算包括机械设备及安装工程概算，电气设备及安装工程概算，热力设备及安装工程概算，工具、器具及生产家具购置费概算等。

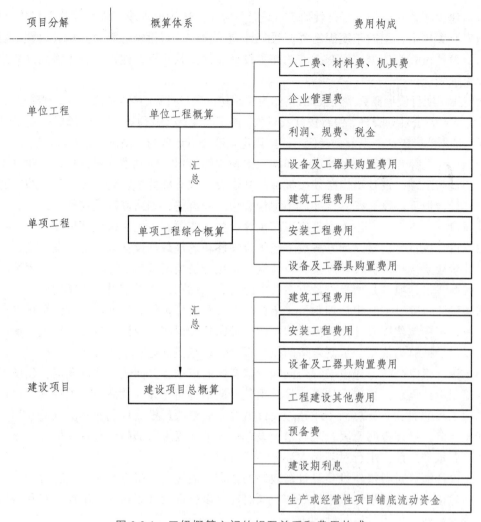

图 3.2.1 三级概算之间的相互关系和费用构成

（2）单项工程概算。单项工程是指在一个建设项目中，具有独立的设计文件，建成后能够独立发挥生产能力或使用功能的工程项目。它是建设项目的组成部分，如生产车间、办公楼、食堂、图书馆、学生宿舍、住宅楼、配水厂等。单项工程概算是以初步设计文件为依据，在单位工程概算的基础上汇总单项工程工程费用的成果文件，由单项工程中的各，是建设项目总概算的组成部分。单项工程综合概算的组成内容如图 3.2.2 所示。

（3）建设项目总概算。建设项目总概算是以初步设计文件为依据，在单项工程综合概算的基础上计算建设项目概算总投资的成果文件，它是由各单项工程综合概算、工程建设其他费用概算、预备费、建设期利息和铺底流动资金概算汇总编制而成的，如图 3.2.3 所示。

若干个单位工程概算汇总后成为单项工程概算，若干个单项工程概算和工程建设其他费用、预备费、建设期利息、铺底流动资金等概算文件汇总后成为建设项目总概算。单项工程概算和建设项目总概算仅是一种归纳、汇总性文件，因此，最基本的计算文件是单位工程概算书。若建设项目为一个独立单项工程，则单项工程综合概算书与建设项目总概算书可合并编制，并以总概算书的形式出具。

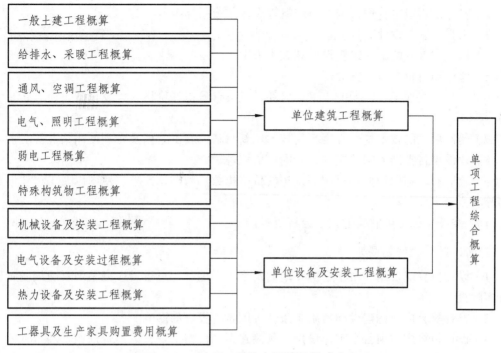

图 3.2.2 单项工程综合概算的组成内容

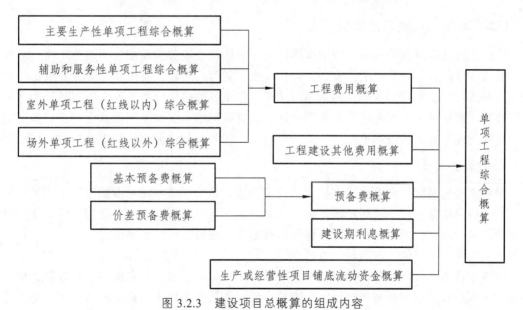

图 3.2.3 建设项目总概算的组成内容

三、设计概算的编制

（一）设计概算的编制依据及要求

1. 设计概算的编制依据

（1）国家、行业和地方有关规定。

（2）相应工程造价管理机构发布的概算定额（或指标）。

（3）工程勘察与设计文件。

（4）拟定或常规的施工组织设计和施工方案。

（5）建设项目资金筹措方案。

（6）工程所在地编制同期的人工、材料、机具台班市场价格，以及设备供应方式及供应价格。

（7）建设项目的技术复杂程度，新技术、新材料、新工艺以及专利使用情况等。

（8）建设项目批准的相关文件、合同、协议等。

（9）政府有关部门、金融机构等发布的价格指数、利率、汇率、税率以及工程建设其他费用等。

（10）委托单位提供的其他技术经济资料。

2. 设计概算的编制要求

（1）设计概算应按编制时项目所在地的价格水平编制，总投资应完整地反映编制时建设项目实际投资。

（2）设计概算应考虑建设项目施工条件等因素对投资的影响。

（3）设计概算应按项目合理建设期限预测建设期价格水平，以及资产租赁和贷款的时间价值等动态因素对投资的影响。

（二）单位工程概算的编制

单位工程概算应根据单项工程中所属的每个单体按专业分别编制，一般分土建、装饰、采暖通风、给排水、照明、工艺安装、自控仪表、通信、道路、总图竖向等专业或工程分别编制。总体而言，单位工程概算包括单位建筑工程概算和单位设备及安装工程概算两类。其中：建筑工程概算的编制方法有概算定额法、概算指标法、类似工程预算法等；设备及安装工程概算的编制方法有预算单价法、扩大单价法、设备价值百分比法和综合吨位指标法等。

1. 概算定额法

概算定额法又称扩大单价法或扩大结构定额法，是套用概算定额编制建筑工程概算的方法。运用概算定额法，要求初步设计必须达到一定深度，建筑结构尺寸比较明确，能按照初步设计的平面图、立面图、剖面图纸计算出楼地面、墙身、门窗和屋面等扩大分项工程（或扩大结构构件）项目的工程量时，方可采用。

建筑工程概算表的编制，按构成单位工程的主要分部分项工程和措施项目编制，根据初步设计工程量按工程所在省、自治区、直辖市颁发的概算定额（指标）或行业概算定额（指标），以及工程费用定额计算。概算定额法编制设计概算的步骤如下：

（1）搜集基础资料、熟悉设计图纸和了解有关施工条件和施工方法。

（2）按照概算定额子目，列出单位工程中分部分项工程项目名称并计算工程量。工程量计算应按概算定额中规定的工程量计算规则进行，计算时采用的原始数据必须以初步设计图纸所标识的尺寸或初步设计图纸能读出的尺寸为准，并将计算所得各分部分项工程量按概算定额编号顺序，填入工程概算表内。

（3）确定各分部分项工程费。工程量计算完毕后，逐项套用各子目的综合单价，各子目的综合单价应包括人工费、材料费、施工机具使用费、管理费、利润、规费和税金。然后分别将其填入单位工程概算表和综合单价表中。如遇设计图中的分项工程项目名称、内容与采用的概算定额手册中相应的项目有某些不相符时，则按规定对定额进行换算后方可套用。

（4）计算措施项目费。措施项目费的计算分两部分进行：

① 可以计量的措施项目费与分部分项工程费的计算方法相同，其费用按照第（3）步的规定计算。

② 综合计取的措施项目费应以该单位工程的分部分项工程费和可以计量的措施项目费之和为基数乘以相应费率计算。

（5）计算汇总单位工程概算造价：

$$单位工程概算造价 = 分部分项工程费 + 措施项目费 \qquad （3.2.1）$$

（6）编写概算编制说明。单位建筑工程概算按照规定的表格形式进行编制，具体格式参见表 3.2.2，所使用的综合单价应编制综合单价分析表（见表 3.2.3）。

表 3.2.2　建筑工程概算表

单位工程概算编码：　　　　　　　　　　单项工程名称：　　　　　　　第　页　共　页

序号	项目编码	工程项目费用名称	项目特征	单位	数量	综合单价（元）	合价（元）
一		分部分项工程					
（一）		土石方工程					
1	×	×××					
2	×	×××					
（二）		砌筑工程					
1	×	×××					
（三）		楼地面工程					
1	×	×××					
（四）		××工程					
		分部分项工程费用小计					
二		可计量措施项目					
（一）		××工程					
1	×	×××					
2	×	×××					

续表

序号	项目编码	工程项目费用名称	项目特征	单位	数量	综合单价（元）	合价（元）
（二）		××工程					
1	×	×××					
		可计量措施项目小计					
三		综合取定的措施项目费					
1		安全文明施工费					
2		夜间施工增加费					
3		二次搬运费					
4		冬雨季施工增加费					
	×	×××					
		综合取定的措施项目费小计					
		合　计					

编制人：　　　　　　　　　审核人：　　　　　　　　　审定人：

注：建筑工程概算表应以单项工程为对象进行编制，表中综合单价应通过综合单价分析表计算获得。

表 3.2.3　建筑工程设计概算综合单价分析表

单位工程概算编码：　　　　　　　单项工程名称：　　　　　　　第　页　共　页

项目编码			项目名称			计量单位		工程数量		
综合单价组成分析										
定额编号	定额名称	定额单位	定额直接费单价（元）			直接费合价（元）				
			人工费	材料费	机具费	人工费		材料费		机具费
间接费及利润税金计算	类别	取费基数描述	取费基数		费率（%）	金额（元）			备注	
	管理费	如：人工费								
	利润	如：直接费								
	规费									
	税金									
	综合单价									
概算定额人材机消耗量和单价分析	人材机项目名称、规格、型号			单位	消耗量	单价（元）		合价（元）	备注	

编制人：　　　　　　　　　审核人：　　　　　　　　　审定人：

注：1. 本表适用于采用概算定额法的分部分项工程项目，以及可以计量的措施项目的综合单价分析。
　　2. 在进行概算定额消耗量和单价分析时，消耗量应采用定额消耗量，单价应为报告编制期的市场价。

2. 概算指标法

概算指标法是用拟建的厂房、住宅的建筑面积（或体积）乘以技术条件相同或基本相同的概算指标而得出人、材、机费，然后按规定计算出企业管理费、利润、规费和税金等，得出单位工程概算的方法。

1）概算指标法适用的情况

（1）在方案设计中，由于设计无详图而只有概念性设计时，或初步设计深度不够，不能准确地计算出工程量，但工程设计采用的技术比较成熟时可以选定与该工程相似类型的概算指标编制概算。

（2）设计方案急需造价概算而又有类似工程概算指标可以利用的情况。

（3）图样设计间隔很久后再来实施，概算造价不适用于当前情况而又急需确定造价的情形下，可按当前概算指标来修正原有概算造价。

（4）通用设计图设计可组织编制通用图设计概算指标，来确定造价。

2）对拟建工程结构特征与概算指标相同时的计算

在使用概算指标法时，如果拟建工程在建设地点、结构特征、地质及自然条件、建筑面积等方面与概算指标相同或相近，就可直接套用概算指标编制概算。在直接套用概算指标时，拟建工程应符合以下条件：

（1）拟建工程的建设地点与概算指标中的工程建设地点相同。

（2）拟建工程的工程特征和结构特征与概算指标中的工程特征、结构特征基本相同。

（3）拟建工程的建筑面积与概算指标中工程的建筑面积相差不大。

根据选用的概算指标内容，以指标中所规定的工程每平方米、立方米的工料单价，根据管理费、利润、规费、税金的费（税）率确定该子目的全费用综合单价，乘以拟建单位工程建筑面积或体积，即可求出单位工程的概算造价。

$$单位工程概算造价 = 概算指标每 \ m^2（m^3）综合单价 \times$$
$$拟建工程建筑面积（体积） \tag{3.2.2}$$

3）拟建工程结构特征与概算指标有局部差异时的调整

在实际工作中，经常会遇到拟建对象的结构特征与概算指标中规定的结构特征有局部不同的情况，因此，必须对概算指标进行调整后方可套用。调整方法如下：

（1）调整概算指标中的每 1 m^2（m^3）综合单价。这种调整方法是将原概算指标中的综合单价进行调整，扣除每 1 m^2（m^3）原概算指标中与拟建工程结构不同部分的造价，增加每 1 m^2（m^3）拟建工程与概算指标结构不同部分的造价，使其成为与拟建工程结构相同的综合单价。计算公式如下：

$$结构变化修正概算指标（元/m^2） = J + Q_1 P_1 - Q_2 P_2 \tag{3.2.3}$$

式中　J——原概算指标综合单价；

　　　Q_1——概算指标中换入结构的工程量；

　　　Q_2——概算指标中换出结构的工程量；

　　　P_1——换入结构的综合单价；

　　　P_2——换出结构的综合单价。

若概算指标中的单价为工料单价，则应根据管理费、利润、规费、税金的费（税）率确定该子目的全费用综合单价。再计算拟建工程造价为：

$$单位工程概算造价 = 修正后的概算指标综合单价 \times$$
$$拟建工程建筑面积（体积）\qquad（3.2.4）$$

（2）调整概算指标中的人、材、机数量。这种方法是将原概算指标中每 100 m²（1 000 m³）建筑面积（体积）中的人、材、机数量进行调整，扣除原概算指标中与拟建工程结构不同部分的人、材、机消耗量，增加拟建工程与概算指标结构不同部分的人、材、机消耗量，使其成为与拟建工程结构相同的每 100 m²（1 000 m³）建筑面积（体积）人、材、机数量。计算公式如下：

$$\begin{aligned}
结构变化修正概算指标 &= 原概算指标的 + 换入结构 \times 相应定额人、\\
的人、材、机数量 &\quad 人、材、机数量 \quad 件工程量 \quad 材、机消耗量\\
&\quad - 换出结构 \times 相应定额人、\\
&\qquad 件工程量 \quad 材、机消耗量
\end{aligned}\qquad（3.2.5）$$

将修正后的概算指标结合报告编制期的人、材、机要素价格的变化，以及管理费、利润、规费、税金的费（税）率确定该子目的全费用综合单价。

以上两种方法，前者是直接修正概算指标单价，后者是修正概算指标人、材、机数量。修正之后，方可按上述方法分别套用。

【例 3.2.1】　假设新建单身宿舍 1 座，其建筑面积为 3 500 m²，按概算指标和地区材料预算价格等算出综合单价为 738 元/m²，其中：一般土建工程 640 元/m²，采暖工程 32 元/m²，给排水工程 36 元/m²，照明工程 30 元/m²。但新建单身宿舍设计资料与概算指标相比较，其结构构件有部分变更。设计资料表明，外墙为 1.5 砖外墙，而概算指标中外墙为 1 砖墙。根据当地土建工程预算定额计算，外墙带形毛石基础的综合。单价为 147.87 元/m³，1 砖外墙的综合单价为 177.10 元/m³，1.5 砖外墙的综合单价为 178.08 元/m³；概算指标中每 100 m² 含外墙带形毛石基础为 18 m³，1 砖外墙为 46.5 m³。新建工程设计资料表明，每 100 m² 中含外墙带形毛石基础为 19.6 m³，1.5 砖外墙为 61.2 m³。请计算调整后的概算综合单价和新建宿舍的概算造价。

解：土建工程中对结构构件的变更和单价调整见表 3.2.4。

表 3.2.4　结构变化引起的单价调整

序号	结构名称	单位	数量（每 100 m² 含量）	单价（元）	合价（元）
	土建部分单位面积造价			640	640
	换出部分				
1	外墙带形毛石基拙	m³	18	147.87	2 661.66
2	1 砖外墙	m³	46.5	177.10	8 235.15
	合计	元			10 896.81
	换入部分				
3	外培带形毛石基础	m³	19.6	147.87	2 898.25
4	1.5 砖外墙	m³	61.2	178.08	10 898.5
	合计	元			13 796.75
单位造价修正系数：640 - 10 896.81/00 + 13 796.75/100 = 669（元）					

其余的单价指标都不变，因此经调整后的概算综合单价为 669 + 32 + 36 + 30 = 767（元/m²），新建宿舍的概算造价 = 767 × 3500 = 2684500（元）。

3. 类似工程预算法

类似工程预算法是利用技术条件与设计对象相类似的已完工程，或在建工程的工程造价资料来编制拟建工程设计概算的方法。

当拟建工程初步设计与已完工程或在建工程的设计相类似而又没有可用的概算指标时，可以采用类似工程预算法。

类似工程预算法的编制步骤如下：

（1）根据设计对象的各种特征参数，选择最合适的类似工程预算。

（2）根据本地区现行的各种价格和费用标准计算类似工程预算的人工费、材料费、施工机具使用费、企业管理费修正系数。

（3）根据类似工程预算修正系数和以上四项费用占预算成本的比重，计算预算成本总修正系数，并计算出修正后的类似工程平方米预算成本。

（4）根据类似工程修正后的平方米预算成本和编制概算地区的利税率计算修正后的类似工程平方米造价。

（5）根据拟建工程的建筑面积和修正后的类似工程平方米造价，计算拟建工程概算造价。

（6）编制概算编写说明。

类似工程预算法对条件有所要求，也就是可比性，即拟建工程项目在建筑面积、结构构造特征要与已建工程基本一致，如层数相同、面积相似、结构相似、工程地点相似等，采用此方法时必须对建筑结构差异和价差进行调整。

1）建筑结构差异的调整

结构差异调整方法与概算指标法的调整方法相同。即先确定有差别的部分，然后分别按每一项目算出结构构件的工程量和单位价格（按编制概算工程所在地区的单价），然后以类似工程中相应（有差别）的结构构件的工程数量和单价为基础，算出总差价。将类似预算的人、材、机费总额减去（或加上）这部分差价，就得到结构差异换算后的人、材、机费，再行取费得到结构差异换算后的造价。

2）价差调整

类似工程造价的价差调整可以采用两种方法。

（1）当类似工程造价资料有具体的人工、材料、机具台班的用量时，可按类似工程预算造价资料中的主要材料、工日、机具台班数量乘以拟建工程所在地的主要材料预算价格、人工单价、机具台班单价，计算出人、材、机费，再计算企业管理费、利润、规费和税金，即可得出所需的综合。

（2）类似工程造价资料只有人工、材料、施工机具使用费和企业管理费等费用或费率时，可按下面公式调整：

$$D = A \cdot K \tag{3.2.6}$$

$$K = a\%K_1 + b\%K_2 + c\%K_3 + d\%K_4 \tag{3.2.7}$$

式中　D ——拟建工程成本单价；

A——类似工程成本单价；

K——成本单价综合调整系数；

$a\%$，$b\%$，$c\%$，$d\%$——类似工程预算的人工费、材料费、施工机具使用费、企业管理费占预算成本的比重，如 $a\%$ = 类似工程人工费/类似工程预算成本×100%，$b\%$、$c\%$、$d\%$类同；

K_1，K_2，K_3，K_4——拟建工程地区与类似工程预算成本在人工费、材料费、施工机具使用费、企业管理费之间的差异系数，如 K_1 = 拟建工程概算的人工费（或工资标准）/类似工程预算人工费（或地区工资标准），K_2、K_3、K_4类同。

以上综合调价系数是以类似工程中各成本构成项目占总成本的百分比为权重，按照加权的方式计算的成本单价的调价系数，根据类似工程预算提供的资料，也可按照同样的计算思路计算出人、材、机费综合调整系数，通过系数调整类似工程的工料单价，再按照相应取费基数和费率计算间接费、利润和税金，也可得出所需的综合单价。总之，以上方法可灵活应用。

【例 3.2.2】　某地拟建一工程，与其类似的已完工程单方工程造价为 4 500 元/m²，其中人工、材料、施工机具使用费分别占工程造价的 15%、55% 和 10%，拟建工程地区与类似工程地区人工、材料、施工机具使用费差异系数分别为 1.05、1.03 和 0.98。假定以人、材、机费用之和为基数取费，综合费率为 25%。用类似工程预算法计算的拟建工程适用的综合单价。

解：先使用调差系数计算出拟建工程的工料单价。

$$类似工程的工料单价 = 4\ 500 × 80\% = 3\ 600（元/m²）$$

在类似工程的工料单价中，人工、材料、施工机具使用费的比重分别为 18.75%、68.75% 和 12.5%。

$$\begin{aligned}拟建工程的工料单价 &= 3\ 600 × （18.75\% × 1.05 + 68.75\% × 1.03 + 12.5\% × 0.98）\\ &= 3\ 699（元/m²）\end{aligned}$$

则：拟建工程适用的综合单价 = 3 699 ×（1 + 25%）= 4 623.75（元/m²）

4. 单位设备及安装工程概算编制方法

单位设备及安装工程概算包括单位设备及工器具购置费概算和单位设备安装工程费概算两大部分。

1）设备及工器具购置费概算

设备及工器具购置费是根据初步设计的设备清单计算出设备原价，并汇总求出设备总原价，然后按有关规定的设备运杂费率乘以设备总原价，两项相加再考虑工具、器具及生产家具购置费即为设备及工器具购置费概算。有关设备及工器具购置费概算可参见第一章第二节的计算方法。设备及工器具购置费概算的编制依据包括：设备清单、工艺流程图；各部、省、区、市规定的现行设备价格和运费标准、费用标准。

2）设备安装工程费概算的编制方法

设备安装工程费概算的编制方法应根据初步设计深度和要求所明确的程度而采用，其主要编制方法有：

（1）预算单价法。当初步设计较深，有详细的设备清单时，可直接按安装工程预算定额单价编制安装工程概算，概算编制程序与安装工程施工图预算程序基本相同。该法的优点是计算比较具体，精确性较高。

（2）扩大单价法。当初步设计深度不够，设备清单不完备，只有主体设备或仅有成套设备重量时，可采用主体设备、成套设备的综合扩大安装单价来编制概算。

上述两种方法的具体编制步骤与建筑工程概算相类似。

（3）设备价值百分比法，又叫安装设备百分比法。当初步设计深度不够，只有设备出厂价而无详细规格、重量时，安装费可按占设备费的百分比计算。其百分比值（即安装费率）由相关管理部门制定或由设计单位根据已完类似工程确定。该法常用于价格波动不大，的定型产品和通用设备产品，其计算公式为：

$$设备安装费 = 设备原价 \times 安装费率（\%）\tag{3.2.8}$$

（4）综合吨位指标法。当初步设计提供的设备清单有规格和设备重量时，可采用综合吨位指标编制概算，其综合吨位指标由相关主管部门或由设计单位根据已完类似工程的资料确定。该法常用于设备价格波动较大的非标准设备和引进设备的安装工程概算，其计算公式为：

$$设备安装费 = 设备吨重 \times 每吨设备安装费指标（元/吨）\tag{3.2.9}$$

单位设备及安装工程概算要按照规定的表格格式进行编制，表格格式参见表 3.2.5。

表 3.2.5　设备及安装工程设计概算表

单位工程概算编码：　　　　　　　　单项工程名称：　　　　　第　页　共　页

序号	项目编码	工程项目费用名称	项目特征	单位	数量	综合单价（元）		合价（元）	
						设备购置费	安装工程费	设备购置费	安装工程费
一		分部分项工程							
（一）		机械设备安装工程							
1	×	×××							
2	×	×××							
（二）		电气工程							
1	×	×××							
（三）		给排水工程							
1	×	×××							
（四）		××工程							
		分部分项工程费用小计							

续表

序号	项目编码	工程项目费用名称	项目特征	单位	数量	综合单价（元）		合价（元）	
						设备购置费	安装工程费	设备购置费	安装工程费
二		可计量措施项目							
（一）		××工程							
1	×	×××							
2	×	×××							
（二）		××工程							
1	×	×××							
		可计量措施项目小计							
三		综合取定的措施项目费							
1		安全文明施工费							
2		夜间施工增加费							
3		二次搬运费							
4		冬雨季施工增加费							
	×	×××							
		综合取定的措施项目费小计							
		合　计							

编制人：　　　　　　　　　　审核人：　　　　　　　　　　审定人：

注：1. 设备及安装工程概算表应以单项工程为对象进行编制，表中综合单价应通过综合单价分析表计算获得。

2. 按《建设工程计价设备材料划分标准》GB/T 50531，应计入设备的装置性主材计入设备费。

（三）单项工程综合概算的编制

单项工程综合概算是确定单项工程建设费用的综合性文件，它是由该单项工程所属的各专业单位工程概算汇总而成的，是建设项目总概算的组成部分。

单项工程综合概算采用综合概算表（含其所附的单位工程概算表和建筑材料表）进行编制。对单一的、具有独立性的单项工程建设项目，按照两级概算编制形式，直接编制总概算。

综合概算表是根据单项工程所辖范围内的各单位工程概算等基础资料，按照国家或部委所规定统一表格进行编制。对工业建筑而言，其概算包括建筑工程和设备及安装工程；对民用建筑而言，其概算包括土建工程、给排水、采暖、通风及电气照明工程等。

综合概算一般应包括建筑工程费用、安装工程费用、设备及工器具购置费。

综合概算表是根据单项工程所辖范围内的各单位工程概算等基础资料，按照国家或部委所规定统一表格进行编制。单项工程综合概算表如表 3.2.6 所示。

表 3.2.6　单项工程综合概算表

综合概算编号：　　　　　　工程名称：　　　　　　　　单位：万元　共　页　第　页

序号	概算编号	工程项目或费用名称	设计规模或主要工程量	建筑工程费	设备购置费	安装工程费	合计	其中：引进部分		主要技术经济指标		
								美元	折合人民币	单位	数量	单位价值
一		主体工程										
1	×	×××										
2	×	×××										
二		辅助工程										
1	×	×××										
2	×	×××										
三		配套工程										
1	×	×××										
2	×	×××										
		单项工程概算费用合计										

编制人：　　　　　　审核人：　　　　　　审定人：

（四）建设项目总概算的编制

建设项目总概算是设计文件的重要组成部分，是预计整个建设项目从筹建到竣工交付使用所花费的全部费用的文件。它是由各单项工程综合概算、工程建设其他费用、建设期利息、预备费和经营性项目的铺底一流动资金概算所组成，按照主管部门规定的统一表格进行编制而成的。

设计总概算文件应包括：编制说明、总概算表、各单项工程综合概算书、工程建设其他费用概算表、主要建筑安装材料汇总表。独立装订成册的总概算文件宜加封面、签署页（扉页）和目录。

（1）封面、签署页及目录。

（2）编制说明。

① 工程概况。简述建设项目性质、特点、生产规模、建设周期、建设地点、主要工程量、工艺设备等情况。引进项目要说明引进内容以及与国内配套工程等主要情况。

② 编制依据。包括国家和有关部门的规定、设计文件、现行概算定额或概算指标、设备材料的预算价格和费用指标等。

③ 编制方法。说明设计概算是采用概算定额法，还是采用概算指标法，或其他方法。

④ 主要设备、材料的数量。

⑤ 主要技术经济指标。主要包括项目概算总投资（有引进地给出所需外汇额度）及主要分项投资、主要技术经济指标（主要单位投资指标）等。

⑥ 工程费用计算表。主要包括建筑工程费用计算表、工艺安装工程费用计算表、配套工

程费用计算表、其他涉及的工程的工程费用计算表。

⑦ 引进设备材料有关费率取定及依据。主要是关于国际运输费、国际运输保险费、关税、增值税、国内运杂费、其他有关税费等。

⑧ 引进设备材料从属费用计算表。

⑨ 其他必要的说明。

（3）总概算表。总概算表格式如表 3.2.7 所示（适用于采用三级编制形式的总概算）。

表 3.2.7　总概算表

总概算编号：　　　　　工程名称：　　　　　单位：万元　共　页　第　页

序号	概算编号	工程项目或费用名称	建筑工程费	设备购置费	安装工程费	其他费用	合计	其中：引进部分		占总投资比例（%）
								美元	折合人民币	
一		工程费用								
1		主体工程								
2		辅助工程								
3		配套工程								
二		工程建设其他费用								
1										
2										
三		预备费								
		基本预备费								
		价差预备费								
四		建设期利息								
五		流动资金								
		建设项目概算总投资								

编制人：　　　　　　　　审核人：　　　　　　　　审定人：

（4）工程建设其他费用概算表。工程建设其他费用概算按国家或地区或部委所规定的项目和标准确定，并按统一格式编制（见表 3.2.8）。应按具体发生的工程建设其他费用项目填写工程建设其他费用概算表，需要说明和具体计算的费用项目依次相应在说明及计算式栏内填写或具体计算。填写时注意以下事项：

① 土地征用及拆迁补偿费应填写土地补偿单价、数量和安置补助费标准、数量等，列式计算所需费用，填入金额栏。

② 建设管理费包括建设单位（业主）管理费、工程监理费等，按"工程费用×费率"或有关定额列式计算。

③ 研究试验费应根据设计需要进行研究试验的项目分别填写项目名称及金额或列式计算或进行说明。

（5）单项工程综合概算表和建筑安装单位工程概算表。

（6）主要建筑安装材料汇总表。针对每一个单项工程列出钢筋、型钢、水泥、木材等主要建筑安装材料的消耗量。

表 3.2.8　工程建设其他费用概算表

工程名称：　　　　　　　　　　　　　　　　单位：万元　　　共 页 第 页

序号	费用项目编号	费用项目名称	费用计算基数	费率	金额	计算公式	备注
1							
2							
合　计							

编制人：　　　　　　　　　审核人：　　　　　　　　　审定人：

第三节　施工图预算的编制

一、施工图预算的概念及其编制内容

（一）施工图预算的含义及作用

1. 施工图预算的含义

施工图预算是以施工图设计文件为依据，按照规定的程序、方法和依据，在工程施工前对工程项目的工程费用进行的预测与计算。施工图预算的成果文件称作施工图预算书，也简称施工图预算。它是在施工图设计阶段对工程建设所浦资金做出较精确计算的设计文件。

施工图预算价格既可以是按照政府统一规定的预算单价、取费标准、计价程序计算而得到的属于计划或预期性质的施工图预算价格。也可以是通过招标投标法定程序后施工企业根据自身的实力即企业定额、资源市场单价以及市场供求及竞争状况计算得到的反映市场性质的施工图预算价格。

2. 施工图预算的作用

施土图预算作为建设工程建设程序中一个重要的技术经济文件，在工程建设实施过程中具有十分重要的作用，可以归纳为以下几个方面：

1）施工图预算对投资方的作用

（1）施工图预算是设计阶段控制工程造价的重要环节，是控制施工图设计不突破设计概算的重要措施。

（2）施工图预算是控制造价及资金合理使用的依据。施工图预算确定的预算造价是工程的计划成本，投资方按施工图预算造价筹集建设资金，合理安排建设资金计划，确保建设资金的有效使用，保证项目建设顺利进行。

（3）施工图预算是确定工程招标控制价的依据。在设置招标控制价的情况下，建筑安装工程的招标控制价可按照施工图预算来确定。招标控制价通常是在施工图预算的基础上考虑工程的特殊施工措施、工程质量要求、目标工期、招标工程范围以及自然条件等因素进行编制的。

（4）施工图预算可以作为确定合同价款、拨付工程进度款及办理工程结算的基础。

2）施工图预算对施工企业的作用

（1）施工图预算是建筑施工企业投标报价的基础。在激烈的建筑市场竞争中，建筑施工企业需要根据施工图预算，结合企业的投标策略，确定投标报价。

（2）施工图预算是建筑工程预算包干的依据和签订施工合同的主要内容。在采用总价合同的情况下，施工单位通过与建设单位协商，可在施工图预算的基础上，考虑设计或施工变更后可能发生的费用与其他风险因素，增加一定系数作为工程造价一次性包干价。同样，施工单位与建设单位签订施工合同时，其中工程价款的相关条款也必须以施工图预算为依据。

（3）施工图预算是施工企业安排调配施工力量、组织材料供应的依据。施工企业在施工前，可以根据施工图预算的工、料、机分析，编制资源计划，组织材料、机具、设备和劳动力供应，并编制进度计划，统计完成的工作量，进行经济核算并考核经营成果。

（4）施工图预算是施工企业控制工程成本的依据。根据施工图预算确定的中标价格是施工企业收取工程款的依据，企业只有合理利用各项资源，采取先进技术和管理方法，将成本控制在施工图预算价格以内，才能获得良好的经济效益。

（5）施工图预算是进行"两算"对比的依据。施工企业可以通过施工图预算和施工预算的对比分析，找出差距，采取必要的措施。

3）施工图预算对其他方面的作用

（1）对于工程咨询单位而言，尽可能客观、准确地为委托方做出施工图预算，不仅体现出其水平、素质和信誉，而且强化了投资方对工程造价的控制，有利于节省投资，提高建设项目的投资效益。

（2）对于工程项目管理、监督等中介服务企业而言，客观准确的施工图预算是为业主方提供投资控制的依据。

（3）对于工程造价管理部门而言，施工图预算是其监督、检查执行定额标准、合理确定工程造价、侧算造价指数以及审定工程招标控制价的重要依据。

（4）如在履行合同的过程中发生经济纠纷，施工图预算还是有关仲裁、管理、司法机关按照法律程序处理、解决问题的依据。

（二）施工图预算的编制内容

1. 施工图预算文件的组成

施工图预算由建设项目总预算、单项工程综合预算和单位工程预算组成。建设项目总预算由单项工程综合预算汇总而成，单项工程综合预算由组成本单项工程的各单位工程预算汇总而成，单位工程预算包括建筑工程预算和设备及安装工程预算。

施工图预算根据建设项目实际情况可采用三级预算编制或二级预算编制形式。当建设项目有多个单项工程时，应采用三级预算编制形式。三级预算编制形式由建设项目总预算、单项工程综合预算、单位工程预算组成，当建设项目只有一个单项工程时，应采用二级预算编制形式，二级预算编制形式由建设项目总预算和单位工程预算组成。

采用三级预算编制形式的工程预算文件包括：封面、签署页及目录、编制说明，总预算表、综合预算表、单位工程预算表、附件等内容。采用二级预算编制形式的工程预算文件包括：封面、签署页及目录、编制说明，总预算表、单位工程预算表、附件等内容。

2. 施工图预算的内容

按照预算文件的不同，施工图预算的内容有所不同。建设项目总预算是反映施工图设计阶段建设项目投资总额的造价文件，是施工图预算文件的主要组成部分，由组成该建设项目的各个单项工程综合预算和相关费用组成。它具体包括：建筑安装工程费、设备及工器其购置费、工程建设其他费用、预备费、建设期利息及铺底流动资金。施工图总预算应控制在已批准的设计总概算投资范围以内。

单项工程综合预算是反映施工图设计阶段一个单项工程（设计单元）造价的文件，是总预算的组成部分，由构成该单项工程的各个单位工程施工图预算组成。其编制的费用项目是各单项工程的建筑安装工程费和设备及工器具购置费总和。

单位工程预算是依据单位工程施工图设计文件、现行预算定额以及人工、材料和施工机具台班价格等，按照规定的计价方法编制的工程造价文件。它包括单位建筑工程预算和单位设备及安装工程预算。单位建筑工程预算是建筑工程各专业单位工程施工图预算的总称，按其工程性质分为一般土建工程预算，给排水工程预算，采暖通风工程预算，煤气工程预算，电气照明工程预算，弱电工程预算，特殊构筑物如烟窗、水塔等工程预算以及工业管道工程预算等。安装工程预算是安装工程各专业单位工程预算的总称。安装工程预算按其工程性质分为机械设备安装工程预算、电气设备安装工程预算、工业管道工程预算和热力设备安装工程预算等。

二、施工图预算的编制

（一）施工图预算的编制依据、要求及步骤

1. 施工图预算的编制依据

施工图预算的编制必须遵循以下依据：

（1）国家、行业和地方有关规定。

（2）相应工程造价管理机构发布的预算定额。

（3）施工图设计文件及相关标准图集和规范。

（4）项目相关文件、合同、协议等。

（5）工程所在地的人工、材料、设备、施工机具预算价格。

（6）施工组织设计和施工方案。

（7）项目的管理模式、发包模式及施工条件。

（8）其他应提供的资料。

2. 施工图预算的编制原则

（1）严格执行国家的建设方针和经济政策的原则。施工图预算要严格按照党和国家的方针、政策办事，坚决执行勤俭节约的方针，严格执行规定的设计和建设标准。

（2）完整、准确地反映设计内容的原则。编制施工图预算时，要认真了解设计意图，根据设计文件、图纸准确计算工程量，避免重复和漏算。

（3）坚持结合拟建工程的实际，反映工程所在地当时价格水平的原则。编制施工图预算时，要求实事求是地对工程所在地的建设条件、可能影响造价的各种因素进行认真的调查研究。在此基础上，正确使用定额、费率和价格等各项编制依据，按照现行工程造价的构成，根据有关部门发布的价格信息及价格调整指数，考虑建设期的价格变化因素，使施工图预算尽可能地反映设计内容、施工条件和实际价格。

（二）单位工程施工图预算的编制

1. 建筑安装工程费计算

单位工程施工图预算包括建筑工程费、安装工程费和设备及工器具购置费。单位工程施工图预算中的建筑安装工程费应根据施工图设计文件、预算定额（或综合单价）以及人工、材料及施工机具台班等价格资料进行计算。施工图预算既可以是设计阶段的施工图预算书，也可是招标或投标，甚至是施工阶段依据施工图纸形成的计价文件，因而，它的编制方法较为多样。在设计阶段，主要采用的编制方法是单价法，招标及施工阶段主要的编制方法是基于工程量清单的综合单价法。在此主要介绍设计阶段的单价法，单价法又可分为工料单价法和全费用综合单价法。两者的区别如图 3.3.1 所示。

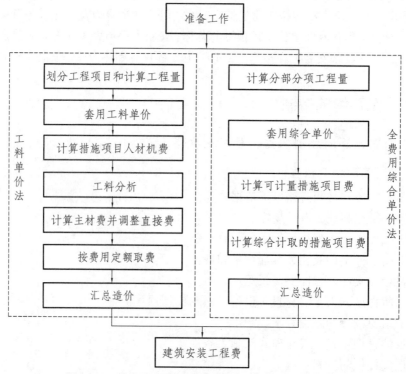

图 3.3.1 施工图预算中建筑安装工程费的计算程序

1）工料单价法

工料单价法是指分部分项工程及措施项目的单价为工料单价，将子项工程量乘以对应工料单价后的合计作为直接费，直接费汇总后，再根据规定的计算方法计取企业管理费、利润、规费和税金，将上述费用汇总后得到该单位工程的施工图预算造价。工料单价法中的单价一般采用地区统一单位估价表中的各子目工料单价（定额基价）。工料单价法计算公式如下：

$$建筑安装工程 = （子目工程量 \times 子目工料单价）+$$
$$预算造价\quad 企业管理费 + 利润 + 规费 + 税金 \quad （3.3.1）$$

（1）准备工作。准备工作阶段应主要完成以下工作内容。

① 收集编制施工图预算的编制依据。其中主要包括现行建筑安装定额、取费标准、工程量计算规则、地区材料预算价格以及市场材料价格等各种资料。资料收集清单如表 3.3.1 所示。

表 3.3.1　工料单价法收集资料一览表

序号	资料分类	资料内容
1	国家规范	国家或省级、行业建设主管部门颁发的计价依据和办法
2		预算定额
3	地方规范	××地区建筑工程消耗量标准
4		××地区建筑装饰工程消耗最标准
5		××地区安装工程消耗量标准
6	建设项目有关资料	建设工程设计文件及相关资料，包括施工图纸等
7		施工现场情况、工程特点及常规施工方案
8		经批准的初步设计概算或修正概算
9		工程所在地的劳资、材料、税务、交通等方面资料
10	其他有关资料	

② 熟悉施工图等基础资料。熟悉施工图纸、有关的通用标准图、图纸会审记录、设计变更通知等资料，并检查施工图纸是否齐全、尺寸是否清楚，了解设计意图，掌握工程全貌。

③ 了解施工组织设计和施工现场情况。全面分析各分部分项工程，充分了解施工组织设计和施工方案，如工程进度、施工方法、人员使用、材料消耗、施工机械、技术措施等内容，注意影响费用的关键因素；核实施工现场情况，包括工程所在地地质、地形、地貌等情况，工程实地情况，当地气象资料，当地材料供应地点及运距等情况；了解工程布置、地形条件、施工条件、料场开采条件、场内外交通运输条件等。

（2）列项并计算工程量。工程量计算一般按下列步骤进行：首先将单位工程划分为若干分项工程，划分的项目必须和定额规定的项目一致，这样才能正确地套用定额。不能重复列项计算，也不能漏项少算。工程量应严格按照图纸尺寸和现行定额规定的工程量计算规则进行计算，分项子目的工程量应遵循一定的顺序逐项计算，避免漏算和重算。

① 根据工程内容和定额项目，列出需计算工程量的分部分项工程。

② 根据一定的计算顺序和计算规则，列出分部分项工程量的计算式。

③ 根据施工图纸上的设计尺寸及有关数据，代入计算式进行数值计算。

④ 对计算结果的计量单位进行调整，使之与定额中相应的分部分项工程的计量单位保持一致。

（3）套用定额预算单价。核对工程量计算结果后，将定额子项中的基价填于预算表单价栏内，并将单价乘以工程量得出合价，将结果填入合价栏，汇总求出分部分项工程人材机费合计。计算分部分项工程人材机费时需要注意以下几个问题：

① 分项工程的名称、规格、计量单位与预算单价或单位估价表中所列内容完全一致时，可以直接套用预算单价。

② 分项工程的主要材料品种与预算单价或单位估价表中规定材料不一致时，不可以直接套用预算单价，需要按实际使用材料价格换算预算单价。

③ 分项工程施工工艺条件与预算单价或单位估价表不一致而造成人工、机具的数量增减时，一般调量不调价。

（4）计算直接费。直接费为分部分项工程人材机费与措施项目人材机费之和。措施项目人材机费应按下列规定计算。

① 可以计量的措施项目人材机费，与分部分项工程人材机费的计算方法相同。

② 综合计取的措施项目人材机费，应以该单位工程的分部分项工程人材机费和可以计量的措施项目人材机费之和为基数乘以相应费率计算。

（5）编制工料分析表。工料分析是按照各分项工程或措施项目，依据定额或单位估价表，首先从定额项目表中分别将各子目消耗的每项材料和人工的定额消耗量查出，再分别乘以该工程项目的工程量，得到各分项工程或措施项目工料消耗量，最后将各类工料消耗量加以汇总，得出单位工程人工、材料的消耗数量，即：

$$人工消耗量 = 某工种定额用工量 \times 某分项工程或措施项目工程量 \qquad (3.3.2)$$
$$材料消耗量 = 某种材料定额用量 \times 某分项工程或措施项目工程量 \qquad (3.3.3)$$

分部分项工程（含措施项目）工料分析表如下表 3.3.2 所示。

表 3.3.2　分部分项工程工料分析表

项目名称：　　　　　　　　　　　　　　　　　　　　　　　　　　　　　编号：

序号	定额编号	分部分项工程名称	单位	工程量	人工（工日）	主要材料			其他材料费（元）
						材料1	材料2	…	

编制人：　　　　　　　　　　　　　　　　　　　　　　　　　　　　　审核人：

（6）计算主材费并调整直接费。许多定额项目基价为不完全价格，即未包括主材费用在内。因此还应单独计算出主材费，计算完成后将主材费的价差加入直接费。主材费计算的依据是当时当地的市场价格。

（7）按计价程序计取其他费用，并汇总造价。根据规定的税率、费率和相应的计取基础，分别计算企业管理费、利润、规费和税金。将上述费用累计后与直接费进行汇总，求出建筑安装工程预算造价。与此同时，计算工程的技术经济指标，如单方造价等。

（8）复核。对项目填列、工程量计算公式、计算结果、套用单价、取费费率、数字计算结果、数据精确度等进行全面复核，及时发现差错并修改，以保证预算的准确性。

（9）填写封面、编制说明。封面应写明工程编号、工程名称、预算总造价和单方造价等，编制说明，将封面、编制说明、预算费用汇总表、材料汇总表、工程预算分析表，按顺序编排并装订成册，便完成了单位施工图预算的编制工作。

2）全费用综合单价法

采用全费用综合单价法编制建筑安装工程预算的程序与工料单价法大体相同，只是直接采用包含全部费用和税金等项在内的综合单价进行计算，过程更加简单，其目的是适应目前推行的全过程全费用单价计价的需要。

（1）分部分项工程费的计算。建筑安装工程预算的分部分项工程费应由各子目的工程乘以各子目的综合单价汇总而成。各子目的工程量应按预算定额的项目划分及其工程量计算规则计算。各子目的综合单价应包括人工费、材料费、施工机具使用费、管理费、利润、规费和税金。

（2）综合单价的计算。各子目综合单价的计算可通过预算定额及其配套的费用定额确定。其中人工费、材料费、机具费应根据相应的预算定额子目的人材机要素消耗量，以及报告编制期人材机的市场价格（不含增值税进项税额）等因素确定；管理费、利润、规费、税金等应依据预算定额配套的费用定额或取费标准，并依据报告编制期拟建项目的实际情况、市场水平等因素确定，同时编制建筑安装工程预算时应同时编制综合单价分析表（见表3.3.3）。

表3.3.3　建筑工程施工图预算综合单价分析表

施工图预算编号：　　　　　　　　单项工程名称：　　　　　　第　页　共　页

项目编码			项目名称		计量单位		工程数量	
综合单价组成分析								
定额编号	定额名称	定额单位	定额直接费单价（元）			直接费合价（元）		
			人工费	材料费	机具费	人工费	材料费	机具费
间接费及利润税金计算	类别	取费基数描述		取费基数	费率（%）	金额（元）		备注
	管理费							
	利润							
	规费							
	税金							
	综合单价							
预算定额人材机消耗量和单价分析	人材机项目名称、规格、型号			单位	消耗量	单价（元）	合价（元）	备注

编制人：　　　　　　　　　　审核人：　　　　　　　　　　审定人：

注：1. 本表适用于分部分项工程项目以及可以计量的措施项目的综合单价分析。

　　2. 在进行预算定额消耗量和单价分析时，消耗量应采用预算定额消耗量，单价应为报告编制期的市场价。

（3）措施项目费的计算。建筑安装工程预算的措施项目费应按下列规定计算。

① 可以计量的措施项目费与分部分项工程费的计算方法相同。

② 综合计取的措施项目费,应以该单位工程的分部分项工程费和可以计量的措施项目费之和为基数乘以相应费率计算。

（4）分部分项工程费与措施项目费之和即为建筑安装工程施工图预算费用。

2. 设备及工器具购置费计算

设备购置费由设备原价和设备运杂费构成；未到达固定资产标准的工器具购置费一般以设备购置费为计算基数,按照规定的费率计算。设备及工器具购置费编制方法及内容可参照设计概算相关内容。

3. 单位工程施工图预算书编制

单位工程施工图预算由建筑安装工程费和设备及工器具购置费组成,将计算好的建筑安装工程费和设备及工器具购置费相加,即得到单位工程施工图预算,即：

$$单位工程施工图预算 = 建筑安装工程预算 + 设备及工器具购置费 \quad （3.3.4）$$

单位工程施工图预算文件由单位建筑工程施工图预算表（见表 3.3.4）和单位设备及安装工程预算表（见表 3.3.5）组成。

表 3.3.4　建筑工程施工图预算表

施工图预算编号：　　　　　　　　单项工程项目名称：　　　　　　　第 页 共 页

序号	项目编码	工程项目费用名称	项目特征	单位	数量	综合单价（元）	合价（元）
一		分部分项工程					
（一）		土石方工程					
1	×	×××					
2	×	×××					
（二）		砌筑工程					
1	×	×××					
（三）		楼地面工程					
1	×	×××					
（四）		××工程					
		分部分项工程费用小计					

续表

施工图预算编号：　　　　　　　单项工程项目名称：　　　　　　　第　页　共　页

序号	项目编码	工程项目费用名称	项目特征	单位	数量	综合单价（元）	合价（元）
二		可计量措施项目					
（一）		××工程					
1	×	×××					
2	×	×××					
（二）		××工程					
1	×	×××					
		可计量措施项目小计					
三		综合取定的措施项目费					
1		安全文明施工费					
2		夜间施工增加费					
3		二次搬运费					
4		冬雨季施工增加费					
	×	×××					
		综合取定的措施项目费小计					
		合计					

编制人：　　　　　　　　　　审核人：　　　　　　　　　　审定人：

注：建筑工程施工图预算表应以单项工程为对象进行编制，表中综合单价应通过综合单价分析表计算获得。

表 3.3.5　设备及安装工程设计概算表

施工图预算编号：　　　　　　　单项工程名称：　　　　　　　第　页　共　页

序号	项目编码	工程项目费用名称	项目特征	单位	数量	综合单价（元）		合价（元）	
						设备购置费	安装工程费	设备购置费	安装工程费
一		分部分项工程							
（一）		机械设备安装工程							
1	×	×××							
2	×	×××							

续表

序号	项目编码	工程项目费用名称	项目特征	单位	数量	综合单价（元）		合价（元）	
						设备购置费	安装工程费	设备购置费	安装工程费
（二）		电气工程							
1	×	×××							
（三）		给排水工程							
1	×	×××							
（四）		××工程							
		分部分项工程费用小计							
二		可计量措施项目							
（一）		××工程							
1	×	×××							
2	×	×××							
（二）		××工程							
1	×	×××							
		可计量措施项目小计							
三		综合取定的措施项目费							
1		安全文明施工费							
2		夜间施工增加费							
3		二次搬运费							
4		冬雨季施工增加费							
	×	×××							
		综合取定的措施项目费小计							
		合　计							

编制人：　　　　　　　　　审核人：　　　　　　　　　审定人：

注：设备及安装工程预算表应以单项工程为对象进行编制，表中综合单价应通过综合单价分析表计算获得。

（三）单项工程综合预算的编制

单项工程综合预算造价由组成该单项工程的各个单位工程预算造价汇总而成。计算公式如下：

单项工程施工图预算＝∑单位建筑工程费用＋∑单位设备及安装工程费用

$$（3.3.5）$$

单项工程综合预算书主要由综合预算表构成，综合预算表格式如表 3.3.6 所示。

表 3.3.6 综合预算表

综合预算编号： 工程名称（单项工程）： 单位：万元 共 页第 页

序号	概算编号	工程项目或费用名称	设计规模或主要工程量	建筑工程费	设备购置费	安装工程费	合计	其中：引进部分	
								美元	折合人民币
一		主体工程							
1	×	×××							
2	×	×××							
二		辅助工程							
1	×	×××							
2	×	×××							
三		配套工程							
1	×	×××							
2	×	×××							
		单项工程预算费用合计							

编制人： 审核人： 审定人：

（四）建设项目总预算的编制

建设项目总预算由组成该建设项目的各个单项工程综合预算，以及经计算的工程建设其他费、预备费和建设期利息和铺底流动资金汇总而成。三级预算编制中总预算由综合预算和工程建设其他费、预备费、建设期利息及铺底流动资金汇总而成，计算公式如下：

总预算＝∑单项工程施工图预算＋工程建设其他费＋

预备费＋建设期利息＋铺底流动资金

$$（3.3.6）$$

二级预算编制中总预算由单位工程施工图预算和工程建设其他费、预备费、建设期利息及铺底流动资金汇总而成，计算公式如下：

总预算＝∑单位建筑工程费用＋∑单位设备及安装工程费用＋

工程建设其他费＋预备费＋建设期利息＋铺底流动资金 （3.3.7）

工程建设其他费、预备费、建设期利息及铺底流动资金具体编制方法可参照第一章相关内容。以建设项目施工图预算编制时为界线，若上述费用已经发生，按合理发生金额列计，如果还未发生，按照原概算内容和本阶段的计费原则计算列入。

采用三级预算编制形式的工程预算文件，包括封面、签署页及目录、编制说明、总预算表、综合预算表、单位工程预算表、附件等内容。其中，总预算表的格式如表 3.3.7。

表 3.3.7 总预算表

总预算编号： 　　　　工程名称： 　　　　单位：万元 共 页 第 页

序号	预算编号	工程项目或费用名称	建筑工程费	设备及工器具购置费	安装工程费	其他费用	合计	其中：引进部分		占总投资比例（％）
								美元	折合人民币	
一		工程费用								
1		主体工程								
		×××								
		×××								
2		辅助工程								
		×××								
3		配套工程								
		×××								
二		其他费用								
1		×××								
2		×××								
三		预备费								
四		专项费用								
1		×××								
2		×××								
		建设项目预算总投资								

编制人： 　　　　审核人： 　　　　审定人：

本章小结

本章介绍了建设项目决策阶段和设计阶段影响工程造价的因素及工程造价的预测方法。

在工程项目的决策阶段，为了使决策更加科学，必须进行项目可行性研究，它包括机会研究、初步可行性研究、详细可行性研究三个阶段，应明确可行性研究报告的内容与编制方法、步骤。建设工程投资估算包括固定资产投资估算和流动资产投资估算两部分，重点介绍了生产能力指数法、系数估算法、比例估算法、指标估算法及流动资金分项详细估算法，注意这些方法的适用范围。

设计概算可分为单位工程概算、单项工程综合概算和建设项目总概算三级。单位建筑工程概算的编制方法有概算定额法、概算指标法和类似工程预算法三种。单位设备安装工程概算的编制方法有预算单价法、扩大单价法、设备价值百分比法、综合吨位指标法四种。施工图预算的编制方法有工料单价法和全费用综合单价法。

习　题

一、单项选择题

1. 关于项目建设地区选择原则的说法，正确的是（　　）。

　A. 应将项目安排在距原料、燃料提供地和产品消费地等距离范围内

　B. 各类企业应集中布置，以便形成综合生产能力

　C. 工业布局的集聚程度越高越好

　D. 相应的生产性和社会性基础设施相配合，以充分发挥其能力和效率

2. 关于生产技术方案选择的基本原则，下列说法中错误的是（　　）。

　A. 先进适用　　　　　　　　　　　B. 节约土地

　C. 安全可靠　　　　　　　　　　　D. 经济合理

3. 下列工作内容中，在选择工艺流程方案时需要研究的是（　　）。

　A. 主要设备之间的匹配性　　　　　B. 生产方法是否符合节能要求

　C. 工艺流程设备的安装方式　　　　D. 各工序间是否合理衔接

4. 2006 年已建成年产 20 万吨的某化工厂，2010 年拟建年产 100 万吨相同产品的新项目，并采用增加相同规格设备数量的技术方案。若应用生产能力指数法估算拟建项目投资额，则生产能力指数取值的适宜范围是（　　）。

　A. 0.4 ~ 0.5　　　　　　　　　　　B. 0.6 ~ 0.7

　C. 0.8 ~ 0.9　　　　　　　　　　　D. 0.9 ~ 1

5. 采用设备原价乘以安装费率估算安装工程费的方法属于（　　）。

　A. 比例估算法　　　　　　　　　　B. 系数估算法

　C. 设备系数法　　　　　　　　　　D. 指标估算法

6. 采用分项详细估算法估算项目流动资金时，流动资产的正确构成是（　　）。

　A. 应付账款 + 预付账款 + 存货 + 年其他费用

　B. 应付账款 + 应收账款 + 存货 + 现金

　C. 应收账款 + 存货 + 预收账款 + 现金

D. 预付账款 + 现金 + 应收账款 + 存货

7. 工业建筑设计评价中，下列不同平面形状的建筑物，其建筑物周长与建筑面积比 K 周按从小到大顺序排列正确的是（　　　）。

A. 正方形→矩形→T 形→L 形　　　　B. 矩形→正方形→T 形→L 形

C. T 形→L 形→正方形→矩形　　　　D. L 形→T 形→矩形→正方形

8. 关于多层民用住宅工程造价与其影响因素的关系，下列说法中正确的是（　　　）。

A. 层数增加，单位造价降低　　　　B. 层高增加，单位造价降低

C. 建筑物周长系数越低，造价越低　　　　D. 宽度增加，单位造价上升

9. 某拟建工程初步设计已达到必要的深度，能够据此计算出扩大分项工程的工程量，则能较为准确地编制拟建工程概算的方法是（　　　）。

A. 概算指标法　　　　　　　　　　B. 类似工程预算法

C. 概算定额法　　　　　　　　　　D. 综合吨位指标法

10. 下列概算编制方法中，用于设备及安装工程概算编制的方法为（　　　）。

A. 概算定额法　　　　　　　　　　B. 类似工程预算法

C. 扩大单价法　　　　　　　　　　D. 概算指标法

11. 当初步设计深度不够，只有设备出厂价而无详细规格、重量时，可采用（　　　）编制单位设备安装工程概算。

A. 预算单价法　　　　　　　　　　B. 扩大单价法

C. 设备价值百分比法　　　　　　　　D. 综合吨位指标法

12. 关于施工图预算的作用，下列说法中正确的是（　　　）。

A. 施工图预算可以作为业主拨付工程进度款的基础

B. 施工图预算是工程造价管理部门制定招标控制价的依据

C. 施工图预算是业主方进行施工图预算与施工预算"两算"对比的依据

D. 施工图预算是施工单位安排建设资金计划的依据

13. 关于施工图预算文件的组成，下列说法中错误的是（　　　）。

A. 当建设项目有多个单项工程时，应采用三级预算编制形式

B. 三级预算编制形式的施工图预算文件包括综合预算表、单位工程预算表和附件等

C. 当建设项目仅有一个单项工程时，应采用二级预算编制形式

D. 二级预算编制形式的施工图预算文件包括综合预算表和单位工程预算表两个主要报表

二、多项选择题

1. 制约工业项目建设规模合理化的环境因素有（　　　）。

A. 国家经济社会发展规划　　　　　　B. 原材料市场价格

C. 项目产品市场份额　　　　　　　　D. 燃料动力供应条件

E. 产业政策

2. 建筑工程费用的估算可采用单位建筑工程投资估算法，此法可进一步细分为（　　　）。

A. 单位实物工程量估算法　　　　　　B. 概算指标估算法

C. 单位容积价格法　　　　　　　　　D. 单位面积价格法

E. 单位功能价格法

3. 下列科目中，属于资产负债表中的流动资产的有（　　　）。

  A. 货币资金   B. 应收账款

  C. 预付账款   D. 存货

  E. 预收账款

4. 在编制建设投资估算表时，按形成资产法分类，下列费用属于建设投资组成部分的有（　　　）。

  A. 固定资产费用   B. 无形资产费用

  C. 其他资产费用   D. 工程费用

  E. 预备费

5. 下列表格中，属于单位设备及安装工程预算书构成内容的有（　　　）。

  A. 工器具及生产家具购置费计算表   B. 设备及安装工程预算表

  C. 设备及安装工程取费表   D. 综合预算表

  E. 总预算表

三、计算题

1. 某地 2010 年拟建污水处理能力为 15 万立方米每日的污水处理厂一座。根据调查，该地区 2006 年建设污水处理能力 10 万立方米每日的污水处理厂的投资为 16 000 万元。拟建污水处理厂的工程条件与 2006 年已建项目类似。调整系数为 1.5。估算该项目的建设投资。

2. 某地 2010 年拟建一年产 20 万吨化工产品的项目。根据调查，该地区 2008 年建设的年产 10 万吨相同产品的已建项目的投资额为 5 000 万元。生产能力指数 0.6，2008 年至 2010 年工程造价平均每年递增 10%。估算该项目的建设投资。

3. 拟建办公楼建筑面积为 3 000 平方米，类似工程的建筑面积为 2 800 平方米，预算造价 3 200 000 元。各种费用占预算造价的比重为：人工费 6%；材料费 55%；机械使用费 6%；措施费 3%；其他费用 30%。试用类似工程预算法编制概算。

第四章 建设项目发承包阶段合同价款的约定

　　建设工程发承包既是完善市场经济体制的重要举措，也是维护工程建设市场竞争秩序的有效途径。建设工程分为直接发包与招标发包，但不论采用哪种方式，一旦确定了发承包关系，则发包人与承包人均应本着公平、公正、诚实、信用的原则通过签订合同来明确双方的权利和义务，而实现项目预期建设目标的核心内容是合同价款的约定。

　　对于招标发包的项目，即以招标投标方式签订的合同中，应以中标时确定的金额为准；对于直接发包的项目，如按初步设计总概算投资包干时，应以经审批的概算投资中与承包内容相应部分的投资（包括相应的不可预见费）为签约合同价；如按施工图预算包干，则应以审查后的施工图总预算或综合预算为准。

　　在市场经济条件下，招标投标是一种优化资源配置、实现有序竞争的交易行为，也是工程发承包的主要方式。在工程项目招投标中，招标人首先提供招标文件，是一个要约邀请的活动，在招标文件中招标人要对投标人的投标报价进行约束，这一约束就是招标控制价。招标人在招标时，把合同条款的主要内容纳入招标文件中，对投标报价的编制办法和要求及合同价款的约定、调整和支付方式已做了详细说明，如采用"单价计价"方式、"总价计价"方式或"成本加酬金计价"的方式发包，在招标文件内均已明确。投标人递交投标文件是一个要约的活动，投标文件要包括投标报价这一实质内容，投标人在获得招标文件后按其中的规定和要求、根据自己的实力和市场因素等确定投标报价，报价应满足业主的要求并且不高于招标控制价。招标人组织评标委员会对合格的投标文件进行评标，确定中标人，经过评标修正后的中标人的投标报价即为中标价，发出中标通知书的行为是一个承诺的活动。招标人和中标人签订合同，依据中标价确定合同价，并在合同中载明，完成合同价款的约定过程。

第一节 招标工程量清单与招标控制价的编制

一、招标文件的组成内容及其编制要求

　　招标文件是指导整个招标投标工作全过程的纲领性文件。按照《招标投标法》的规定，招标文件应当包括招标项目的技术要求，对投标人资格审查的标准、投标报价要求和评标标准等所有实质性要求和条件以及拟签合同的主要条款。建设项目施工招标文件是由招标人（或其委托的咨询机构）编制，由招标人发布的，它既是投标单位编制投标文件的依据，也是招标人与将来中标人签订工程承包合同的基础。招标文件中提出的各项要求，对整个招标工作

乃至发承包双方都具有约束力,因此招标文件的编制及其内容必须符合有关法律法规的规定。

(一)施工招标文件的编制内容

根据《标准施工招标文件》的规定,施工招标文件包括以下内容。

(1)招标公告(或投标邀请书)。当未进行资格预审时,招标文件中应包括招标公告。当进行资格预审时,招标文件中应包括投标邀请书,该邀请书可代替资格预审通过通知书,以明确投标人已具备了在某具体项目某具体标段的投标资格,其他内容包括招标文件的获取、投标文件的递交等。

(2)投标人须知。主要包括对于项目概况的介绍和招标过程的各种具体要求,在正文中的未尽事宜可以通过"投标人须知前附表"进行进一步明确,由招标人根据招标项目具体特点和实际需要编制和填写,但务必与招标文件的其他章节相衔接,并不得与投标人须知正文的内容相抵触,否则抵触内容无效。投标人须知包括如下 10 个方面的内容:

① 总则。主要包括项目概况、资金来源和落实情况、招标范围、计划工期和质量要求的描述,对投标人资格要求的规定,对费用承担、保密、语言文字、计量单位等内容的约定,对踏勘现场、投标预备会的要求,以及对分包和偏离问题的处理。项目概况中主要包括项目名称、建设地点以及招标人和招标代理机构的情况等。

② 招标文件。主要包括招标文件的构成以及澄清和修改的规定。

③ 投标文件。主要包括投标文件的组成,投标报价编制的要求,投标有效期和投标保证金的规定,需要提交的资格审查资料,是否允许提交备选投标方案,以及投标文件编制所应遵循的标准格式要求。

④ 投标。主要规定投标文件的密封和标识、递交、修改及撤回的各项要求。在此部分中应当确定投标人编制投标文件所需要的合理时间,即投标准备时间,是指自招标文件开始发出之日起至投标人提交投标文件截止之日止的期限,最短不得少于 20 天。

⑤ 开标。规定开标的时间、地点和程序。

⑥ 评标。说明评标委员会的组建方法,评标原则和采取的评标办法。

⑦ 合同授予。说明拟采用的定标方式,中标通知书的发出时间,要求承包人提交的履约担保和合同的签订时限。

⑧ 重新招标和不再招标。规定重新招标和不再招标的条件。

⑨ 纪律和监督。主要包括对招标过程各参与方的纪律要求。

⑩ 需要补充的其他内容。

(3)评标办法。评标办法可选择经评审的最低投标价法和综合评估法。

(4)合同条款及格式。包括本工程拟采用的通用合同条款、专用合同条款以及各种合同附件的格式。

(5)工程量清单。工程量清单是表现拟建工程分部分项工程、措施项目和其他项目名称和相应数量的明细清单,以满足工程项目具体量化和计呈支付的需要;是招标人编制招标控制价和投标人编制投标报价的重要依据。

如按照规定应编制招标控制价的项目,其招标控制价也应在招标时一并公布。

(6)图纸。图纸是指应由招标人提供的用于计算招标控制价和投标人计算投标报价所必需的各种详细程度的图纸。

（7）技术标准和要求。招标文件规定的各项技术标准应符合国家强制性规定。招标文件中规定的各项技术标准均不得要求或标明某一特定的专利、商标、名称、设计、原产地或生产供应者，不得含有倾向或者排斥潜在投标人的其他内容。如果必须引用某一生产供应商的技术标准才能准确或清楚地说明拟招标项目的技术标准时，则应当在参照后面加上"或相当于"的字样。

（8）投标文件格式。提供各种投标文件编制所应依据的参考格式。

（9）规定的其他材料。如需要其他材料，应在"投标人须知前附表"中予以规定。

（二）招标文件的澄清和修改

1. 招标文件的澄清

投标人应仔细阅读和检查招标文件的全部内容。如发现缺页或附件不全，应及时向招标人提出，以便补齐。如有疑问，应在规定的时间前以书面形式（包括信函、电报、传真等可以有形地表现所载内容的形式），要求招标人对招标文件予以澄清。

招标文件的澄清将在规定的投标截止时间 15 天前以书面形式发给所有购买招标文件的投标人，但不指明澄清问题的来源。如果澄清发出的时间距投标截止时间不足 15 天，相应推迟投标截止时间。

投标人在收到澄清后，应在规定的时间内以书面形式通知招标人，确认已收到该澄清。投标人收到澄清后的确认时间，可以采用一个相对的时间，如招标文件澄清发出后 12 小时以内；也可以采用一个绝对的时间，如 2016 年 1 月 19 日中午 12:00 以前。

2. 招标文件的修改

招标人对已发出的招标文件进行必要的修改，应当在投标截止时间 15 天前，招标人可以书面形式修改招标文件，并通知所有已购买招标文件的投标人。如果修改招标文件的时间距投标截止时间不足 15 天，相应推后投标截止时间。投标人收到修改内容后，应在规定的时间内以书面形式通知招标人，确认已收到该修改文件。

二、招标工程量清单的编制

招标工程量清单是招标人依据国家标准、招标文性、设计文件以及施工现场实际情况编制的，随招标文件发布供投标报价的工程量清单，包括对其的说明和表格。编制招标工程量清单，应充分体现"量价分离"的"风险分担"原则。招标阶段，由招标人或其委托的工程造价咨询人根据工程项目设计文件，编制出招标工程项目的工程量清单，并将其作为招标文件的组成部分。招标人对工程量清单中各分部分项工程或适合以分部分项工程项目清单设置的措施项目的工程量的准确性和完整性负责；投标人应结合企业自身实际、参考市场有关价格信息完成清单项目工程的组合报价，并对其承担风险。

（一）招标工程量清单编制依据及准备工作

1. 招标工程最清单编制的编制依据

（1）《建设工程工程量清单计价规范》GB 50500—2013 以及各专业工程量计算规范等。

（2）国家或省级、行业建设主管部门颁发的计价定额和办法。

（3）建设工程设计文件及相关资料。

（4）与建设工程有关的标准、规范、技术资料。

（5）拟定的招标文件。

（6）施工现场情况、地勘水文资料、工程特点及常规施工方案。

（7）其他相关资料。

2. 招标工程量清单编制的准备工作

招标工程量清单编制的相关工作在收集资料包括编制依据的基础上，需进行如下工作：

（1）初步研究。对各种资料进行认真研究，为工程量清单的编制做准备。主要包括：

① 熟悉《建设工程工程量清单计价规范》GB 50500—2013、专业工程量计算规范、当地计价规定及相关文件；熟悉设计文件，掌握工程全貌，便于清单项目列项的完整、工程量的准确计算及清单项目的准确描述，对设计文件中出现的问题应及时提出。

② 熟悉招标文件、招标图纸，确定工程量清单编审的范围及需要设定的暂估价；收集相关市场价格信息，为暂估价的确定提供依据。

③ 对《建设工程工程量清单计价规范》GB 50500—2013 缺项的新材料、新技术、新工艺，收集足够的基础资料，为补充项目的制定提供依据。

（2）现场踏勘。为了选用合理的施工组织设计和施工技术方案，需进行现场踏勘，以充分了解施工现场情况及工程特点，主要对以下两方面进行调查：

① 自然地理条件：工程所在地的地理位置、地形、地貌、用地范围等；气象、水文情况，包括气温、湿度、降雨量等；地质情况，包括地质构造及特征、承载能力等，地震、洪水及其他自然灾害情况。

② 施工条件：工程现场周围的道路、进出场条件、交通限制情况；工程现场施工临时设施、大型施工机具、材料堆放场地安排情况，工程现场邻近建筑物与招标工程的间距、结构形式、基础埋深、新旧程度、高度；市政给排水管线位置、管径、压力，废水、污水处理方式。市政、消防供水管道管径、压力、位置等；现场供电方式、方位、距离、电压等；工程现场通信线路的连接和铺设；当地政府有关部门对施工现场管理的一般要求、特殊要求及规定等。

（3）拟订常规施工组织设计。施工组织设计是指导拟建工程项目的施工准备和施工的技术经济文件。根据项目的具体情况编制施工组织设计，拟定工程的施工方案、施工顺序、施工方法等，便于工程量清单的编制及准确计算，特别是工程量清单中的措施项目。

施工组织设计编制的主要依据：招标文件中的相关要求，设计文件中的图纸及相关说明，现场踏勘资料，有关定额，现行有关技术标准、施工规范或规则等。作为招标人，仅需拟订常规的施工组织设计即可。

在拟定常规的施工组织设计时需注意以下问题：

① 估算整体工程量。根据概算指标或类似工程进行估算，且仅对主要项目加以估算即可，如土石方、混凝土等。

② 拟定施工总方案。施工总方案只需对重大问题和关键工艺作原则性的规定，不需考虑施工步骤，主要包括：施工方法，施工机械设备的选择，科学的施工组织，合理的施工进度，

现场的平面布置及各种技术措施。制订总方案要满足以下原则：从实际出发，符合现场的实际情况，在切实可行的范围内尽量求其先进和快速；满足工期的要求；确保工程质量和施工安全；尽量降低施工成本，使方案更加经济合理。

③ 确定施工顺序。合理确定施工顺序需要考虑以下几点：各分部分项工程之间的关系。施工方法和施工机械的要求；当地的气候条件和水文要求；施工顺序对工期的影响。

④ 编制施工进度计划。施工进度计划要满足合同对工期的要求，在不增加资源的前提下尽量提前。编制施工进度计划时要处理好工程中各分部、分项、单位工程之间的关系。避免出现施工顺序的颠倒或工种相互冲突。

⑤ 计算人、材、机资源需要量。人工工日数量根据估算的工程量、选用的定额、拟定的施工总方案、施工方法及要求的工期来确定，并考虑节假日、气候等的影响。材料需要量主要根据估算的工程量和选用的材料消耗定额进行计算。机具台班数量则根据施工方案确定选择机械设备方案及仪器仪表和种类的匹配要求，再根据估算的工程量和机具消耗定额进行计算。

⑥ 施工平面的布置。施工平面布置是根据施工方案、施工进度要求，对施工现场的道路交通、材料仓库、临时设施等做出合理的规划布置，主要包括：建设项目施工总平面图上的一切地上、地下已有和拟建的建筑物、构筑物以及其他设施的位置和尺寸；所有为施工服务的临时设施的布置位置，如施工用地范围，施工用道路，材料仓库，取土与弃土位置，水源、电源位置，安全、消防设施位置，永久性测量放线标桩位置等。

（二）招标工程里清单的编制内容

1. 分部分项工程项目清单编制

分部分项工程项目清单所反映的是拟建工程分部分项工程项目名称和相应数量的明细清单，招标人负责包括项目编码、项目名称、项目特征、计最单位和工程量在内的 5 项内容。

（1）项目编码。分部分项工程项目清单的项目编码，应根据拟建工程的工程量清单项目名称设置，同一招标工程的项目编码不得有重码。

（2）项目名称。分部分项工程项目清单的项目名称应按专业工程量计算规范附录的项目名称结合拟建工程的实际确定。

在分部分项工程项目清单中所列出的项目，应是在单位工程的施工过程中以其本身构成该单位工程实体的分项工程，但应注意：

① 当在拟建工程的施工图纸中有体现，并且在专业工程量计算规范附录中也有相对应的项目时，则根据附录中的规定直接列项，计算工程量，确定其项目编码。

② 当在拟建工程的施工图纸中有体现，但在专业工程量计算规范附录中没有相对应的项目，并且在附录项目的"项目特征"或"工程内容"中也没有提示时，则必须编制针对这些分项工程的补充项目，在清单中单独列项并在清单的编制说明中注明。

（3）项目特征描述。工程量清单的项目特征是确定一个清单项目综合单价不可缺少的重要依据，在编制工程量清单时，必须对项目特征进行准确和全面的描述。但有些项目特征用文字往往又难以准确和全面的描述。为达到规范、简洁、准确、全面描述项目特征的要求，在描述工程量清单项目特征时应按以下原则进行：

① 项目特征描述的内容应按附录中的规定，结合拟建工程的实际，满足确定综合单价的需要。

② 若采用标准图集或施工图纸能够全部或部分满足项目特征描述的要求,项目特征描述可直接采用详见××图集或××图号的方式。对不能满足项目特征描述要求的部分,仍应用文字描述。

(4)计量单位。分部分项工程项目清单的计量单位与有效位数应遵守清单计价规范规定。当附录中有两个或两个以上计量单位的,应结合拟建工程项目的实际选择其中一个确定。

(5)工程量的计算。分部分项工程项目清单中所列工程量应按专业工程量计算规范规定的工程量计算规则计算。另外,对补充项的工程量计算规则必须符合下述原则:一是其计算规则要具有可计算性,二是计算结果要具有唯一性。

工程量的计算是一项繁杂而细致的工作,为了计算的快速准确并尽量避免漏算或重算,必须依据一定的计算原则及方法:

① 计算口径一致。根据施工图列出的工程量清单项目,必须与专业工程量计算规范中相应清单项目的口径相一致。

② 按工程量计算规则计算。工程量计算规则是综合确定各项消耗指标的基本依据,也是具体工程测算和分析资料的基准。

③ 按图纸计算。工程里按每一分项工程,根据设计图纸进行计算,计算时采用的原始数据必须以施工图纸所表示的尺寸或施工图纸能读出的尺寸为准进行计算,不得任意增减。

④ 按一定顺序计算。计算分部分项工程量时,可以按照定额编目顺序或按照施工图专业顺序依次进行计算。对于计算同一张图纸的分项工程量时,一般可采用以下几种顺序:按顺时针或逆时针顺序计算;按先横后纵顺序计算;按轴线编号顺序计算;按施工先后顺序计算;按定额分部分项顺序计算。

2. 措施项目清单编制

措施项目清单指为完成工程项目施工,发生于该工程施工准备和施工过程中的技术、生活、安全、环境保护等方面的项目清单,措施项目分单价措施项目和总价措施项目。

措施项目清单的编制需考虑多种因素,除工程本身的因素外,还涉及水文、气象、环境、安全等因素。措施项目清单应根据拟建工程的实际情况列项,若出现《建设工程工程量清单计价规范》GB 50500—2013 中未列的项目,可根据工程实际情况补充。项目清单的设置要考虑拟建工程的施工组织设计,施工技术方案,相关的施工规范与施工验收规范,招标文件中提出的某些必须通过一定的技术措施才能实现的要求,设计文件中一些不足以写进技术方案的但是要通过一定的技术措施才能实现的内容。

一些可以精确计算工程量的措施项目可采用与分部分项工程项目清单编制相同的方式,编制"分部分项工程和单价措施项目清单与计价表",而有一些措施项目费用的发生与使用时间、施工方法或者两个以上的工序相关并大都与实际完成的实体工程量的大小关系不大,如安全文明施工、冬雨季施工、已完工程设备保护等,应编制"总价措施项目清单与计价表"。

3. 其他项目清单的编制

其他项目清单是应招标人的特殊要求而发生的与拟建工程有关的其他费用项目和相应数量的清单。工程建设标准的高低、工程的复杂程度、工程的工期长短、工程的组成内容、发包人对工程管理要求等都直接影响到其具体内容。当出现未包含在表格中的内容的项目时,可根据实际情况补充,其中:

（1）暂列金额是指招标人暂定并包括在合同中的一笔款项。用于工程合同签订时尚未确定或者不可预见的所需材料、工程设备、服务的采购，施工中可能发生的工程变更、合同约定调整因素出现时的合同价款调整以及发生的索赔、现场签证确认等的费用。此项费用由招标人填写其项目名称、计量单位、暂定金额等，若不能详列，也可只列暂定金额总额。由于暂列金额由招标人支配，实际发生后才得以支付，因此，在确定暂列金额时应根据施工图纸的深度、暂估价设定的水平、合同价款约定调整的因素以及工程实际情况合理确定。一般可按分部分项工程项目清单的10%～15%确定，不同专业预留的暂列金额应分别列项。

（2）暂估价是招标人在招标文件中提供的用于支付必然要发生但暂时不能确定价格的材料、工程设备的单价以及专业工程的金额。一般而言，为方便合同管理和计价，需要纳入分部分项工程量项目综合单价中的暂估价，应只是材料、工程设备暂估单价，以方便投标与组价。以"项"为计量单位给出的专业工程暂估价一般应是综合暂估价，即应当包括除规费、税金以外的管理费、利润等。

（3）计日工是为了解决现场发生的工程合同范围以外的零星工作或项目的计价而设立的。计日工为额外工作的计价提供一个方便快捷的途径。计日工对完成零星工作所消耗的人工工时、材料数量、机具台班进行计夏，并按照计日工表中填报的适用项目的单价进行计价支付。编制计日工表格时，一定要给出暂定数量，并且需要根据经验，尽可能估算一个比较贴近实际的数量，且尽可能把项目列全，以消除因此而产生的争议。

（4）总承包服务费是为了解决招标人在法律法规允许的条件下，进行专业工程发包以及自行采购供应材料、设备时，要求总承包人对发包的专业工程提供协调和配合服务，对供应的材料、设备提供收、发和保管服务以及对施工现场进行统一管理，对竣工资料进行统一汇总整理等发生并向承包人支付的费用。招标人应当按照投标人的投标报价支付该项费用。

4. 规费税金项目清单的编制

规费税金项目清单应按照规定的内容列项，当出现规范中没有的项目，应根据省级政府或有关部门的规定列项。税金项目清单除规定的内容外，如国家税法发生变化或增加税种，应对税金项目清单进行补充。规费、税金的计算基础和费率均应按国家或地方相关部门的规定执行。

5. 工程量清单总说明的编制

工程量清单编制总说明包括以下内容：

（1）工程概况。工程概况中要对建设规模、工程特征、计划工期、施工现场实际情况、自然地理条件、环境保护要求等做出描述。其中：建设规模是指建筑面积；工程特征应说明基础及结构类型、建筑层数、高度、门窗类型及各部位装饰、装修做法，计划工期是指按工期定额计算的施工天数，施工现场实际情况是指施工场地的地表状况，自然地理条件是指建筑场地所处地理位置的气候及交通运输条件；环境保护要求，是针对施工噪声及材料运输可能对周围环境造成的影响和污染所提出的防护要求。

（2）工程招标及分包范围。招标范围是指单位工程的招标范围，如建筑工程招标范围为"全部建筑工程"，装饰装修工程招标范围为"全部装饰装修工程"，或招标范围不含桩基础、幕墙、门窗等。工程分包是指特殊工程项目的分包，如招标人自行采购安装"铝合金门窗"等。

（3）工程量清单编制依据。编制依据包括建设工程工程量清单计价规范、设计文件、招标文件、施工现场情况、工程特点及常规施工方案等。

（4）工程质量、材料、施工等的特殊要求。工程质量的要求，是指招标人要求拟建工程的质量应达到合格或优良标准；对材料的要求，是指招标人根据工程的重要性、使用功能及装饰装修标准提出，诸如对水泥的品牌、钢材的生产厂家、花岗石的出产地、品牌等的要求；施工要求，一般是指建设项目中对单项工程的施工顺序等的要求。

（5）其他需要说明的事项。

6. 招标工程量清单汇总

在分部分项工程项目清单、措施项目清单其他项目清单、规费和税金项目清单编制完成以后，经审查复核，与工程量清单封面及总说明汇总并装订，由相关责任人签字和盖章，形成完整的招标工程量清单文件。

三、招标控制价的编制

《招标投标法实施条例》规定，招标人可以自行决定是否编制标底，一个招标项目只能有一个标底，标底必须保密。同时规定，招标人设有最高投标限价的，应当在招标文件中明确最高投标限价或者最高投标限价的计算方法，招标人不得规定最低投标限价。

（一）招标控制价的编制规定与依据

招标控制价是指根据国家或省级建设行政主管部门颁发的有关计价依据和办法，依据拟订的招标文件和招标工程量清单，结合工程具体情况发布的招标工程的最高投标限价。

根据住房城乡建设部颁布的《建筑工程施工发包与承包计价管理办法》（住建部令第16号）的规定：国有资金投资的建筑工程招标的，应当设有最高投标限价；非国有资金投资的建筑工程招标的，可以设有最高投标限价或者招标标底。

1. 招标控制价与标底的关系

招标控制价是推行工程量清单计价过程中对传统标底概念的性质进行界定后所设置的专业术语，它使招标时评标定价的管理方式发生了很大的变化。设标底招标、无标底招标以及招标控制价招标的利弊分析如下：

1）设标底招标

（1）设标底时易发生泄露标底及暗箱操作的现象，失去招标的公平公正性，容易诱发违法违规行为。

（2）编制的标底价是预期价格，因较难考虑施工方案、技术措施对造价的影响，容易与市场造价水平脱节，不利于引导投标人理性竞争。

（3）标底在评标过程的特殊地位使标底价成为左右工程造价的杠杆，不合理的标底会使合理的投标报价在评标中显得不合理，有可能成为地方或行业保护的手段。

（4）将标底作为衡量投标人报价的基准，导致投标人尽力地去迎合标底，往往招标投标过程反映的不是投标人实力的竞争，而是投标人编制预算文件能力的竞争，或者各种合法或非法的"投标策略"的竞争。

2）无标底招标

（1）容易出现围标串标现象，各投标人哄抬价格，给招标人带来投资失控的风险。

（2）容易出现低价中标后偷工减料，以牺牲工程质量来降低工程成本，或产生先低价中标，后高额索赔等不良后果。

（3）评标时，招标人对投标人的报价没有参考依据和评判基准。

3）招标控制价招标

（1）采用招标控制价招标的优点：① 可有效控制投资，防止恶性哄抬报价带来的投资风险。② 提高了透明度，避免了暗箱操作、寻租等违法活动的产生。③ 可使各投标人自主报价、公平竞争，符合市场规律。投标人自主报价，不受标底的左右。④ 既设置了控制上限又尽量地减少了业主依赖评标基准价的影响。

（2）采用招标控制价招标也可能出现如下问题：

① 若"最高限价"大大高于市场平均价时，就预示中标后利润很丰厚，只要投标不超过公布的限额都是有效投标，从而可能诱导投标人申标围标。

② 若公布的最高限价远远低于市场平均价，就会影响招标效率。即可能出现只有 1~2 人投标或出现无人投标情况，因为按此限额投标将无利可图，超出此限额投标又成为无效投标，结果使招标人不得不修改招标控制价进行二次招标。

2. 编制招标控制价的规定

（1）国有资金投资的工程建设项目。应实行工程量清单招标，招标人应编制招标控制价，并应当拒绝高于招标控制价的投标报价，即投标人的投标报价若超过公布的招标控制价，则其投标应被否决。

（2）招标控制价应由具有编制能力的招标人或受其委托、具有相应资质的工程造价咨询人编制。工程造价咨询人不得同时接受招标人和投标人对同一工程的招标控制价和投标报价的编制。

（3）招标控制价应当依据工程量清单、工程计价有关规定和市场价格信息等编制。招标控制价应在招标文件中公布，对所编制的招标控制价不得进行上浮或下调。招标人应当在招标时公布招标控制价的总价，以及各单位工程的分部分项工程费、措施项目费、其他项目费、规费和税金。

（4）招标控制价超过批准的概算时，招标人应将其报原概算审批部门审核。这是由于我国对国有资金投资项目的投资控制实行的是设计概算审批制度，国有资金投资的工程原则上不能超过批准的设计概算。

（5）投标人经复核认为招标人公布的招标控制价未按照《建设工程工程量清单计价规范》GB 50500—2013 的规定进行编制的，应在招标控制价公布后 5 天内向招标投标监督机构和工程造价管理机构投诉。工程造价管理机构受理投诉后，应立即对招标控制价进行复查，组织投诉人、被投诉人或其委托的招标控制价编制人等单位人员对投诉问题逐一核对。工程造价管理机构应当在受理投诉的 10 天内完成复查，特殊情况下可适当延长，并作出书面结论通知投诉人、被投诉人及负责该工程招投标监督的招投标管理机构。当招标控制价复查结论与原公布的招标控制价误差大于 ±3%时，应责成招标人改正。当重新公布招标控制价时，若重新公布之日起至原投标截止期不足 15 天的应延长投标截止期。

（6）招标人应将招标控制价及有关资料报送工程所在地或有该工程管辖权的行业管理部门工程造价管理机构备查。

3. 招标控制价的编制依据

招标控制价的编制依据是指在编制招标控制价时需要进行工程量计量、价格确认、工程计价的有关参数、率值的确定等工作时所需的基础性资料，主要包括：

（1）现行国家标准《建设工程工程量清单计价规范》GB 50500—2013 与专业工程量计算规范。

（2）国家或省级、行业建设主管部门颁发的计价定额和计价办法。

（3）建设工程设计文件及相关资料。

（4）拟定的招标文件及招标工程量清单。

（5）与建设项目相关的标准、规范、技术资料。

（6）施工现场情况、工程特点及常规施工方案。

（7）工程造价管理机构发布的工程造价信息，但工程造价信息没有发布的，参照市场价。

（8）其他的相关资料。

（二）招标控制价的编制内容

1. 招标控制价计价程序

建设工程的招标控制价反映的是单位工程费用，各单位工程费用是由分部分项工程费、措施项目费、其他项目费、规费和税金组成。单位工程招标控制价计价程序见表 4.1.1。

表 4.1.1　建设单位工程招标控制价计价程序（施工企业投标报价程序）表

工程名称：　　　　　　　　　　　　标段：

序号	内　容	计算方法	金　额（元）
1	分部分项工程费	按计价规定计算/（自主报价）	
1.1			
1.2			
2	措施项目费	按计价规定计算/（自主报价）	
2.1	其中：安全文明施工费	按规定标准估算/（按规定标准计算）	
3	其他项目费		
3.1	其中：暂列金额	按计价规定估算/（按招标文件提供金额计列）	
3.2	其中：专业工程暂估价	按计价规定估算/（按招标文件提供金额计列）	
3.3	其中：计日工	按计价规定估算/（自主报价）	
3.4	其中：总承包服务费	按计价规定估算/（自主报价）	
4	规费	按规定标准计算	
5	税　金	（人工费＋材料费＋施工机具使用费＋企业管理费＋利润＋规费）×规定税率	
招标控制价/（投标报价）		合计 = 1＋2＋3＋4＋5	

注：本表适用于单位工程招标控制价计算或投标报价计算，如无单位工程划分，单项工程也使用本表。

由于投标人（施工企业）投标报价计价程序（见本章第二节）与招标人（建设单位）招标控制价计价程序具有相同的表格，为便于对比分析，此处将两种表格合并列出，其中表格栏目中斜线后带括号的内容用于投标报价，其余为通用栏目。

2. 分部分项工程费的编制

分部分项工程费应根据招标文件中的分部分项工程项目清单及有关要求，按《建设工程工程量清单计价规范》GB 50500—2013 有关规定确定综合单价计价。

1）综合单价的组价过程

招标控制价的分部分项工程费应由各单位工程的招标工程量清单中给定的工程量乘以其相应综合单价汇总而成。综合单价应按照招标人发布的分部分项工程项目清单的项目名称、工程量、项目特征描述，依据工程所在地区颁发的计价定额和人工、材料、机具台班价格信息等进行组价确定。首先，依据提供的工程量清单和施工图纸，按照工程所在地区颁发的计价定额的规定，确定所组价的定额项目名称，并计算出相应的工程量；其次，依据工程造价政策规定或工程造价信息确定其人工、材料、机具台班单价；同时，在考虑风险因素确定管理费率和利润率的基础上，按规定程序计算出所组价定额项目的合价，见公式（4.1.1），然后将若干项所组价的定额项目合价相加除以工程量清单项目工程量，便得到工程量清单项目综合单价，见公式（4.1.2），对于未计价材料费（包括暂估单价的材料费）应计入综合单价。

$$定额项目合价 = 定额项目工程量 \times [\sum（定额人工消耗量 \times 人工单价）+$$
$$\sum（定额材料消耗量 \times 材料单价）+$$
$$\sum（定额机械台班消耗量 \times 机械台班单价）+$$
$$价差（基价或人工、材料、机具费用）+ 管理费和利润]$$

（4.1.1）

$$工程量清单综合单价 = \frac{\sum 定额项目合价 + 未计价材料}{工程量清单项目工程量}$$

（4.1.2）

2）综合单价中的风险因素

为使招标控制价与投标报价所包含的内容一致，综合单价中应包括招标文件中要求投标人所承担的风险内容及其范围（幅度）产生的风险费用。

（1）对于技术难度较大和管理复杂的项目，可考虑一定的风险费用，并纳入到综合单价中。

（2）对于工程设备、材料价格的市场风险，应依据招标文件的规定，工程所在地或行业工程造价管理机构的有关规定，以及市场价格趋势考虑一定率值的风险费用。纳入到综合单价中。

（3）税金、规费等法律、法规、规章和政策变化的风险和人工单价等风险费用不应纳入综合单价。

3. 措施项目费的编制

（1）措施项目费中的安全文明施工费应当按照国家或省级、行业建设主管部门的规定标准计价，该部分不得作为竞争性费用。

（2）措施项目应按招标文件中提供的措施项目清单确定，措施项目分为以"量"计算和以"项"计算两种。对于可计量的措施项目，以"量"计算即按其工程量用与分部分项工程项目清单单价相同的方式确定综合单价；对于不可计量的措施项目，则以"项"为单位，采用费率法按有关规定综合取定，采用费率法时需确定某项费用的计费基数及其费率，结果应是包括除规费、税金以外的全部费用，计算公式为：

$$以“项”计算的措施项目清单费 = 措施项目计费基数 × 费率 \qquad (4.1.3)$$

4. 其他项目费的编制

（1）暂列金额。暂列金额由招标人根据工程特点、工期长短，按有关计价规定进行估算，一般可以分部分项工程费的 10% ~ 15% 为参考。

（2）暂估价。暂估价中的材料单价应按照工程造价管理机构发布的工程造价信息中的材料单价计算，工程造价信息未发布的材料单价，其单价参考市场价格估算；暂估价中的专业工程暂估价应分不同专业，按有关计价规定估算。

（3）计日工。在编制招标控制价时，对计日工中的人工单价和施工机具台班单价应按省级、行业建设主管部门或其授权的工程造价管理机构公布的单价计算，材料应按工程造价管理机构发布的工程造价信息中的材料单价计算，工程造价信息未发布单价的材料，其价格应按市场调查确定的单价计算。

（4）总承包服务费。总承包服务费应按照省级或行业建设主管部门的规定计算，在计算时可参考以下标准：

① 招标人仅要求对分包的专业工程进行总承包管理和协调时，按分包的专业工程估算造价的 1.5% 计算。

② 招标人要求对分包的专业工程进行总承包管理和协调，并同时要求提供配合服务时，根据招标文件中列出的配合服务内容一和提出的要求，按分包的专业工程估算造价的 3% ~ 5% 计算。

③ 招标人自行供应材料的，按招标人供应材料价值的 1% 计算。

5. 规费和税金的编制

规费和税金必须按国家或省级、行业建设主管部门的规定计算，其中：

$$税金 = （人工费 + 材料费 + 施工机具使用费 + 企业管理费 + 利润 + 规费）× $$
$$综合税率 \qquad (4.1.4)$$

（三）编制招标控制价时应注意的问题

（1）采用的材料价格应是工程造价管理机构通过工程造价信息发布的材料价格，工程造价信息未发布材料单价的材料，其材料价格应通过市场调查确定。另外，未采用工程造价管理机构发布的工程造价信息时，需在招标文件或答疑补充文件中对招标控制价采用的与造价信息不一致的市场价格予以说明，采用的市场价格则应通过调查、分析确定，有可靠的信息来源。

（2）施工机械设备的选型直接关系到综合单价水平，应根据工程项目特点和施工条件，本着经济实用、先进高效的原则确定。

（3）应该正确、全面地使用行业和地方的计价定额与相关文件。

（4）不可竞争的措施项目和规费、税金等费用的计算均属于强制性的条款，编制招标控制价时应按国家有关规定计算。

（5）不同工程项目、不同施工单位会有不同的施工组织方法，所发生的措施费也会有所不同，因此，对于竞争性的措施费用的确定，招标人应首先编制常规的施工组织设计或施工方案，然后依据经专家论证确认后再进行合理确定措施项目与费用。

第二节　投标报价的编制

投标报价是投标人响应招标文件要求所报出的，在已标价工程量清单中标明的总价，它是依据招标工程量清单所提供的工程数量，计算综合单价与合价后所形成的。为使得投标报价更加合理并具有竞争性，通常投标报价的编制应遵循一定的程序，如图 4.2.1 所示。

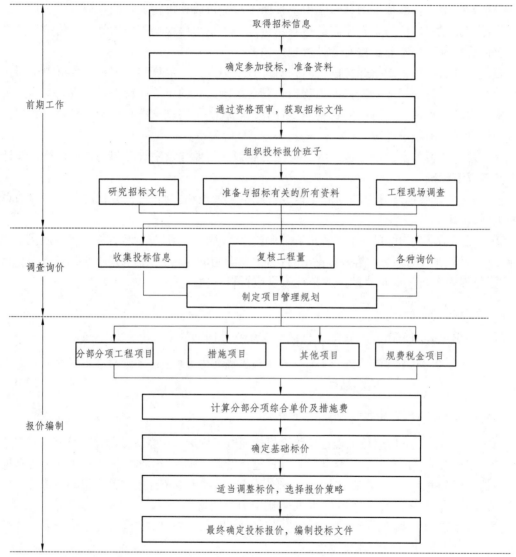

图 4.2.1　投标报价编制流程图

一、投标报价前期工作

（一）研究招标文件

投标人取得招标文件后，为保证工程量清单报价的合理性，应对投标人须知、合同条件、技术规范、图纸和工程里清单等重点内容进行分析，深刻而正确地理解招标文件和招标人的意图。

1. 投标人须知

投标人须知反映了招标人对投标的要求，特别要注意项目的资金来源、投标书的编制和递交、投标保证金、更改或备选方案、评标方法等，重点在于防止投标被否决。

2. 合同分析

（1）合同背景分析。投标人有必要了解与自己承包的工程内容有关的合同背景，了解监理方式，了解合同的法律依据。为报价和合同实施及索赔提供依据。

（2）合同形式分析，主要分析承包方式（如分项承包、施工承包、设计与施工总承包和管理承包等）；计价方式（如单价方式、总价方式、成本加酬金方式等）。

（3）合同条款分析，主要包括：

① 承包商的任务、工作范围和责任。

② 工程变更及相应的合同价款调整。

③ 付款方式、时间。应注意合同条款中关于工程预付款、材料预付款的规定。根据这些规定和预计的施工进度计划，计算出占用资金的数额和时间，从而计算出需要支付的利息数额并计入投标报价。

④ 施工工期。合同条款中关于合同工期、竣工日期、部分工程分期交付工期等规定，这是投标人制定施工进度计划的依据，也是报价的重要依据。要注意合同条款中有无工期奖罚的规定，尽可能做到在工期符合要求的前提下报价有竞争力，或在报价合理的前提下工期有竞争力。

⑤ 业主责任。投标人所制定的施工进度计划和做出的报价，都是以业主履行责任为前提的。所以应注意合同条款中关于业主责任措辞的严密性，以及关于索赔的有关规定。

3. 技术标准和要求分析

工程技术标准是按工程类型来描述工程技术和工艺内容特点，对设备、材料、施工和安装方法等所规定的技术要求，有的是对工程质量进行检验、试验和验收所规定的方法和要求。它们与工程量清单中各子项工作密不可分，报价人员应在准确理解招标人要求的基础上对有关工程内容进行报价。任何忽视技术标准的报价都是不完整、不可靠的，有时可能导致工程承包重大失误和亏损。

4. 图纸分析

图纸是确定工程范围、内容和技术要求的重要文件，也是投标者确定施工方法等施工计划的主要依据。

图纸的详细程度取决于招标人提供的施工图设计所达到的深度和所采用的合同形式。详细的设计图纸可使投标人比较准确地估价，而不够详细的图纸则需要估价人员采用综合估价方法，其结果一般不很精确。

（二）调查工程现场

招标人在招标文件中一般会明确进行工程现场踏勘的时间和地点。投标人对一般区域调查重点注意以下几个方面。

1. 自然条件调查

自然条件调查主要包括对气象资料，水文资料，地震、洪水及其他自然灾害情况，地质情况等的调查。

2. 施工条件调查

施工条件调查的内容主要包括：工程现场的用地范围，地形、地貌、地物、高程，地上或地下障碍物，现场的三通一平情况；工程现场周围的道路、进出场条件、有无特殊交通限制；工程现场施工临时设施、大型施工机具、材料堆放场地安排的可能性，是否需要二次搬运；工程现场邻近建筑物与招标工程的间距、结构形式、基础埋深、新旧程度、高度；市政给水及污水、雨水排放管线位置、高程、管径、压力、废水、污水处理方式，市政、消防供水管道管径、压力、位置等；当地供电方式、方位、距离、电压等；当地煤气供应能力，管线位置、高程等；工程现场通信线路的连接和铺设；当地政府有关部门对施工现场管理的一般要求、特殊要求及规定，是否允许节假日和夜间施工等。

3. 其他条件调查

其他条件地调查主要包括各种构件、半成品及商品混凝土的供应能力和价格，以及现场附近的生活设施、治安情况等情况的调查。

二、询价与工程量复核

（一）询　价

询价是投标报价的一个非常重要的环节。工程投标活动中，施工单位不仅要考虑投标报价能否中标，还应考虑中标后所承担的风险。因此，在报价前必须通过各种渠道，采用各种方式对所需人工、材料、施工机具等要素进行系统的调查，掌握各要素的价格、质量、供应时间、供应数量等数据，这个过程称为询价。询价除需要了解生产要素价格外，还应了解影响价格的各种因素，这样才能够为报价提供可靠的依据。询价时要特别注意两个问题：一是产品质量必须可靠，并满足招标文件的有关规定；二是供货方式、时间、地点，有无附加条件和费用。

1. 询价的渠道

（1）直接与生产厂商联系。

（2）了解生产厂商的代理人或从事该项业务的经纪人。

（3）了解经营该项产品的销售商。

（4）向咨询公司进行询价。通过咨询公司所得到的询价资料比较可靠，但需要支付一定的咨询费用，也可向同行了解。

（5）通过互联网查询。

（6）自行进行市场调查或信函询价。

2. 生产要素询价

（1）材料询价。材料询价的内容包括调查对比材料价格、供应数量、运输方式、保险和有效期、不同买卖条件下的支付方式等。询价人员在施工方案初步确定后，立即发出材料询价单，并催促材料供应商及时报价。收到询价单后，询价人员应将从各种渠道所询得的材料报价及其他有关资料汇总整理。对同种材料从不同经销部门所得到的所有资料进行比较分析，选择合适、可靠的材料供应商的报价，提供给工程报价人员使用。

（2）施工机具询价。在外地施工需用的施工机具，有时在当地租赁或采购可能更为有利，因此，事前有必要进行施工机具的询价。必须采购的施工机具，可向供应厂商询价。对于租赁的施工机具，可向专门从事租赁业务的机构询价，并应详细了解其计价方法。例如，各种施工机具每台班的租赁费、最低计费起点、施工机具停滞时租赁费及进出厂费的计算，燃料费及机上人员工资是否在台班租赁费之内，如需另行计算，这些费用项目的具体数额为多少等。

（3）劳务询价。如果承包商准备在工程所在地招募工人，则劳务询价是必不可少的。劳务询价主要有两种情况：一是成建制的劳务公司，相当于劳务分包，一般费用较高，但素质较可靠，工效较高，承包商的管理工作较轻；另一种是劳务市场招募零散劳动力，根据需要进行选择，这种方式虽然劳务价格低廉，但有时素质达不到要求或工效较低，且承包商的管理工作较繁重。投标人应在对劳务市场充分了解的基础上决定采用哪种方式，并以此为依据进行投标报价。

3. 分包询价

总承包商在确定了分包工作内容后，就将拟分包的专业工程施工图纸和技术说明送交预先选定的分包单位，请他们在约定的时间内报价，以便进行比较选择，最终选择合适的分包人。对分包人询价应注意以下几点：分包标函是否完整，分包工程单价所包含的内容，分包人的工程质量、信誉及可信赖程度，质量保证措施，分包报价。

（二）复核工程量

工程量清单作为招标文件的组成部分，是由招标人提供的。工想量的大小是投标报价最直接的依据。复核工程量的准确程度，将影响承包商的经营行为：一是根据复核后的工程量与招标文件提供的工程量之间的差距，从而考虑相应的投标策略，决定报价尺度；二是根据工程量的大小采取合适的施工方法，选择适用、经济的施工机具设备、投人使用相应的劳动力数量等。复核工程量，要与招标文件中所给的工程量进行对比，注意以下几方面：

（1）投标人应认真根据招标说明、图纸、地质资料等招标文件资料，计算主要清单工程量，复核工程量清单。其中特别注意，按一定顺序进行，避免漏算或重算，正确划分分部分项工程项目，与"清单计价规范"保持一致。

（2）复核工程量的目的不是修改工程量清单，即使有误，投标人也不能修改工程量清单中的工程量，因为修改了清单将导致在评标时认为投标文件未响应招标文件而被否决。对工程量清单存在的错误，可以向招标人提出，由招标人统一修改并把修改情况通知所有投标人。

（3）针对工程量清单中工程量的遗漏或错误，是否向招标人提出修改意见取决于投标策略。投标人可以运用一些报价的技巧提高报价的质量，争取在中标后能获得更大的收益。

（4）通过工程量计算复核还能准确地确定订货及采购物资的数量，防止由于超量或少购等带来的浪费、积压或停工待料。在核算完全部工程量清单中的细目后，投标人应按大项分类汇总主要工程总量，以便获得对整个工程施工规模的整体概念，并据此研究采用合适的施工方法，选择适用的施工设备等。并准确地确定订货及采购物资的数量，防止由于超量或少购等带来的浪费、积压或停工待料。

三、投标报价的编制原则与依据

投标报价是投标人希望达成工程承包交易的期望价格，它不能高于招标人设定的招标控制价。作为投标报价计算的必要条件，应预先确定施工方案和施工进度，此外，投标报价计算还必须与采用的合同形式相协调。

（一）投标报价的编制原则

报价是投标的关键性工作，报价是否合理不仅直接关系到投标的成败，还关系到中标后企业的盈亏。投标报价的编制原则如下：

（1）投标报价由投标人自主确定，但必须执行《建设工程工程量清单计价规范》GB 50500—2013 的强制性规定。投标报价应由投标人或受其委托、具有相应资质的工程造价咨询人员编制。

（2）投标人的投标报价不得低于工程成本。《招标投标法》第四十一条规定："中标人的投标应当符合下列条件……（二）能够满足招标文件的实质性要求，并且经评审的投标价格最低；但是投标价格低于成本的除外。"《评标委员会和评标方法暂行规定》（七部委第 12 号令）第二十一条规定："在评标过程中，评标委员会发现投标人的报价明显低于其他投标报价或者在设有标底时明显低于标底的，使得其投标报价可能低于其个别成本的，应当要求该投标人做出书面说明并提供相关证明材料。投标人不能合理说明或者不能提供相关证明材料的，由评标委员会认定该投标人以低于成本报价竞标，应当否决该投标人的投标。"根据上述法律、规章的规定，特别要求投标人的投标报价不得低于工程成本。

（3）投标报价要以招标文件中设定的发承包双方责任划分，作为考虑投标报价费用项目和费用计算的基础，发承包双方的责任划分不同，会导致合同风险不同的分摊，从而导致投标人选择不同的报价；根据工程发承包模式考虑投标报价的费用内容和计算深度。

（4）以施工方案、技术措施等作为投标报价计算的基本条件；以反映企业技术和管理水平的企业定额作为计算人工、材料和机具台班消耗量的基本依据；充分利用现场考察、调研成果、市场价格信息和行情资料，编制基础标价。

（5）报价计算方法要科学严谨，简明适用。

（二）投标报价的编制依据

《建设工程工程量清单计价规范》GB 50500—2013 规定，投标报价应根据下列依据编制：

（1）《建设工程工程量清单计价规范》GB 50500—2013 与专业工程量计算规范。

（2）国家或省级、行业建设主管部门颁发的计价办法。

（3）企业定额，国家或省级、行业建设主管部门颁发的计价定额。

（4）招标文件、工程量清单及其补充通知、答疑纪要。

（5）建设工程设计文件及相关资料。

（6）施工现场情况、工程特点及投标时拟定的施工组织设计或施工方案。

（7）与建设项目相关的标准、规范等技术资料。

（8）市场价格信息或工程造价管理机构发布的工程造价信息。

（9）其他的相关资料。

四、投标报价的编制方法和内容

投标报价的编制过程，应首先根据招标人提供的工程量清单编制分部分项工程和措施项目清单与计价表，其他项目清单与计价汇总表，规费、税金项目计价表，计算完毕之后，汇总得到单位工程投标报价汇总表，再层层汇总，分别得出单项工程投标报价汇总表和工程项目投标总价汇总表，投标总价的组成如图 4.2.2 所示。在编制过程中，投标人应按招标人提供的工程量清单填报价格。填写的项目编码、项目名称、项目特征、计量单位、工程量必须与招标人提供的一致。

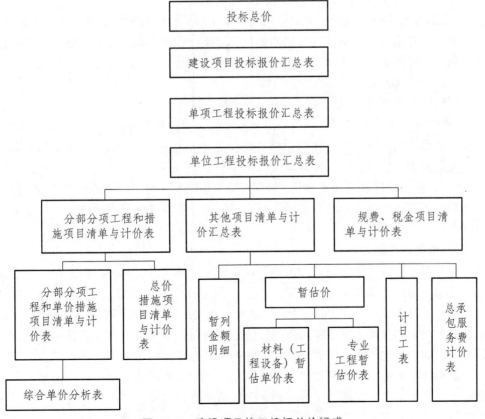

图 4.2.2　建设项目施工投标总价组成

（一）分部分项工程和措施项目清单与计价表的编制

1. 分部分项工程和单价措施项目清单与计价表的编制

1）综合单价的计算

承包人投标报价中的分部分项工程费和以单价计算的措施项目费应按招标文件中分部分项工程和单价措施项目清单与计价表的特征描述确定综合单价计算。因此，确定综合单价是分部分项工程和单价措施项目清单与计价表编制过程中最主要的内容。综合单价包括完成一个规定清单项目所需的人工费、材料和工程设备费、施工机具使用费、企业管理费、利润，并考虑风险费用的分摊。

（1）计算公式：

$$综合单价 = 人工费 + 材料和工程设备费 + 施工机具使用费 +$$
$$企业管理费 + 利润 \tag{4.2.1}$$

（2）材料、工程设备暂估价的处理。招标文件中在其他项目清单中提供了暂估单价的材料和工程设备，应按其暂估的单价计入清单项目的综合单价中。

（3）考虑合理的风险。招标文件中要求投标人承担的风险费用，投标人应考虑进入综合单价。在施工过程中，当出现的风险内容及其范围（幅度）在招标文件规定的范围（幅度）内时，综合单价不得变动，合同价款不作调整。根据国际惯例并结合我国工程建设的特点，发承包双方对工程施工阶段的风险宜采用如下分摊原则：

① 主要由市场价格波动导致的价格风险，如工程造价中的建筑材料、燃料等价格风险，发承包双方应当在招标文件中或在合同中对此类风险的范围和幅度予以明确约定，进行合理分摊。根据工程特点和工期要求，一般采取的方式是承包人承担 5%以内的材料、工程设备价格风险，10%以内的施工机具使用费风险。

② 对于法律、法规、规章或有关政策出台导致工程税金、规费、人工费发生变化，并由省级、行业建设行政主管部门或其授权的工程造价管理机构根据上述变化发布的政策性调整，以及由政府定价或政府指导价管理的原材料等价格进行了调整，承包人不应承担此类风险，应按照有关调整规定执行。

③ 对于承包人根据自身技术水平、管理、经营状况能够自主控制的风险，如承包人的管理费、利润的风险，承包人应结合市场情况，根据企业自身的实际合理确定、自主报价，该部分风险由承包人全部承担。

2）综合单价确定的步骤和方法

当分部分项工程内容比较简单，由单一计价子项计价，且《建设工程工程量清单计价规范》GB 50500—2013 与所使用计价定额中的工程量计算规则相同时，综合单价的确定只需用相应计价定额子目中的人、材、机费做基数计算管理费、利润，再考虑相应的风险费用即可。当工程量清单给出的分部分项工程与所用计价定额的单位不同或工程量计算规则不同，则需要按计价定额的计算规则重新计算工程量，并按照下列步骤来确定综合单价。

（1）确定计算基础。计算基础主要包括消耗量指标和生产要素单价。应根据本企业的实际消耗量水平，并结合拟定的施工方案确定完成清单项目需要消耗的各种人工、材料、机具台班的数量。计算时应采用企业定额，在没有企业定额或企业定额缺项时，可参照与本企业实际水平相近的国家、地区、行业定额，并通过调整来确定清单项目的人、材、机单位用量。各种人工、材料、机具台班的单价，则应根据询价的结果和市场行情综合确定。

（2）分析每一清单项目的工程内容。在招标工程量清单中，招标人已对项目特征进行了准确、详细的描述，投标人根据这一描述，再结合施工现场情况和拟定的施工方案确定完成各清单项目实际应发生的工程内容。必要时可参照《建设工程工程量清单计价规范》GB 50500—2013 中提供的工程内容，有些特殊的工程也可能出现规范列表之外的工程内容。

（3）计算工程内容的工程数量与清单单位的含量。每一项工程内容都应根据所选定额的工程最计算规则计算其工程数量，当定额的工程量计算规则与清单的工程量计算规则相一致时，可直接以工程量清单中的工程量作为工程内容的工程数量。

当采用清单单位含量计算人工费、材料费、施工机具使用费时，还需要计算每一计量单位的清单项目所分摊的工程内容的工程数量，即清单单位含量。

$$清单单位含量 = \frac{某工程内容的定额工程量}{清单工程量} \tag{4.2.2}$$

（4）分部分项工程人工、材料、施工机具使用费的计算。以完成每一计量单位的清单项目所需的人工、材料、机具用量为基础计算，即：

$$\begin{matrix} 每一计量单位清单 \\ 项目某种资源的使用量 \end{matrix} = \begin{matrix} 该种资源的 \\ 定额单位含量 \end{matrix} \times \begin{matrix} 相应定额条目的 \\ 清单单位含量 \end{matrix} \tag{4.2.3}$$

再根据预先确定的各种生产要素的单位价格，可计算出每一计量单位清单项目的分部分项工程的人工费、材料费与施工机具使用费。

$$人工费 = \begin{matrix} 完成单位清单项项目 \\ 所需人工的工日数量 \end{matrix} \times \begin{matrix} 人工工日 \\ 单价 \end{matrix} \tag{4.2.4}$$

$$材料费 = \sum \left(\begin{matrix} 完成单位清单项目所需各 \\ 种材料、半成品的数量 \end{matrix} \times \begin{matrix} 各种材料、 \\ 半成品单价 \end{matrix} \right) + 工程设备费 \tag{4.2.5}$$

$$施工机具使用费 = \sum \left(\begin{matrix} 完成单位清单项目所需各 \\ 种机械的台班数量 \end{matrix} \times \begin{matrix} 各种机械的 \\ 台班单价 \end{matrix} \right)$$

$$\sum \left(\begin{matrix} 完成单位清单项目所需各 \\ 种仪器登记表的台班数量 \end{matrix} \times \begin{matrix} 各种仪器仪表 \\ 的台班单价 \end{matrix} \right) \tag{4.2.6}$$

当招标人提供的其他项目清单中列示了材料暂估价时，应根据招标人提供的价格计算材料费，并在分部分项工程项目清单与计价表中表现出来。

（5）计算综合单价。企业管理费和利润的计算可按照规定的取费基数以及一定的费率取费计算，若以人工费与施工机具使用费之和为取费基数，则：

$$企业管理费 = （人工费 + 施工机具使用费） \times 企业管理费费率 \tag{4.2.7}$$

$$利润 = （人工费 + 施工机具使用费） \times 利润率 \tag{4.2.8}$$

将上述五项费用汇总，并考虑合理的风险费用后，即可得到清单综合单价。根据计算出的综合单价，可编制分部分项工程和单价措施项目清单与计价表，如表 4.2.1 所示。

表 4.2.1　分部分项工程和单价措施项目清单与计价表（投标报价）

工程名称：××中学教学楼工程　　　　　　　　标段：　　　　　　　　　　第 页 共 页

序号	项目编码	项目名称	项目特征	计量单位	工程量	金额（元）		
						综合单价	合价	其中：暂估价
			...					
			0105 混凝土及钢筋混凝土工程					
6	010503001001	基础梁	C30 预拌混凝土	m³	208	356.14	74 077	
7	010515001001	现浇构件钢筋	螺纹钢 Q235，ϕ14	t	200	4 787.16	957 432	80 000
			分部小计				2 432 419	80 000
			...					
			0117 措施项目					
16	011701001001	综合脚手架	砖混、檐高 22 m	m²	10 940	19.8	216 612	
			...					
			分部小计				738 257	
			合　计				6 318 410	800 000

3）工程量清单综合单价分析表的编制

为表明综合单价的合理性，投标人应对其进行单价分析。以作为评标时的判断依据。综合单价分析表的编制应反映上述综合单价的编制过程，并按照规定的格式进行，如表 4.2.2 所示。

表 4.2.2　工程量清单综合单价分析表

工程名称：××中学教学楼工程　　　　　　　　标段：　　　　　　　第 页 共 页

项目编码	010515001001		项目名称	现浇构件钢筋		计量单位	t	工程量	200
清单综合单价组成明细									
定额编号	定额名称	定额单位	数量	单价				合价	

定额编号	定额名称	定额单位	数量	人工费	材料费	机具费	管理费和利润	人工费	材料费	机械费	管理费和利润
AD0899	现浇构件钢筋制安	t	1.07	275.47	4 044.58	58.34	95.60	294.75	4 327.70	62.42	102.29
人工单价		小　计						294.75	4 327.70	62.42	102.29
80 元/工日		未计价材料费									
清单项目综合单价								4 787.16			

材料费明细	主要材料名称、规格、型号	单位	数量	单价（元）	合价（元）	暂估单价（元）	暂估合价（元）
	螺纹钢 Q235，ϕ14	t	1.07			4 000.00	4 280.00
	焊条	kg	8.64	4.00	34.56		
	其他材料费	—			13.14		
	材料费小计			—	47.70	—	4 280.00

2. 总价措施项目清单与计价表的编制

对于不能精确计量的措施项目，应编制总价措施项目清单与计价表。投标人对措施项目中的总价项目投标报价应遵循以下原则：

（1）措施项目的内容应依据招标人提供的措施项目清单和投标人投标时拟定的施工组织设计或施工方案确定。

（2）措施项目费由投标人自主确定，但其中安全文明施工费必须按照国家或省级、行业建设主管部门的规定计价，不得作为竞争性费用。招标人不得要求投标人对该项费用进行优惠，投标人也不得将该项费用参与市场竞争。

投标报价时总价措施项目清单与计价表的编制如表 4.2.3 所示。

表 4.2.3　总价措施项目清单与计价表

工程名称：××中学教学楼工程　　　　　　　　标段：　　　　　第　页　共　页

序号	项目编码	项目名称	计算基础	费率（%）	金额（元）	调整费率（%）	调整后金额（元）	备注
1	011707001001	安全文明施工费	定额人工费	25	209 650			
2	011707002001	夜间施工增加费	定额人工费	1.5	12 479			
3	011707004001	二次搬运费	定额人工费	1	8 386			
4	011707005001	冬雨季施工增加费	定额人工费	0.6	5 032			
5	011707007001	已完工程及设备保护费			6 000			
		…						
合　计					241 547			

（二）其他项目清单与计价表的编制

其他项目费主要包括暂列金额、暂估价、计日工以及总承包服务费组成（如表 4.2.4 所示）。

表 4.2.4　其他项目清单与计价汇总表

工程名称：××中学教学楼工程　　　　　　　标段：　　　　　第　页　共　页

序号	项目名称	金额（元）	结算金额（元）	备注
1	暂列金额	350 000		明细详见表 4.2.5
2	暂估价	200 000		
2.1	材料（工程设备）暂估价/结算价			明细详见表 4.2.6
2.2	专业工程暂估价/结算价	200 000		明细详见表 4.2.7
3	计日工	26 528		明细详见表 4.2.8
4	总承包服务费	20 760		明细详见表 4.2.9
5				
合　计			—	

投标人对其他项目费投标报价时应遵循以下原则：

（1）暂列金额应按照招标人提供的其他项目清单中列出的金额填写，不得变动（如表 4.2.5 所示）。

表 4.2.5 暂列金额明细表

工程名称：××中学教学楼工程　　　　　　　　标段：　　　　　　第 页 共 页

序号	项目名称	计量单位	金额（元）	备注
1	自行车棚工程	项	100 000	正在设计图纸
2	工程量偏差和设计变更	项	100 000	
3	政策性调整和材料价格波动	项	100 000	
4	其他	项	50 000	
5	…			
	合　计		350 000	

（2）暂估价不得变动和更改。暂估价中的材料、工程设备暂估价必须按照招标人提供的暂估单价计入清单项目的综合单价（如表 4.2.6 所示）；专业工程暂估价必须按照招标人提供的其他项目清单中列出的金额填写（如表 4.2.7 所示）。材料、工程设备暂估单价和专业工程暂估价均由招标人提供，为暂估价格，在工程实施过程中，对于不同类型的材料与专业工程采用不同的计价方法。

表 4.2.6 材料（工程设备）暂估单价表

工程名称：××中学教学楼工程　　　　　　　　标段：　　　　　　第 页 共 页

序号	材料（工程设备）名称、规格、型号	计量单位	数量		暂估（元）		确认（元）		差额±（元）		备注
			暂估	确认	单价	合价	单价	合价	单价	合价	
1	钢筋（规格见施工图）	t	200		4 000	800 000					用于现浇钢筋混凝土项目
2	低压开关柜（CGD190380/220V）	台	1		45 000	45 000					用于低压开关柜安装项目
3											
	合　计					845 000					

表 4.2.7 专业工程暂估价表

工程名称：××中学教学楼工程　　　　　　　　标段：　　　　　　第 页 共 页

序号	工程名称	工程内容	暂估金额（元）	结算金额（元）	差额±（元）	备注
1	消防工程	合同图纸中标明的以及消防工程规范和技术说明中规定的各系统的设备、管道、阀门、线缆等的供应、安装和调试工作	200 000			
	…					
	合　计		200 000			

（3）计日工应按照招标人提供的其他项目清单列出的项目和估算的数量，自主确定各项综合单价并计算费用（如表 4.2.8 所示）。

表 4.2.8　计日工表

工程名称：××中学教学楼工程　　　　　　　　标段：　　　　　第　页　共　页

序号	项目名称	单位	暂定数量	实际数量	综合单价	合价（元）	
						暂定	实际
一	人工						
1	普工	工日	100		80	8 000	
2	技工	工日	60		110	6 600	
	...						
	人工小计					14 600	
二	材料						
1	钢筋（规格见施工图）	t	1		4000	4 000	
2	水泥 42.5	t	2		600	1 200	
3	中砂	m³	10		80	800	
4	砾石（5 mm～40 mm）	m³	5		42	210	
5	页岩砖 240 mm×115 mm×53 mm	千匹	1		300	300	
	...						
	材料小计					6 510	
三	施工机械						
1	自升式塔吊起重机	台班	5		550	2 750	
2	灰浆搅拌机（400 L）	台班	2		20	40	
	...						
	施工机具小计					2 790	
四	企业管理费和利润（按人工费 18%计）					2 628	
	合　计					26 528	

（4）总承包服务费应根据招标人在招标文件中列出的分包专业工程内容和供应材料、设备情况，按照招标人提出的协调、配合与服务要求和施工现场管理需要自主确定（如表 4.2.9 所示）。

表 4.2.9　总承包服务费计价表

工程名称：××中学教学楼工程　　　　　　　　　　　标段：　　　　　　第　页　共　页

序号	项目名称	项目价值（元）	服务内容	计算基础	费率（%）	金额（元）
1	发包人发包专业工程	200 000	1. 按专业工程承包人的要求提供施工工作面并对施工现场进行统一管理，对竣工材料进行统一整理汇总。 2. 为专业工程承包人提供垂直运输机械和焊接电源接入点，并承担垂直运输费和电费	项目价值	7	14 000
2	发包人提供材料	845 000	对发包人供应的材料进行验收及保管和使用发放	项目价值	0.8	6 760
	...					
	合　计	—	—		—	20 760

（三）规费、税金项目计价表的编制

规费和税金应按国家或省级、行业建设主管部门的规定计算，不得作为竞争性费用。这是由于规费和税金的计取标准是依据有关法律、法规和政策规定制定的，具有强制性。因此，投标人在投标报价时必须按照国家或省级、行业建设主管部门的有关规定计算规费和税金。规费、税金项目计价表的编制如表 4.2.10 所示。

表 4.2.10　规费、税金项目清单与计价表

工程名称：××中学教学楼工程　　　　　　　　　　　标段：　　　　　　第　页　共　页

序号	项目名称	计算基础	计算基数	费率（%）	金额（元）
1	规费				239 001
1.1	社会保险费				188 685
（1）	养老保险费	定额人工费		14	117 404
（2）	失业保险费	定额人工费		2	16 772
（3）	医疗保险费	定额人工费		6	50 316
（4）	工伤保险费	定额人工费		0.25	2 096.5
（5）	生育保险费	定额人工费		0.25	2 096.5
1.2	住房公积金	定额人工费		6	50 316
1.3	工程排污费	按工程所在地环境保护部门收取标准、按实计入			
2	税金	人工费＋材料费＋施工机具使用费＋企业管理费＋利润＋规费		11	868 225
	合　计				1 107 226

（四）投标报价的汇总

投标人的投标总价应当与组成工程量清单的分部分项工程费、措施项目费、其他项目费和规费、税金的合计金额相一致，即投标人在进行工程量清单招标的投标报价时，不能进行投标总价优惠（或降价、让利），投标人对投标报价的任何优惠（或降价、让利）均应反映在相应清单项目的综合单价中。

施工企业某单位工程投标报价汇总表，如表 4.2.11 所示。

表 4.2.11 单位工程投标报价汇总表

工程名称：××中学教学楼工程　　　　　　　　标段：　　　　　　　　第　页 共　页

序号	汇总内容	金额（元）	其中：暂估价（元）
1	分部分项木工程	6 318 410	845 000
...			
0105	混凝土及钢筋混凝土工程	2 432 419	800 000
...			
2	措施项目	738 257	
2.1	其中：安全文明施工费	209 650	
3	其他项目	597 228	
3.1	其中：暂列金额	350 000	
3.2	其中：专业工程暂估价	200 000	
3.3	其中：计日工	26 528	
3.4	其中：总承包服务费	20 760	
4	规费	239 001	
5	税金	868 225	
投标报价合计 = 1 + 2 + 3 + 4 + 5		8 761 181	845 000

五、编制投标文件

（一）投标文件的内容

投标人应当按照招标文件的要求编制投标文件。投标文件应当包括下列内容：

（1）投标函及投标函附录。

（2）法定代表人身份证明或附有法定代表人身份证明的授权委托书。

（3）联合体协议书（如工程允许采用联合体投标）。

（4）投标保证金。

（5）已标价工程量清单。

（6）施工组织设计。

（7）项目管理机构。

（8）拟分包项目情况表。

（9）资格审查资料。

（10）规定的其他材料。

（二）投标文件编制时应遵循的规定

（1）投标文件应按"投标文件格式"进行编写，如有必要，可以增加附页，作为投标文件的组成部分。其中，投标函附录在满足招标文件实质性要求的基础上，可以提出比招标文件要求更能吸引招标人的承诺。

（2）投标文件应当对招标文件有关工期、投标有效期、质量要求、技术标准和要求、招标范围等实质性内容做出响应。

（3）投标文件应由投标人的法定代表人或其委托代理人签字和盖单位章。委托代理人签字的，投标文件应附法定代表人签署的授权委托书。投标文件应尽量避免涂改、行间插字或删除。如果出现上述情况，改动之处应加盖单位章或由投标人的法定代表人或其授权的代理人签字确认。

（4）投标文件正本一份，副本份数按招标文件有关规定。正本和副本的封面上应清楚地标记"正本"或"副本"的字样。投标文件的正本与副本应分别装订成册，并编制目录。当副本和正本不一致时，以正本为准。

（5）除招标文件另有规定外，投标人不得递交备选投标方案。允许投标人递交备选投标方案的，只有中标人所递交的备选投标方案方可予以考虑。评标委员会认为中标人的备选投标方案优于其按照招标文件要求编制的投标方案的、招标人可以接受该备选投标方案。

（三）投标文件的递交

投标人应当在招标文件规定的提交投标文件的截止时间前，将投标文件密封送达投标地点。招标人收到招标文件后，应当向投标人出具标明签收人和签收时间的凭证，在开标前任何单位和个人不得开启投标文件。在招标文件要求提交投标文件的截止时间后送达或未送达指定地点的投标文件，为无效的投标文件，招标人不予受理。有关投标文件的递交还应注意以下问题：

1. 投标保证金与投标有效期

（1）投标人在递交投标文件的同时，应按规定的金额形式递交投标保证金，并作为其投标文件的组成部分。联合体投标的，其投标保证金由牵头人或联合体各方递交，并应符合规定。投标保证金除现金外，可以是银行出具的银行保函、保兑支票、银行汇票或现金支票。投标保证金的数额不得超过项目估算价的2%，且最高不超过80万元。依法必须进行招标的项目的境内投标单位，以现金或者支票形式提交的投标保证金应当从其基本账户转出。投标人不按要求提交投标保证金的，其投标文件应被否决。出现下列情况的，投标保证金将不予返还：

① 投标人在规定的投标有效期内撤销或修改其投标文件。

② 中标人在收到中标通知书后,无正当理由拒签合同协议书或未按招标文件规定提交履约担保。

（2）投标有效期。投标有效期从投标截止时间起开始计算，主要用作组织评标委员会评标、招标人定标、发出中标通知书，以及签订合同等工作，一般考虑以下因素：

① 组织评标委员会完成评标需要的时间。

② 确定中标人需要的时间。

③ 签订合同需要的时间。

一般项目投标有效期为 60～90 天，大型项目 120 天左右。投标保证金的有效期应与投标有效期保持一致。

出现特殊情况需要延长投标有效期的，招标人以书面形式通知所有投标人延长投标有效期。投标人同意延长的，应相应延长其投标保证金的有效期，但不得要求或被允许修改或撤销其投标文件；投标人拒绝延长的，其投标失效，但投标人有权收回其投标保证金。

2. 投标文件的递交方式

（1）投标文件的密封和标识。投标文件的正本与副本应分开包装，加贴封条，并在封套上清楚标记"正本"或"副本"字样，于封口处加盖投标人单位章。

（2）投标文件的修改与撤回。在规定的投标截止时间前，投标人可以修改或撤回已递交的投标文件，但应以书面形式通知招标人。在招标文件规定的投标有效期内，投标人不得要求撤销或修改其投标文件。

（3）费用承担与保密责任。投标人准备和参加投标活动发生的费用自理。参与招标投标活动的各方应对招标文件和投标文件中的商业和技术等秘密保密，违者应对由此造成的后果承担法律责任。

（四）对投标行为的限制性规定

1. 联合体投标

两个以上法人或者其他组织可以组成一个联合体，以一个投标人的身份共同投标。联合体投标需遵循以下规定：

（1）联合体各方应按招标文件提供的格式签订联合体协议书，联合体各方应当指定牵头人，授权其代表所有联合体成员负责投标和合同实施阶段的主办、协调工作，并应当向招标人提交由所有联合体成员法定代表人签署的授权书。

（2）联合体各方签订共同投标协议后，不得再以自己名义单独投标。也不得组成新的联合体或参加其他联合体在同一项目中投标。联合体各方在同一招标项目中以自己名义单独投标或者参加其他联合体投标的，相关投标均无效。

（3）招标人接受联合体投标并进行资格预审的，联合体应当在提交资格预审申请文件前组成。资格预审后联合体增减、更换成员的，其投标无效。

（4）由同一专业的单位组成的联合体，按照资质等级较低的单位确定资质等级。

（5）联合体投标的，应当以联合体各方或者联合体中牵头人的名义提交投标保证金。以联合体中牵头人名义提交的投标保证金，对联合体各成员具有约束力。

2. 串通投标

在投标过程有串通投标行为的，招标人或有关管理机构可以认定该行为无效。

（1）有下列情形之一的，属于投标人相互串通投标：

① 投标人之间协商投标报价等投标文件的实质性内容。

② 投标人之间约定中标人。

③ 投标人之间约定部分投标人放弃投标或者中标。

④ 属于同一集团、协会、商会等组织成员的投标人按照该组织要求协同投标。

⑤ 投标人之间为谋取中标或者排斥特定投标人而采取的其他联合行动。

（2）有下列情形之一的，视为投标人相互串通投标：

① 不同投标人的投标文件由同一单位或者个人编制。

② 不同投标人委托同一单位或者个人办理投标事宜。

③ 不同投标人的投标文件载明的项目管理成员为同一人。

④ 不同投标人的投标文件异常一致或者投标报价呈规律性差异。

⑤ 不同投标人的投标文件相互混装。

⑥ 不同投标人的投标保证金从同一单位或者个人的账户转出。

（3）有下列情形之一的，属于招标人与投标人串通投标：

① 招标人在开标前开启投标文件并将有关信息泄露给其他投标人。

② 招标人直接或者间接向投标人泄露标底、评标委员会成员等信息。

③ 招标人明示或者暗示投标人压低或者抬高投标报价。

④ 招标人授意投标人撤换、修改投标文件。

⑤ 招标人明示或者暗示投标人为特定投标人中标提供方便。

⑥ 招标人与投标人为谋求特定投标人中标而采取的其他串通行为。

第三节　中标价及合同价款的约定

在建设工程发承包过程中有两项重要工作：一是对承包人的选择，对于招标承包而言，我国相关法规对于开标的时间和地点、出席开标会议的一系列规定、开标的顺序以及否决投标等，评标原则和评标委员会的组建、评标程序和方法，定标的条件与做法，均做出了明确而清晰的规定。二是通过优选确定承包人后，就必须通过一种法律行为即合同来明确双方当事人的权利义务，其中合同价款的约定是建设工程计价的重要内容。

一、评标程序及评审标准

（一）评标的准备与初步评审

评标活动应遵循公平、公正、科学、择优的原则，招标人应当采取必要的措施，保证评标在严格保密的情况下进行。评标是招标投标活动中一个十分重要的环节，如果对评标过程不进行保密，则影响公正评标的不正当行为有可能发生。

评标委员会成员名单一般应于开标前确定，而且该名单在中标结果确定前应当保密。评标委员会在评标过程中是独立的，任何单位和个人都不得非法干预、影响评标过程和结果。

1. 清　标

根据《建设工程造价咨询规范》GB/T 51095—2015 规定，清标是指招标人或工程造价咨询企业在开标后且评标前，对投标人的投标报价是否响应招标文件、违反国家有关规定，以及报价的合理性、算术性错误等进行审查并出具意见的活动。规定，清标工作主要包含下列内容：

（1）对招标文件的实质性响应。

（2）错漏项分析。

（3）分部分项工程项目清单综合单价的合理性分析。

（4）措施项目清单的完整性和合理性分析，以及其中不可竞争性费用正确分析。

（5）其他项目清单完整性和合理性分析。

（6）不平衡报价分析。

（7）暂列金额、暂估价正确性复核。

（8）总价与合价的算术性复核及修正建议。

（9）其他应分析和澄清的问题。

2. 初步评审及标准

根据《评标委员会和评标方法暂行规定》和《标准施工招标文件》的规定。我国目前评标中主要采用的方法包括经评审的最低投标价法和综合评估法，两种评标方法在初步评审阶段，其内容和标准上是一致的。

（1）初步评审标准。初步评审的标准包括以下四方面：

① 形式评审标准。包括：投标人名称与营业执照、资质证书、安全生产许可证一致；投标函上有法定代表人或其委托代理人签字并加盖单位章；投标文件格式符合要求；联合体投标人已提交联合体协议书，并明确联合体牵头人（如有）；报价唯一，即只能有一个有效报价等。

② 资格评审标准。如果是未进行资格预审的，应具备有效的营业执照，具备有效的安全生产许可证，并且资质等级、财务状况、类似项目业绩、信誉、项目经理、其他要求、联合体投标人等，均符合规定。如果是已进行资格预审的，仍按资格审查办法中详细审查标准来进行。

③ 响应性评审标准。主要的评审内容包括投标报价校核，审查全部报价数据计算的正确性，分析报价构成的合理性，并与招标控制价进行对比分析，还有工期、工程质量、投标有效期、投标保证金、权利义务、已标价工程量清单、技术标准和要求、分包计划等，均应符合招标文件的有关要求。即投标文件应实质上响应招标文件的所有条款、条件，无显著的差异或保留。所谓显著的差异或保留包括以下情况：对工程的范围、质量及使用性能产生实质性影响；偏离了招标文件的要求，而对合同中规定的招标人的权利或者投标人的义务造成实质性的限制，纠正这种差异或者保留将会对提交了实质性响应要求的投标书的其他投标人的竞争地位产生不公正影响。

④ 施工组织设计和项目管理机构评审标准。主要包括施工方案与技术措施、质量管

理体系与措施、安全管理体系与措施、环境保护管理体系与措施、工程进度计划与措施、资源配备计划、技术负责人、其他主要人员、施工设备、试验、检测仪器设备等，符合有关标准。

（2）投标文件的澄清和说明。评标委员会可以书面方式要求投标人对投标文件中含意不明确的内容作必要的澄清、说明或补正，但是澄清、说明或补正不得超出投标文件的范围或者改变投标文件的实质性内容。对投标文件的相关内容做出澄清、说明或补正，其目的是有利于评标委员会对投标文件的审查、评审和比较，澄清、说明或补正包括投标文件中含义不明确、对同类问题表述不一致或者有明显文字和计算错误的内容。但评标委员会不得向投标人提出带有暗示性或诱导性的问题，或向其明确投标文件中的遗漏和错误。同时，评标委员会不接受投标人主动提出的澄清、说明或补正。

投标文件不响应招标文件的实质性要求和条件的，招标人应当否决，并不允许投标人通过修正或撤销其不符合要求的差异或保留，使之成为具有响应性的投标。

评标委员会对投标人提交的澄清、说明或补正有疑问的，可以要求投标人进一步澄清、说明或补正，直至满足评标委员会的要求。

（3）报价有算术错误的修正。投标报价有算术错误的，评标委员会按以下原则对投标报价进行修正，修正的价格经投标人书面确认后具有约束力。投标人不接受修正价格的，其投标被否决。

① 投标文件中的大写金额与小写金额不一致的，以大写金额为准。

② 总价金额与依据单价计算出的结果不一致的，以单价金额为准修正总价，但单价金额小数点有明显错误的除外。

此外，如对不同文字文本投标文件的解释发生异议的，以中文文本为准。

（4）经初步评审后否决投标的情况。评标委员会应当审查每一投标文件是否对招标文件提出的所有实质性要求和条件做出响应。未能在实质上响应的投标，评标委员会应当否决其投标。具体情形包括：

① 投标文件未经投标单位盖章和单位负责人签字。

② 投标联合体没有提交共同投标协议。

③ 投标人不符合国家或者招标文件规定的资格条件。

④ 同一投标人提交两个以上不同的投标文件或者投标报价,但招标文件允许提交备选投标的除外。

⑤ 投标报价低子成本或者高于招标文件设定的最高投标限价,对报价是否低于工程成本的异议，评标委员会可以参照国务院有关主管部门和省、自治区、直辖市有关主管部门发布的有关规定进行评审。

⑥ 投标文件没有对招标文件的实质性要求和条件做出响应。

⑦ 投标人有串通投标、弄虚作假、行贿等违法行为。

（二）详细评审标准与方法

经初步评审合格的投标文件，评标委员会应当根据招标文件确定的评标标准和方法，对其技术部分和商务部分做进一步评审、比较。详细评审的方法包括经评审的最低投标价法和综合评估法两种。

1. 经评审的最低投标价

经评审的最低投标价法是指评标委员会对满足招标文件实质要求的投标文件，根据详细评审标准规定的量化因素及量化标准进行价格折算，按照经评审的投标价由低到高的顺序推荐中标候选人，或根据招标人授权直接确定中标人，但投标报价低于其成本的除外。经评审的投标价相等时，投标报价低的优先；投标报价也相等的，由招标人自行确定。

1）经评审的最低投标价法的适用范围

按照《评标委员会和评标方法暂行规定》的规定，经评审的最低投标价法一般适用于具有通用技术、性能标准或者招标人对其技术、性能没有特殊要求的招标项目。

2）详细评审标准及规定

采用经评审的最低投标价法的，评标委员会应当根据招标文件中规定的量化因素和标准进行价格折算，对所有投标人的投标报价以及投标文件的商务部分作必要的价格调整。根据《标准施工招标文件》的规定，主要的量化因素包括单价遗漏和付款条件等，招标人可以根据项目具体特点和实际需要，进一步删减、补充或细化量化因素和标准。另外如世界银行贷款项目采用此种评标方法时，通常考虑的量化因素和标准包括：一定条件下的优惠（借款国国内投标人有 7.5%的评标优惠）；工期提前的效益对报价的修正；同时投多个标段的评标修正等。所有的这些修正因素都应当在招标文件中有明确的规定。对同时投多个标段的评标修正，一般的做法是，如果投标人的某一个标段已被确定为中标，则在其他标段的评标中按照招标文件规定的百分比（通常为 4%）乘以报价额后，在评标价中扣减此值。

根据经评审的最低投标价法完成详细评审后，评标委员会应当拟定一份"价格比较一览表"，连同书面评标报告提交招标人。"价格比较一览表"应当载明投标人的投标报价、对商务偏差的价格调整和说明以及已评审的最终投标价。

【例 4.3.1】　某高速公路项目招标采用经评审的最低投标价法评标，招标文件规定对同时投多个标段的评标修正率为 4%。现有投标人甲同时投标 $1^\#$，$2^\#$标段，其报价依次为 6 300 万元、5 000 万元，若甲在 $1^\#$标段已被确定为中标，则其在 $2^\#$标段的评标价应为多少万元。

解：投标人甲在 $1^\#$标段中标后，其在 $2^\#$标段的评标可享受 4%的评标优惠，具体做法应是将其 $2^\#$标段的投标报价乘以 4%，在评标价中扣减该值。因此

$$投标人甲 2^\#标段的评标价 = 5\ 000 \times (1 - 4\%) = 4\ 800（万元）$$

2. 综合评估法

不宜采用经评审的最低投标价法的招标项目，一般应当采取综合评估法进行评审。综合评估法是指评标委员会对满足招标文件实质性要求的投标文件，按照规定的评分标准进行打分，并按得分由高到低顺序推荐中标候选人，或根据招标人授权直接确定中标人，但投标报价低于其成本的除外。综合评分相等时，以投标报价低的优先；投标报价也相等的，由招标人自行确定。

1）详细评审中的分值构成与评分标准

综合评估法下评标分值构成分为四个方面，即施工组织设计，项目管理机构，投标报价，其他评分因素。总计分值为 100 分。各方面所占比例和具体分值由招标人自行确定，并在招标文件中明确载明。上述的四个方面标准具体评分因素如表 4.3.1 所示。

表 4.3.1 综合评估法下的评分因素和评分标准

分值构成	评分因素	评分标准
施工组织设计评分标准	内容完整性和编制水平	…
	施工方案和技术措施	…
	质量管理体系与措施	…
	安全管理体系与措施	…
	环境保护管理体系与措施	…
	工程进度计划与措施	…
	资源配备计划	…
项目管理机构评分标准	项目经理任职资格与业绩	…
	技术责任人任职资格与业绩	…
投标报价评分标准	其他主要人员	…
	偏差率	…
其他因素评分标准	…	…

【例 4.3.2】 综合评估法各评审因素的权重由招标人自行确定，例如可设定施工组织设计占 25 分，项目管理机构占 10 分，投标报价占 60 分，其他因素占 5 分。施工组织设计部分可进一步细分为：内容完整性和编制水平 2 分，施工方案与技术措施 12 分，质量管理体系与措施 2 分，安全管理体系与措施 3 分，环境保护管理体系与措施 3 分，工程进度计划与措施 2 分，其他因素 1 分等。各评审因素的标准由招标人自行确定，如对施工组织设计中的施工方案与技术措施可规定如下的评分标准：施工方案及施工方法先进可行技术措施针时工程质量、工期和施工安全生产有充分保障 11～12 分；施工方案先进，方法可行，技术措施针对工程质量、工期和施工安全生产有保障 8～10 分；施工方案及施工方法可行，技术措施针对工程质量、工期和施工安全生产基本有保降 6～7 分；施工方案及施工方法基本可行，技术措施针对工程质童、工期和施工安全生产基本有保障 1～5 分。

2）投标报价偏差率的计算

在评标过程中，可以对各个投标文件按下式计算投标报价偏差率：

$$偏差率 = \frac{（投标人报价 - 评标基准价）}{评标基准价} \times 100\%$$ （4.3.1）

评标基准价的计算方法应在投标人须知前附表中予以明确。招标人可依据招标项目的特点、行业管理规定给出评标基准价的计算方法，确定时也可适当考虑投标人的投标报价。

3）详细评审过程

评标委员会按分值构成与评分标准规定的量化因素和分值进行打分，并计算出各标书综合评估得分。

（1）规定的评审因素和标准对施工组织设计计算出得分 A。

（2）按规定的评审因素和标准对项目管理机构计算出得分 B。

（3）按规定的评审因素和标准对投标报价计算出得分 C。

（4）按规定的评审因素和标准对其他部分计算出得分 D。

评分分值计算保留小数点后两位，小数点后第三位"四舍五入"。投标人得分计算公式是：投标人得分 = A + B + C + D。由评委对各投标人的标书进行评分后加以比较，最后以总得分最高的投标人为中标候选人。

根据综合评估法完成评标后，评标委员会应当拟定一份"综合评估比较表"，连同书面评标报告提交招标人。"综合评估比较表"应当载明投标人的投标报价、所做的任何修正、对商务偏差的调整、对技术偏差的调整、对各评审因素的评估以及对每一投标的最终评审结果。

二、中标人的确定

（一）评标报告的内容及提交

评标委员会完成评标后，应当向招标人提交书面评标报告，并抄送有关行政监督部门。评标报告应当如实记载以下内容：

（1）基本情况和数据表。

（2）评标委员会成员名单。

（3）开标记录。

（4）符合要求的投标一览表。

（5）否决投标情况说明。

（6）评标标准、评标方法或者评标因素一览表。

（7）经评审的价格或者评分比较一览表。

（8）经评审的投标人排序。

（9）推荐的中标候选人名单与签订合同前要处理的事宜。

（10）澄清、说明、补正事项纪要。

评标报告由评标委员会全体成员签字。对评标结果有不同意见的评标委员会成员应当以书面方式阐述其不同意见和理由，评标报告应当注明该不同意见。评标委员会成员拒绝在评标报告上签字且不陈述其不同意见和理由的，视为同意评标结论。评标委员会应当对此做出书面说明并记录在案。

（二）公示中标候选人

为维护公开、公平、公正的市场环境，鼓励各招投标当事人积极参与监督，按照《招标投标法实施条例》的规定，依法必须进行招标的项目，招标人需对中标候选人进行公示，对中标候选人的公示需明确以下几个方面：

（1）公示范围。公示的项目范围是依法必须进行招标的项目，其他招标项目是否公示中标候选人由招标人自主决定。

（2）公示媒体。招标人在确定中标人之前，应当将中标候选人在交易场所和指定媒体上公示。

（3）公示时间（公示期）。招标人应当自收到评标报告之日起 3 日内公示中标候选人，公示期不得少于 3 日。

（4）公示内容。招标人需对中标候选人全部名单及排名进行公示，而不是只公示排名第一的中标候选人。同时，对有业绩信誉条件的项目，在投标报名或开标时提供的作为资格条件或业绩信誉情况，应一并进行公示，但不含投标人的各评分要素的得分情况。

（5）异议处置。投标人或者其他利害关系人对依法必须进行招标的项目的评标结果有异议的，应当在中标候选人公示期间提出。招标人应当自收到异议之日起 3 日内作出答复，作出答复前，应当暂停招标投标活动。经核查后发现在招投标过程中确有违反相关法律法规且影响评标结果公正性的，招标人应当重新组织评标或招标。招标人拒绝自行纠正或无法自行纠正的，则根据《招标投标法实施条例》第 60 条的规定向行政监督部门提出投诉。对故意虚构事实，扰乱招投标市场秩序的，则按照有关规定进行处理。

（三）确定中标人

除招标文件中特别规定了授权评标委员会直接确定中标人外，招标人应依据评标委员会推荐的中标候选人确定中标人，评标委员会提交中标候选人的人数应符合招标文件的要求，应当不超过 3 人，并标明排列顺序。中标人的投标应当符合下列条件之一：

（1）能够最大限度满足招标文件中规定的各项综合评价标准。

（2）能够满足招标文件的实质性要求，并且经评审的投标价格最低；但是投标价格低于成本的除外。

对使用国有资金投资或者国家融资的项目，招标人应当确定排名第一的中标候选人为中标人。排名第一的中标候选人放弃中标，因不可抗力提出不能履行合同，或者招标文件规定应当提交履约保证金而在规定的期限内未能提交的，招标人可以确定排名第二的中标候选人为中标人。排名第二的中标候选人因上述同样原因不能签订合同的，招标人可以确定排名第三的中标候选人为中标人。

招标人可以授权评标委员会直接确定中标人。

招标人不得向中标人提出压低报价、增加工作量、缩短工期或其他违背中标人意愿的要求，即不得以此作为发出中标通知书和签订合同的条件。

（四）中标通知及签约准备

1. 发出中标通知书

中标人确定后，招标人应当向中标人发出中标通知书，并同时将中标结果通知所有未中标的投标人。中标通知书对招标人和中标人具有法律效力。中标通知书发出后，招标人改变中标结果，或者中标人放弃中标项目的，应当依法承担法律责任。招标人自行招标的，应当自确定中标人之日起巧日内，向有关行政监督部门提交招标投标情况的书面报告。书面报告中至少应包括下列内容：

（1）招标方式和发布资格预审公告、招标公告的媒介。

（2）招标文件中投标人须知、技术规格、评标标准和方法、合同主要条款等内容。

（3）评标委员会的组成和评标报告。

（4）中标结果。

2. 履约担保

在签订合同前，中标人以及联合体的中标人应按招标文件有关规定的金额、担保形式和提交时间，向招标人提交履约担保。履约担保有现金、支票、汇票、履约担保书和银行保函等形式，可以选择其中一种作为招标项目的履约保证金，履约保证金不得超过中标合同金额的10%。中标人不能按要求提交履约保证金的，视为放弃中标，其投标保证金不予退还，给招标人造成的损失超过投标保证金数额的，中标人还应当对超过部分予以赔偿。招标人要求中标人提供履约保证金或其他形式履约担保的，招标人应当同时向中标人提供工程款支付担保.中标后的承包人应保证其履约保证金在发包人颁发工程接收证书前一直有效。发包人应在工程接收证书颁发后28天内把履约保证金退还给承包人。

三、合同价款的约定

合同价款是合同文件的核心要素，建设项目不论是招标发包还是直接发包，合同价款的具体数额均在"合同协议书"中载明。

（一）签约合同价与中标价的关系

签约合同价是指合同双方签订合同时在协议书中列明的合同价格，对于以单价合同形式招标的项目，工程量清单中各种价格的总计即为合同价。合同价就是中标价，因为中标价是指评标时经过算术修正的、并在中标通知书中申明招标人接受的投标价格。法理上，经公示后招标人向投标人所发出的中标通知书（投标人向招标人回复确认中标通知书已收到），中标的中标价就受到法律保护，招标人不得以任何理由反悔。这是因为，合同价格属于招投标活动中的核心内容，根据《招标投标法》第四十六条有关"招标人和中标人应当……按照招标文件和中标人的投标文件订立书面合同，招标人和中标人不得再行订立背离合同实质性内容的其他协议"之规定，发包人应根据中标通知书确定的价格签订合同。

（二）合同价款约定的规定和内容

1. 合同签订的时间及规定

招标人和中标人应当在投标有效期内并在自中标通知书发出之日起30天内,按照招标文件和中标人的投标文件订立书面合同，中标人无正当理由拒签合同的，招标人取消其中标资格，其投标保证金不予退还；给招标人造成的损失超过投标保证金数额的，中标人还应当对超过部分予以赔偿。发出中标通知书后，招标人无正当理由拒签合同的，招标人向中标人退还投标保证金；给中标人造成损失的，还应当赔偿损失。招标人最迟应当在与中标人签订合同后5天内，向中标人和未中标的投标人退还投标保证金及银行同期存款利息。

2. 合同价款类型的选择

实行招标的工程合同价款应由发承包双方依据招标文件和中标人的投标文件在书面合同中约定。合同约定不得违背招、投标文件中关于工期、造价、质量等方面的实质性内容。招标文件与中标人投标文件不一致的地方，以投标文件为准。

不实行招标的工程合同价款，在发承包双方认可的合同价款基础上，由发承包双方在合同中约定。

根据《建筑工程施工发包与承包计价管理办法》（住建部第16号令）：实行工程量清单计

价的建筑工程，鼓励发承包双方采用单价方式确定合同价款；建设规模较小，技术难度较低，工期较短的建设工程，发承包双方可以采用总价方式确定合同价款；紧急抢险、救灾以及施工技术特别复杂的建设工程，发承包双方可以采用成本加酬金方式确定合同价款。

3. 合同价款约定的内容

发承包双方应在合同条款中对下列事项进行约定：

（1）预付工程款的数额、支付时间及抵扣方式。

（2）安全文明施工措施的支付计划，使用要求等。

（3）工程计量与支付工程进度款的方式、数额及时间。

（4）工程价款的调整因素、方法、程序、支付及时间。

（5）施工索赔与现场签证的程序、金额确认与支付时间。

（6）承担计价风险的内容、范围以及超出约定内容，范围的调整方法。

（7）工程竣工结算价款编制与核对、支付及时间。

（8）工程质量保证金的数额、预留方式及时间。

（9）违约责任以及发生合同价款争议的解决方法与时间。

（10）与履行合同、支付价款有关的其他事项等。

本章小结

本章主要介绍建设项目发承包阶段相关造价文件的编制方法，简单介绍了招标文件的组成内容及编制要求、招标工程量清单的编制，重点阐述了招标控制价的编制依据、原则和方法，建设工程投标报价的编制依据、原则和方法。最后介绍了评标程序和评审标准以及合同价款的约定。

具体的招投标的工作内容，由其他相关课程专门介绍，本章不再赘述。通过本章的学习，学生应重点掌握招标控制价和投标报价的编制方法，在学习过程中可参考相关的资料（如招标投标法、工程量清单计价规范等）。

习　　题

一、单项选择题

1. 关于招标文件的编制，下列说法中错误的是（　　　）。

A. 当未进行资格预审时招标文件应包括招标公告

B. 应规定重新招标和不再招标的条件

C. 招标控制价应在招标时（或在招标文件中）一并公布

D. 投标人须知前附表与投标人须知正文内容有抵触的以投标人须知前附表为准

2. 关于招标文件的澄清，下列说法中错误的是（　　　）。

A. 招标文件的澄清应在投标截止时间 14 天前发出

B. 招标文件的澄清应不指明所澄清问题的来源

C. 招标人收到澄清后的确认时间可以采用一个相对的时间

D. 招标人收到澄清后的确认时间可以采用一个绝对的时间

3. 关于招标文件的澄清，下列说法中错误的是（　　　）。

A. 投标人应以信函、电报等可以有形地表现所载内容的形式向招标人提出疑问

B. 招标文件的澄清应发给所有投标人并指明澄清问题的来源

C. 澄清发出的时间距投标截止日不足 15 天的应推迟投标截止时间

D. 投标人收到澄清的确认时间可以是相对时间，也可以是绝对时间

4. 在建设项目施工招标过程中，应包括在资格预审文件中的是（　　　）。

A. 资格预审申请　　　　　　　　　　B. 资格预审申请文件格式

C. 投标保证金　　　　　　　　　　　D. 投标邀请书

5. 关于标底与招标控制价的编制，下列说法中正确的是（　　　）。

A. 招标人不得自行决定是否编制标底

B. 招标人不得规定最低投标限价

C. 编制标底时必须同时设有最高投标限价

D. 招标人不编制标底时应规定最低投标限价

6. 下列关于招标控制价的说法中，正确的是（　　　）。

A. 招标控制价必须由招标人编制　　　B. 招标控制价只需公布总价

C. 投标人不得对招标控制价提出异议　D. 招标控制价不应上调或下浮

7. 关于招标控制价，下列说法中正确的是（　　　）。

A. 招标人不得拒绝高于招标控制价的投标报价

B. 利润可按建筑施工企业平均利润率计算

C. 招标控制价超过批准概算 10%时，应报原概算审批部门审核

D. 经复查的招标控制价与原招标控制价误差>±3%的应责成招标人改正

8. 关于招标控制价及其编制的说法，正确的是（　　　）。

A. 综合单价中包括应由招标人承担的风险费用

B. 招标人供应的材料，总承包服务费应按材料价值的 1.5%计算

C. 措施项目费应按招标文件中提供的措施项目清单确定

D. 招标文件提供暂估价的主要材料，其主材费用应计入其他项目清单费用

9. 招标控制价综合单价的组价包括如下工作：① 根据政策规定或造价信息确定工料机单价；② 根据工程所在地的定额规定计算工程量；③ 将定额项目的合价除以清单项目的工程量；④ 根据费率和利率计算出组价定额项目的合价。则正确的工作顺序是（　　　）。

A. ①④②③　　　　　　　　　　　　B. ①③②④

C. ②①③④　　　　　　　　　　　　D. ②①④③

10. 投标人针对工程量清单中工程量的遗漏或错误，可以采取的正确做法是（　　　）。

A. 即向招标人提出异议，要求招标人修改

    B. 不向招标人提出异议，风险自留

    C. 是否向招标人提出修改意见取决于投标策略

    D. 等中标后，要求招标人按实调整

11. 关于投标报价的说法，正确的是（　　　）。

    A. 询价通常可向生产厂商、销售商、咨询公司以及招标人询问

    B. 投标人可以利用工程量清单的错、漏、多项，运用投标技巧，提高报价质量

    C. 复核工程量清单中的工程量，对于有明显错误的可以修改清单工程量

    D. 只要投标人的标价明显低于其他投标报价，评标委员会就可作为废标处理

12. 关于投标保证金，下列说法中正确的是（　　　）。

    A. 投标保证金的数额不得少于投标总价的 2%

    B. 招标人应当在签订合同后的 30 日内退还未中标人的投标保证金

    C. 投标人拒绝延长投标有效期的，投标人无权收回其投标保证金

    D. 投标保证金的有效期应与投标有效期相同

13. 某投标人在递交投标文件的同时，按规定递交了投标保证金，其投标总价为 5000 万元，则其投标保证金数额最高为（　　　）万元。

    A. 50   B. 80

    C. 100   D. 160

14. 某施工企业参加一市政道路工程投标，该企业的投标报价为 6000 万元，则其应交的投标保证金为（　　　）万元。

    A. 30   B. 60

    C. 80   D. 120

15. 关于联合体投标的说法，正确的是（　　　）。

    A. 联合体投标是指投标人相互约定在招标项目中分别以高、中、低价位报价的投标

    B. 由同一专业的单位组成的联合体，按照资质等级较高的单位确定资质等级

    C. 通过资格预审的联合体，各方组成结构、职责及财务能力等条件不得改变

    D. 联合体中牵头人提交的投标保证金对其他成员不具有约束力

16. 下列情形中，属于投标人相互串通投标的是（　　　）。

    A. 不同投标人的投标报价呈现规律性差异

    B. 不同投标人的投标文件由同一单位或个人编制

    C. 不同投标人委托了统一单位或个人办理某项投标事宜

    D. 投标人之间约定中标人

17. 关于规费的计算，下列说法正确的是（　　　）。

    A. 规费虽具有强制性，但根据其组成又可以细分为可竞争性的费用和不可竞争性的费用

    B. 规费由社会保险费和工程排污费组成

    C. 社会保险费由养老保险费、失业保险费、医疗保险费、生育保险费、工伤保险费组成

    D. 规费由意外伤害保险费、住房公积金、工程排污费组成

18. 工程施工项目评标时，下列做法符合有关规定的是（　　　）。

  A. 当评标委员会发现某投标人的施工方案的表述存在含义不明确之处时，则要求该投标人作出书面澄清

  B. 当评标委员会发现因某个单价金额小数点明显错误时，对该单价进行修正后继续评标

  C. 当投标人发现其投标文件对同一问题前后表述不一致时，向评标委员会提出澄清，评标委员会应予接受

  D. 当投标人不接受评标委员会按规定原则对其投标报价的算术错误所作修正时，评标委员会仍可按修正结果评审

19. 关于经评审的最低投标价法的适用范围，下列说法中正确的是（　　）。

  A. 适用于资格后审而不适用于资格预审的项目

  B. 使用与依法必须招标的项目而不适用于一般项目

  C. 适用于具有通用技术性能标准或招标人对其技术、性能没有特殊要求的项目

  D. 适用于凡不宜采用综合评估法评审的项目

20. 关于合同价款与合同类型，下列说法正确的是（　　）。

  A. 招标文件与投标文件不一致的地方，以招标文件为准

  B. 中标人应当自中标通知书收到之日起 30 天内与招标人订立书面合同

  C. 工期特别紧、技术特别复杂的项目应采用总价合同

  D. 实行工程量清单计价的工程，应（鼓励）采用单价合同

二、多项选择题

1. 关于施工招标文件，下列说法中正确的有（　　）。

  A. 招标文件应包括拟签合同的主要条款

  B. 当进行资格预审时，招标文件中应包括投标邀请书

  C. 自招标文件开始发出之日起至投标截止之日最短不得少于 15 天

  D. 招标文件不得说明评标委员会的组建方法

  E. 招标文件应明确评标方法

2. 关于投标文件的编制与递交，下列说法中正确的有（　　）。

  A. 投标函附录中可以提出比招标文件要求更能吸引招标人的承诺

  B. 当投标文件的正本与副本不一致时以正本为准

  C. 允许递交备选投标方案时，所有投标人的备选方案应同等对待

  D. 在要求提交投标文件的截止时间后送达的投标文件为无效的投标文件

  E. 境内投标人以现金形式提交的投标保证金应当出自投标人的基本账户

3. 为维护公开、公平、公正的市场环境，对中标候选人的公示，下列做法中正确的有（　　）。

  A. 依法必须进行招标的项目，是否公示中标候选人由招标人自定

  B. 公示期不得少于 3 日，从公示的第二天开始算起

  C. 一般只公示排名第一的中标候选人而不必公示中标候选人全部名单

  D. 对有业绩信誉条件的项目，在开标时提供的资格或业绩信誉证明资料一并予以公示

  E. 中标候选人的各评分要素的得分情况需一并公示

第五章　建设项目施工阶段合同价款的调整和结算

第一节　合同价款调整

发承包双方应当在施工合同中约定合同价款，实行招标工程的合同价款由合同双方依据中标通知书的中标价款在合同协议书中约定，不实行招标工程的合同价款由合同双方依据双方确定的施工图预算的总造价在合同协议书中约定。在工程施工阶段，由于项目实际情况的变化，发承包双方在施工合同中约定的合同价款可能会出现变动。为合理分配双方的合同价款变动风险，有效地控制工程造价，发承包双方应当在施工合同中明确约定合同价款的调整事件、调整方法及调整程序。

发承包双方按照合同约定调整合同价款的若干事项，大致包括五大类：① 法规变化类，主要包括法律法规变化事件；② 工程变更类，主要包括工程变更、项目特征不符、工程量清单缺项、工程量偏差、计日工等事件；③ 物价变化类，主要包括物价波动、暂估价事件；④ 工程索赔类，主要包括不可抗力、提前竣工（赶工补偿）、误期赔偿、索赔等事件；⑤ 其他类，主要包括现场签证以及发承包双方约定的其他调整事项，现场签证根据签证内容，有的可归于工程变更类，有的可归于索赔类，有的可能不涉及合同价款调整。

经发承包双方确认调整的合同价款，作为追加（减）合同价款，应与工程进度款或结算款同期支付。

一、法规变化类合同价款调整事项

因国家法律、法规、规章和政策发生变化影响合同价款的风险，发承包双方应在合同中约定由发包人承担。

1. 基准日的确定

为了合理划分发承包双方的合同风险，施工合同中应当约定一个基准日，对于基准日之后发生的、作为一个有经验的承包人在招标投标阶段不可能合理预见的风险，应当由发包人承担。对于实行招标的建设工程，一般以施工招标文件中规定的提交投标文件的截止时间前的第 28 天作为基准日；对于不实行招标的建设工程，一般以建设工程施工合同签订前的第 28 天作为基准日。

2. 合同价款的调整方法

施工合同履行期间，国家颁布的法律、法规、规章和有关政策在合同工程基准日之后发生变化，且因执行相应的法律、法规、规章和政策引起工程造价发生增减变化的，合同双方当事人应当依据法律、法规、规章和有关政策的规定调整合同价款。但是，如果有关价格（如人工、材料和工程设备等价格）的变化已经包含在物价波动事件的调价公式中，则不再予以考虑。

3. 工期延误期间的特殊处理

如果由于承包人的原因导致的工期延误，按不利于承包人的原则调整合同价款。在工程延误期间国家的法律、行政法规和相关政策发生变化引起工程造价变化的，造成合同价款增加的，合同价款不予调整；造成合同价款减少的，合同价款予以调整。

二、工程变更类合同价款调整事项

（一）工程变更

工程变更是合同实施过程中由发包人提出或由承包人提出，经发包人批准的对合同工程的工作内容、工程数量、质量要求、施工顺序与时间、施工条件、施工工艺或其他特征及合同条件等的改变.工程变更指令发出后，应当迅速落实指令，全面修改相关的各种文件。承包人也应当抓紧落实，如果承包人不能全面落实变更指令，则扩大的损失应当由承包人承担。

1. 工程变更的范围

根据《建设工程施工合同（示范文本）》GF—2013-0201 的规定，工程变更的范围和内容包括：

（1）增加或减少合同中任何工作，或追加额外的工作。

（2）取消合同中任何工作，但转由他人实施的工作除外。

（3）改变合同中任何工作的质量标准或其他特性。

（4）改变工程的基线、标高、位置和尺寸。

（5）改变工程的时间安排或实施顺序。

2. 工程变更的价款调整方法

1）分部分项工程费的调整

工程变更引起分部分项工程项目发生变化的，应按照下列规定调整：

（1）已标价工程量清单中有适用于变更工程项目的，且工程变更导致的该清单项目的工程数量变化不足 15%时，采用该项目的单价。直接采用适用的项目单价的前提是其采用的材料、施工工艺和方法相同，也不因此增加关键线路上工程的施工时间。

（2）已标价工程量清单中没有适用、但有类似于变更工程项目的，可在合理范围内参照类似项目的单价或总价调整。采用类似的项目单价的前提是其采用的材料、施工工艺和方法基本相似，不增加关键线路上工程的施工时间，可仅就其变更后的差异部分，参考类似的项目单价由发承包双方协商新的项目单价。

（3）已标价工程量清单中没有适用也没有类似于变更工程项目的，由承包人根据变更工程资料、计量规则和计价办法、工程造价管理机构发布的信息（参考）价格和承包人报价浮动率。提出变更工程项目的单价或总价，报发包人确认后调整。承包人报价浮动率可按下列公式计算：

① 实行招标的工程：

$$承包人报价浮动率L=\left(1-\frac{中标价}{招标控制价}\right)\times100\% \tag{5.1.1}$$

② 不实行招标工程：

$$承包人报价浮动率L=\left(1-\frac{报价值}{施工图预算}\right)\times100\% \tag{5.1.2}$$

注：上述公式中的中标价、招标控制价或报价值、施工图预算，均不含安全文明施工费。

（4）已标价工程量清单中没有适用也没有类似于变更工程项目，且工程造价管理机构发布的信息（参考）价格缺价的，由承包人根据变更工程资料、计量规则、计价办法和通过市场调查等有合法依据的市场价格提出变更工程项目的单价或总价，报发包人确认后调整。

2）措施项目费的调整

工程变更引起措施项目发生变化的，承包人提出调整措施项目费的，应事先将拟实施的方案提交发包人确认，并详细说明与原方案措施项目相比的变化情况。拟实施的方案经发承包双方确认后执行。并应按照下列规定调整措施项目费：

（1）安全文明施工费，按照实际发生变化的措施项目调整，不得浮动。

（2）采用单价计算的措施项目费，按照实际发生变化的措施项目按前述分部分项工程费的调整方法确定单价。

（3）按总价（或系数）计算的措施项目费，除安全文明施工费外，按照实际发生变化的措施项目调整，但应考虑承包人报价浮动因素，即调整金额按照实际调整金额乘以按照公式（5.1.1）或（5.1.2）得出的承包人报价浮动率（L）计算。

如果承包人未事先将拟实施的方案提交给发包人确认，则视为工程变更不引起措施项目费的调整或承包人放弃调整措施项目费的权利。

3）删减工程或工作的补偿

如果发包人提出的工程变更，因非承包人原因删减了合同中的某项原定工作或工程，致使承包人发生的费用或（和）得到的收益不能被包括在其他已支付或应支付的项目中，也未被包含在任何替代的工作或工程中，则承包人有权提出并得到合理的费用及利润补偿。

（二）项目特征不符

1. 项目特征描述

项目的特征描述是确定综合单价的重要依据之一，承包人在投标报价时应依据发包人提供的招标工程量清单中的项目特征描述，确定其清单项目的综合单价。发包人在招标工程量清单中对项目特征的描述，应被认为是准确的和全面的，并且与实际施工要求相符合。承包人应按照发包人提供的招标工程量清单，根据其项目特征描述的内容及有关要求实施合同工程，直到其被改变为止。

2. 合同价格的调整方法

承包人应按照发包人提供的设计图纸实施合同工程，若在合同履行期间，出现设计图纸（含设计变更）与招标工程量清单任一项目的特征描述不符，且该变化引起该项目的工程造价增减变化的，发、承包双方应当按照实际施工的项目特征，重新确定相应工程量清单项目的综合单价，调整合同价款.

（三）工程里清单缺项

1. 清单缺项漏项的责任

招标工程量清单必须作为招标文件的组成部分，其准确性和完整性由招标人负责。因此，招标工程量清单是否准确和完整，其责任应当由提供工程童清单的发包人负责，作为投标人的承包人不应承担因工程量清单的缺项、漏项以及计算错误带来的风险与损失。

2. 合同价教的调整方法

（1）分部分项工程费的调整.施工合同履行期间，由于招标工程量清单中分部分项工程出现缺项漏项，造成新增工程清单项目的，应按照工程变更事件中关于分部分项工程费的调整方法，调整合同价款。

（2）措施项目费的调整。新增分部分项工程项目清单后，引起措施项目发生变化的，应当按照工程变更事件中关于措施项目费的调整方法，在承包人提交的实施方案被发包人批准后，调整合同价款，由子招标工程量清单中措施项目缺项，承包人应将新增措施项目实施方案提交发包人批准后，按照工程变更事件中的有关规定调整合同价款。

（四）工程量偏差

1. 工程量偏差的概念

工程量偏差是指承包人根据发包人提供的图纸(包括由承包人提供经发包人批准的图纸)进行施工，按照现行国家工程量计算规范规定的工程最计算规则，计算得到的完成合同工程项目应予计量的工程量与相应的招标工程量清单项目列出的工程量之间出现的量差。

2. 合同价款的调整方法

施工合同履行期间，若应予计算的实际工程量与招标工程量清单列出的工程量出现偏差，或者因工程变更等非承包人原因导致工程量偏差，该偏差对工程量清单项目的综合单价将产生影响，是否调整综合单价以及如何调整，发承包双方应当在施工合同中约定。如果合同中没有约定或约定不明的，可以按以下原则办理：

1）综合单价的调整原则

当应予计算的实际工程量与招标工程量清单出现偏差（包括因工程变更等原因导致的工程量偏差）超过15%时，对综合单价的调整原则为：当工程量增加15%以上时，其增加部分的工程量的综合单价应予调低；当工程量减少15%以上时，减少后剩余部分的工程量的综合单价应予调高。至于具体的调整方法，可参见公式（5.1.3）和公式（5.1.4）。

（1）当 $Q_1 > 1.15Q_0$ 时：

$$S = 1.15Q_0 \times P_0 + (Q_1 - 1.15Q_0) \times P_1 \tag{5.1.3}$$

（2）当 $Q_1 < 0.85Q_0$ 时：

$$S = Q_1 \times P_1 \qquad (5.1.4)$$

式中　S——调整后的某一分部分项工程费结算价；

　　　Q_1——最终完成的工程量；

　　　Q_0——招标工程量清单中列出的工程量；

　　　P_1——按照最终完成工程量重新调整后的综合单价；

　　　P_0——承包人在工程量清单中填报的综合单价。

（3）新综合单价 P_1 的确定方法。新综合单价 P_1 的确定，一是发承包双方协商确定，二是与招标控制价相联系，当工程量偏差项目出现承包人在工程量清单中填报的综合单价与发包人招标控制价相应清单项目的综合单价偏差超过 15%时，工程量偏差项目综合单价的调整可参考公式（5.1.5）和公式（5.1.6）：

① 当 $P_0 < P_2 \times (1-L) \times (1-15\%)$ 时，该类项目的综合单价：

$$P_1 \text{ 按照 } P_2 \times (1-L) \times (1-15\%) \text{ 调整} \qquad (5.1.5)$$

② 当 $P_0 > P_2 \times (1+15\%)$ 时，该类项目的综合单价：

$$P_1 \text{ 按照 } P_2 \times (1+15\%) \text{ 调整} \qquad (5.1.6)$$

③ $P_0 > P_2 \times (1-L) \times (1-15\%)$ 且 $P_0 < P_2 \times (1+15\%)$ 时，可不调整　　（5.1.7）

式中　P_0——承包人在工程量清单中填报的综合单价；

　　　P_2——发包人招标控制价相应项目的综合单价；

　　　L——承包人报价浮动率。

【例 5.1.1】　某工程项目招标工程童清单数量为 1 520 m^3，施工中由于设计变更调增为 1 824 m^3，该项目招标控制价综合单价为 350 元，投标报价为 406 元，应如何调整？

解：1 824/1 520 = 120%，工程量增加超过 15%，需对单价做调整。

$$P_2 \times （1+15\%） = 350 \times （1+15\%） = 402.50 \text{ 元} < 406 \text{ 元}$$

该项目变更后的综合单价应调整为 402.50 元。

$$S = 1\ 520 \times （1+15\%） \times 406 + （1\ 824 - 1\ 520 \times 1.15） \times 402.50$$
$$= 709\ 688 + 76 \times 402.50 = 740\ 278 （\text{元}）$$

2）总价措施项目费的调整

当应予计算的实际工程量与招标工程量清单出现偏差（包括因工程变更等原因导致的工程量偏差）超过 15%，且该变化引起措施项目相应发生变化，如该措施项目是按系数或单一总价方式计价的，对措施项目费的调整原则为：工程量增加的，措施项目费调增；工程量减少的，措施项目费调减。至于具体的调整方法，则应由双方当事人在合同专用条款中约定。

（五）计日工

1. 计日工费用的产生

发包人通知承包人以计日工方式实施的零星工作，承包人应予执行。采用计日工计价的任何一项变更工作，承包人应在该项变更的实施过程中，按合同约定提交以下报表和有关凭证送发包人复核：

（1）工作名称、内容和数量。

（2）投入该工作所有人员的姓名、工种、级别和耗用工时。

（3）投入该工作的材料名称、类别和数量。

（4）投入该工作的施工设备型号、台数和耗用台时。

（5）发包人要求提交的其他资料和凭证。

2. 计日工费用的确认和支付

任一计日工项目实施结束。承包人应按照确认的计日工现场签证报告核实该类项目的工程数量，并根据核实的工程数量和承包人已标价工程量清单中的计日工单价计算，提出应付价款；已标价工程量清单中没有该类计日工单价的，由发承包双方按工程变更的有关的规定商定计日工单价计算。

每个支付期末，承包人应与进度款同期向发包人提交本期间所有计日工记录的签证汇总表，以说明本期间自己认为有权得到的计日工金额，调整合同价款，列入进度款支付。

三、物价变化类合同价款调整事项

（一）物价波动

施工合同履行期间，因人工、材料、工程设备和施工机具台班等价格波动影响合同价款时，发承包双方可以根据合同约定的调整方法，对合同价款进行调整。因物价波动引起的合同价款调整方法有两种：一种是采用价格指数调整价格差额，另一种是采用造价信息调整价格差额。承包人采购材料和工程设备的，应在合同中约定主要材料、工程设备价格变化的范围或幅度，如没有约定，则材料、工程设备单价变化超过 5%，超过部分的价格按两种方法之一进行调整。

1. 采用价格指数调整价格差额

采用价格指数调整价格差额的方法，主要适用于施工中所用的材料品种较少，但每种材料使用量较大的土木工程，如公路、水坝等。

2. 采用造价信息调整价格差额

采用造价信息调整价格差额的方法，主要适用于使用的材料品种较多，相对而言每种材料使用量较小的房屋建筑与装饰工程。

施工合同履行期间，因人工、材料、工程设备和施工机具台班价格波动影响合同价格时，人工、施工机具使用费按照国家或省、自治区、直辖市建设行政管理部门、行业建设管理部门或其授权的工程造价管理机构发布的人工成本信息、施工机具台班单价或施工机具使用费系数进行调整；需要进行价格调整的材料，其单价和采购数应由发包人复核，发包人确认需调整的材料单价及数量，作为调整合同价款差额的依据。

（二）暂估价

暂估价是指招标人在工程量清单中提供的用于支付必然发生但暂时不能确定价格的材

料、工程设备的单价以及专业工程的金额。

1. 给定暂估价的材料、工程设备

（1）不属于依法必须招标的项目。发包人在招标工程量清单中给定暂估价的材料和工程设备不属于依法必须招标的，由承包人按照合同约定采购，经发包人确认后以此为依据取代暂估价，调整合同价款。

（2）属于依法必须招标的项目。发包人在招标工程量清单中给定暂估价的材料和工程设备属于依法必须招标的，由发承包双方以招标的方式选择供应商。依法确定中标价格后，以此为依据取代暂估价，调整合同价款。

2. 给定暂估价的专业工程

（1）不属于依法必须招标的项目。发包人在工程量清单中给定暂估价的专业工程不属于依法必须招标的，应按照前述工程变更事件的合同价款调整方法，确定专业工程价款。并以此为依据取代专业工程暂估价，调整合同价款。

（2）属于依法必须招标的项目。发包人在招标工程量清单中给定暂估价的专业工程，依法必须招标的，应当由发承包双方依法组织招标选择专业分包人，并接受有建设工程招标投标管理机构的监督。

① 除合同另有约定外，承包人不参加投标的专业工程，应由承包人作为招标人，但拟定的招标文件、评标方法、评标结果应报送发包人批准。与组织招标工作有关的费用应当被认为已经包括在承包人的签约合同价（投标总报价）中。

② 承包人参加投标的专业工程，应由发包人作为招标人，与组织招标工作有关的费用由发包人承担。同等条件下，应优先选择承包人中标。

③ 专业工程依法进行招标后，以中标价为依据取代专业工程暂估价，调整合同价款。

四、工程索赔类合同价款调整事项

（一）不可抗力

1. 不可抗力的范围

不可抗力是指合同双方在合同履行中出现的不能预见、不能避免并不能克服的客观情况。不可抗力的范围一般包括因战争、敌对行动（无论是否宣战）、入侵、外敌行为、军事政变、恐怖主义、骚动、暴动、空中飞行物坠落或其他非合同双方当事人责任或原因造成的罢工、停工、爆炸、火灾等，以及当地气象、地震、卫生等部门规定的情形。双方当事人应当在合同专用条款中明确约定不可抗力的范围以及具体的判断标准。

2. 不可抗力造成损失的承担

1）费用损失的承担原则

因不可抗力事件导致的人员伤亡、财产损失及其费用增加，发承包双方应按以下原则分别承担并调整合同价款和工期：

（1）合同工程本身的损害、因工程损害导致第三方人员伤亡和财产损失以及运至施工场地用于施工的材料和待安装的设备的损害，由发包人承担。

（2）发包人、承包人人员伤亡由其所在单位负责，并承担相应费用。

（3）承包人的施工机械设备损坏及停工损失，由承包人承担。

（4）停工期间，承包人应发包人要求留在施工场地的必要的管理人员及保卫人员的费用由发包人承担。

（5）工程所需清理、修复费用，由发包人承担。

2）工期的处理

因发生不可抗力事件导致工期延误的，工期相应顺延。发包人要求赶工的，承包人应采取赶工措施，赶工费用由发包人承担。

（二）提前竣工（赶工补偿）与误期赔偿

1. 提前竣工（赶工补偿）

（1）赶工费用。发包人应当依据相关工程的工期定额合理计算工期，压缩的工期天数不得超过定额工期的20%超过的，应在招标文件中明示增加赶工费用。赶工费用的主要内容包括：

（1）人工费的增加，例如新增加投入人工的报酬，不经济使用人工的补贴等。

（2）材料费的增加，例如可能造成不经济使用材料而损耗过大，材料提前交货可能增加的费用、材料运输费的增加等。

（3）机械费的增加，例如可能增加机械设备投入，不经济的使用机械等。

2）提前竣工奖励

发承包双方可以在合同中约定提前竣工的奖励条款，明确每日历天应奖励额度。约定提前竣工奖励的，如果承包人的实际竣工日期早于计划竣工日期，承包人有权向发包人提出并得到提前竣工天数和合同约定的每日历天应奖励额度的乘积计算的提前竣工奖励。一般来说，双方还应当在合同中约定提前竣工奖励的最高限额（如合同价款的5%）。提前竣工奖励列入竣工结算文件中，与结算款一并支付。

发包人要求合同工程提前竣工，应征得承包人同意后与承包人商定采取加快工程进度的措施，并修订合同工程进度计划。发包人应承担承包人由此增加的提前竣工（赶工补偿）费。发承包双方应在合同中约定每日历天的赶工补偿额度，此项费用作为增加合同价款，列入竣工结算文件中，与结算款一并支付。

2. 误期赔偿

承包人未按照合同约定施工，导致实际进度迟于计划进度的，承包人应加快进度，实现合同工期。合同工程发生误期，承包人应赔偿发包人由此造成的损失，并应按照合同约定向发包人支付误期赔偿费。即使承包人支付误期赔偿费，也不能免除承包人按照合同约定应承担的任何责任和应履行的任何义务。

发承包双方应在合同中约定误期赔偿费，明确每日历天应赔偿额度.如果承包人的实际进度迟于计划进度，发包人有权向承包人索取并得到实际延误天数和合同约定的每日历天应赔偿额度的乘积计算的误期赔偿费。一般来说，双方还应当在合同中约定误期赔偿费的最高限额（如合同价款的5%）。误期赔偿费列入竣工结算文件中，并应在结算款中扣除。

如果在工程竣工之前，合同工程内的某单项（或单位）工程已通过了竣工验收，且该单项（或单位）工程接收证书中表明的竣工日期并未延误，而是合同工程的其他部分产生了工期延误，则误期赔偿费应按照已颁发工程接收证书的单项（或单位）工程造价占合同价款的比例幅度予以扣减。

（三）索　赔

1. 索赔的概念及分类

工程索赔是指在工程合同履行过程中，当事人一方因非己方的原因而遭受经济损失或工期延误，按照合同约定或法律规定，应由对方承担责任，而向对方提出工期和（或）费用补偿要求的行为。

（1）按索赔的当事人分类。根据索赔的合同当事人不同，可以将工程索赔分为：

① 承包人与发包人之间的索赔。该类索赔发生在建设工程施工合同的双方当事人之间，既包括承包人向发包人的索赔，也包括发包人向承包人的索赔。但是在工程实践中，经常发生的索赔事件，大都是承包人向发包人提出的，本教材中所提及的索赔，如果未作特别说明，即是指此类情形。

② 总承包人和分包人之间的索赔。在建设工程分包合同履行过程中，索赔事件发生后，无论是发包人的原因还是总承包人的原因所致，分包人都只能向总承包人提出索赔要求，而不能直接向发包人提出。

（2）按索赔目的和要求分类。根据索赔的目的和要求不同，可以将工程索赔分为工索赔和费用索赔。

① 工期索赔。工期索赔一般是指工程合同履行过程中，由于非因自身原因造成工期延误，按照合同约定或法律规定.承包人向发包人提出合同工期补偿要求的行为。工期顺延的要求获得批准后，不仅可以免除承包人承担拖期违约赔偿金的责任，而且承包人还有可能因工期提前获得赶工补偿（或奖励）。

② 费用索赔。费用索赔是指工程承包合同履行中.当事人一方因非己方原因而遭受费用损失，按合同约定或法律规定应由对方承担责任，而向对方提出增加费用要求的行为。

（3）按索赔事件的性质分类。根据索赔事件的性质不同，可以将工程索赔分为：

① 工程延误索赔。因发包人未按合同要求提供施工条件，或因发包人指令工程暂停或不可抗力事件等原因造成工期拖延的，承包人可以向发包人提出索赔；如果由于承包人原因导致工期拖延，发包人可以向承包人提出索赔。

② 加速施工索赔。由于发包人指令承包人加快施工速度，缩短工期，引起承包人的人力、物力、财力的额外开支，承包人提出的索赔。

③ 工程变更索赔。由于发包人指令增加或减少工程量或增加附加工程、修改设计、变更工程顺序等，造成工期延长和（或）费用增加，承包人就此提出索赔。

④ 合同终止的索赔。由于发包人违约或发生不可抗力事件等原因造成合同非正常终止，承包人因其遭受经济损失而提出索赔。如果由于承包人的原因导致合同非正常终止，或者合同无法继续履行，发包人可以就此提出索赔。

⑤ 不可预见的不利条件索赔。承包人在工程施工期间，施工现场遇到一个有经验的承包人通常不能合理预见的不利施工条件或外界障碍，例如地质条件与发包人提供的资料不符，出现不可预见的地下水、地质断层、溶洞、地下障碍物等，承包人可以就因此遭受的损失提出索赔。

⑥ 不可抗力事件的索赔。工程施工期间，因不可抗力事件的发生而遭受损失的一方，可

以根据合同中对不可抗力风险分担的约定，向对方当事人提出索赔。

⑦ 其他索赔。如因货币贬值、汇率变化、物价上涨、政策法令变化等原因引起的索赔。

《标准施工招标文件》（2007 年版）的通用合同条款中，按照引起索赔事件的原因不同，对一方当事人提出的索赔可能给予合理补偿工期、费用和（或）利润的情况，分别做出了相应的规定。其中，引起承包人索赔的事件以及可能得到的合理补偿内容如表 5.1.1 所示。

表 5.1.1　《标准施工招标文件》中承包人的索赔事件及可补偿内容

序号	索赔事件	可补偿内容		
		工期	费用	利润
1	异常恶劣的气候条件导致工期的延误	√		
2	因不可抗力造成工期延误	√		
3	提前向承包人提供材料、工程设备		√	
4	因发包人的原因造成承包人人员工伤事故		√	
5	承包人提前竣工		√	
6	基准日后法律变化		√	
7	工程移交后因发包人原因出现的缺陷修复后的试验和试运行		√	
8	因不可抗力停工期间应监理人要求照管、清理、修复工程		√	
9	施工中发现文物、古迹	√	√	
10	监理人指令迟延或错误	√	√	
11	施工中遇到不利物质条件	√	√	
12	发包人更换其提供的不合格材料、工程设备	√	√	
13	因发包人原因导致工程试运行失败		√	√
14	工程移交后因发包人原因出现新的缺陷或损坏的修复		√	√
15	延迟提供图纸	√	√	√
16	延迟提供施工场地	√	√	√
17	发包人提供材料、工程设备不合格或延迟提供或变更交货地点	√	√	√
18	承包人依据发包人提供的错误资料导致测量放线错误	√	√	√
19	发包人暂停施工造成工期延误	√	√	√
20	因发包人原因造成工期延误	√	√	√
21	工程暂停后因发包人原因无法按时复工	√	√	√
22	因发包人原因导致承包人工程返工	√	√	√
23	监理人对已经覆盖的隐蔽工程要求重新检查且检查结果合格	√	√	√
24	因发包人提供的材料、工程设备不合格造成工程不合格	√	√	√
25	承包人应监理人要求对材料、工程设备和工程重新检查且检查结果合格	√	√	√
26	发包人在工程竣工前提前占用工程	√	√	√
27	因发包人违约导致承包人暂停施工	√	√	√

2. 索赔的依据和前提条件

1）索赔的依据

提出索赔和处理索赔都要依据下列文件或凭证：

（1）工程施工合同文件。工程施工合同是工程索赔中最关键和最主要的依据，工程施工期间，发承包双方关于工程的洽商、变更等书面协议或文件，也是索赔的重要依据。

（2）国家法律、法规。国家制定的相关法律、行政法规，是工程索赔的法律依据。工程项目所在地的地方性法规或地方政府规章，也可以作为工程索赔的依据，但应当在施工合同专用条款中约定为工程合同的适用法律。

（3）国家、部门和地方有关的标准、规范和定额。对于工程建设的强制性标准，是合同双方必须严格执行的；对于非强制性标准，必须在合同中有明确规定的情况下，才能作为索赔的依据。

（4）工程施工合同履行过程中与索赔事件有关的各种凭证。这是承包人因索赔事件所遭受费用或工期损失的事实依据，它反映了工程的计划情况和实际情况。

2）索赔成立的条件

承包人工程索赔成立的基本条件包括：

（1）索赔事件已造成了承包人直接经济损失或工期延误。

（2）造成费用增加或工期延误的索赔事件是因非承包人的原因发生的。

（3）承包人已经按照工程施工合同规定的期限和程序提交了索赔意向通知、索赔报告及相关证明材料。

3. 费用索赔的计算

1）索赔费用的组成

对于不同原因引起的索赔，承包人可索赔的具体费用内容是不完全一样的。但归纳起来，索赔费用的要素与工程造价的构成基本类似，一般可归结为人工费、材料费、施工机具使用费、分包费、施工管理费、利息、利润、保险费等。

（1）人工费。人工费的索赔包括：由于完成合同之外的额外工作所花费的人工费用；超过法定工作时间加班劳动；法定人工费增长；因非承包商原因导致工效降低所增加的人工费用，因非承包商原因导致工程停工的人员窝工费和工资上涨费等。在计算停工损失中人工费时，通常采取人工单价乘以折算系数计算。

（2）材料费。材料费的索赔包括：由于索赔事件的发生造成材料实际用量超过计划用量而增加的材料费；由于发包人原因导致工程延期期间的材料价格上涨和超期储存费用。

材料费中应包括运输费、仓储费，以及合理的损耗费用。如果由于承包商管理不善，造成材料损坏失效，则不能列入索赔款项内。

（3）施工机具使用费。主要内容为施工机械使用费施工机械使用费的索赔包括：由于完成合同之外的额外工作所增加的机械使用费；非因承包人原因导致工效降低所增加的机械使用费；由于发包人或工程师指令错误或迟延导致机械停工的台班停滞费。在计算机械设备台班停滞费时，不能按机械设备台班费计算，因为台班费中包括设备使用费。如果机械设备是承包人自有设备，一般按台班折旧费、人工费与其他费之和计算；如果是承包人租赁的设备，一般按台班租金加上每台班分摊的施工机械进出场费计算。

（4）现场管理费。现场管理费的索赔包括承包人完成合同之外的额外工作以及由于发包人原因导致工期延期期间的现场管理费，包括管理人员工资、办公费、通信费、交通费等。

现场管理费索赔金额的计算公式为：

$$现场管理费索赔金额＝索赔的直接成本费用×现场管理费率 \qquad （5.1.8）$$

其中，现场管理费率的确定可以选用下面的方法：① 合同百分比法，即管理费比率在合同中规定；② 行业平均水平法，即采用公开认可的行业标准费率；③ 原始估价法，即采用投标报价时确定的费率；④ 历史数据法，即采用以往相似工程的管理费率。

（5）总部（企业）管理费。总部管理费的索赔主要指的是由于发包人原因导致工程延期期间所增加的承包人向公司总部提交的管理费，包括总部职工工资、办公大楼折旧、办公用品、财务管理、通信设施以及总部领导人员赴工地检查指导工作等开支。总部管理费索赔金额的计算，目前还没有统一的方法。通常可采用以下几种方法：

① 按总部管理费的比率计算：

$$总部管理费索赔金额＝（直接费索赔金额＋现场管理费索赔金额）× \\ 总部管理费比率（\%） \qquad （5.1.9）$$

其中，总部管理费的比率可以按照投标书中的总部管理费比率计算（一般为 3%～8%），也可以按照承包人公司总部统一规定的管理费比率计算。

② 按已获补偿的工程延期天数为基础计算。该公式是在承包人已经获得工程延期索赔的批准后，进一步获得总部管理费索赔的计算方法，计算步骤如下：

a. 计算被延期工程应当分摊的总部管理费：

$$\frac{延期工程应分摊}{的总部管理费}＝\frac{同期公司计划}{总部管理费}×\frac{延期工程合同价格}{同期公司所有工程合同总价} \qquad （5.1.10）$$

b. 计算被延期工程的日平均总部管理费：

$$延期工程的日平均总部管理费＝\frac{延期工程应分摊的总部管理费}{延期工程计划工期} \qquad （5.1.11）$$

c. 计算索赔的总部管理费：

$$索赔的总部管理费＝延期工程的日平均总部管理费×工程延期的天数 \\ （5.1.12）$$

（6）保险费。因发包人原因导致工程延期时，承包人必须办理工程保险、施工人员意外伤害保险等各项保险的延期手续，对于由此而增加的费用，承包人可以提出索赔。

（7）保函手续费。因发包人原因导致工程延期时，承包人必须办理相关履约保函的延期手续，对于由此而增加的手续费，承包人可以提出索赔。

（8）利息。利息的索赔包括：发包人拖延支付工程款利息；发包人迟延退还工程质量保证金的利息；承包人垫资施工的垫资利息；发包人错误扣款的利息等。至于具体的利率标准，双方可以在合同中明确约定，没有约定或约定不明的，可以按照中国人民银行发布的同期同类贷款利率计算。

（9）利润。一般来说，由于工程范围的变更、发包人提供的文件有缺陷或错误、发包人未能提供施工场地以及因发包人违约导致的合同终止等事件引起的索赔，承包人都可以列入利润。比较特殊的是，根据《标准施工招标文件》（2007 年版）通用合同条款第 11.3 款的规定，对于因发包人原因暂停施工导致的工期延误，承包人有权要求发包人支付合理的利润（参见表 5.1.4）索赔利润的计算通常是与原报价单中的利润百分率保持一致。但是应当注意的是，由于工程是清单中的单价是综合单价，已经包含了人工费、材料费、施工机具使用费、企业管理费、利润以及一定范围内的风险费用，在索赔计算中不应重复计算。

同时，由于一些引起索赔的事件，同时也可能是合同中约定的合同价款调整因素（如工程变更、法律法规的变化以及物价波动等），因此，对于已经进行了合同价款调整的索赔事件，承包人在费用索赔的计算时，不能重复计算。

（10）分包费用。由于发包人的原因导致分包工程费用增加时，分包人只能向总承包人提出索赔，但分包人的索赔款项应当列人总承包人对发包人的索赔教项中。分包费用索赔指的是分包人的索赔费用，一般也包括与上述费用类似的内容索赔。

2）费用索赔的计算方法

索赔费用的计算应以赔偿实际损失为原则，包括直接损失和间接损失。索赔费用的计算方法通常有三种，即实际费用法、总费用法和修正的总费用法。

（1）实际费用法。实际费用法又称分项法，即根据索赔事件所造成的损失或成本增加，按费用项目逐项进行分析、计算索赔金额的方法。这种方法比较复杂，但能客观地反映施工单位的实际损失，比较合理，易于被当事人接受，在国际工程中被广泛采用。

由于索赔费用组成的多样化，不同原因引起的索赔，承包人可索赔的具体费用内容有所不同，必须具体问题具体分析。由于实际费用法所依据的是实际发生的成本记录或单据，因此，在施工过程中，系统而准确地积累记录资料是非常重要的。

（2）总费用法。总费用法，也被称为总成本法，就是当发生多次索赔事件后，重新计算工程的实际总费用，再从该实际总费用中减去投标报价时的估算总费用，即为索赔金额。总费用法计算索赔金额的公式如下：

$$索赔金额 = 实际总费用 - 投标报价估算总费用 \tag{5.1.13}$$

但是，在总费用法的计算方法中，没有考虑实际总费用中可能包括由于承包商的原因（如施工组织不善）而增加的费用，投标报价估算总费用也可能由于承包人为谋取中标而导致过低的报价，因此，总费用法并不十分科学。只有在难于精确地确定某些索赔事件导致的各项费用增加额时，总费用法才得以采用。

（3）修正的总费用法。修正的总费用法是对总费用法的改进，即在总费用计算的原则上，去掉一些不合理的因素，使其更为合理。修正的内容如下：

① 将计算索赔款的时段局限于受到索赔事件影响的时间，而不是整个施工期。

② 只计算受到索赔事件影响时段内的某项工作所受影响的损失，而不是计算该时段内所有施工工作所受的损失。

③ 与该项工作无关的费用不列人总费用中。

④ 对投标报价费用重新进行核算，即按受影响时段内该项工作的实际单价进行核算，乘以实际完成的该项工作的工程量，得出调整后的报价费用。

按修正后的总费用计算索赔金额的公式如下：

$$索赔金额＝某项工作调整后的实际总费用－该项工作的报价费用 \qquad (5.1.14)$$

修正的总费用法与总费用法相比，有了实质性的改进，它的准确程度已接近于实际费用法。

【例 5.1.2】　某施工合同约定，施工现场主导施工机械 1 台，由施工企业租得，台班单价为 300 元/台班，租货费为 100 元/台班，人工工资为 40 元/工日，窝工补贴为 10 元/工日，以人工费为基数的综合费率为 35%，在施工过程中，发生了如下事件：① 出现异常恶劣天气导致工程停工 2 天，人员窝工 30 个工日；② 因恶劣天气导致场外道路中断抢修道路用工 20 工日；③ 场外大面积停电，停工 2 天，人员窝工 10 工日。为此，施工企业可向业主索赔费用为多少。

解：各事件处理结果如下：

（1）异常恶劣天气导致的停工通常不能进行费用索赔。

（2）抢修道路用工的索赔顺＝20×40×（1＋35%）＝1 080（元）。

（3）停电导致的索赔领＝2×100＋10×10＝300（元）。

总索赔费用＝1 080＋300＝1380（元）。

4. 工期索赔的计算

工期索赔，一般是指承包人依据合同对由于因非自身原因导致的工期延误向发包人提出的工期顺延要求。

1）工期索赔中应当注意的问题

在工期索赔中特别应当注意以下问题：

（1）划清施工进度拖延的责任。因承包人的原因造成施工进度滞后，属于不可原谅的延期；只有承包人不应承担任何责任的延误，才是可原谅的延期。有时工程延期的原因中可能包含有双方贵任，此时监理人应进行详细分析，分清贵任比例，只有可原谅延期部分才能批准顺延合同工期。可原谅延期，又可细分为可原谅并给予补偿费用的延期和可原谅但不给予补偿费用的延期；后者是指非承包人贵任事件的影响并未导致施工成本的额外支出，大多属于发包人应承担风险责任事件的影响，如异常恶劣的气候条件影响的停工等。

（2）被延误的工作应是处于施工进度计划关键线路上的施工内容。只有位于关键线路上工作内容的滞后，才会影响到竣工日期。但有时也应注意，既要看被延误的工作是否在批准进度计划的关键路线上，又要详细分析这一延误对后续工作的可能影响。因为若对非关键路线工作的影响时间较长，超过了该工作可用于自由支配的时间，也会导致进度计划中非关键路线转化为关键路线，其滞后将影响总工期的拖延。此时，应充分考虑该工作的自由时间，给予相应的工期顺延，并要求承包人修改施工进度计划。

2）工期索赔的具体依据

承包人向发包人提出工期索赔的具体依据主要包括：

（1）合同约定或双方认可的施工总进度规划。

（2）合同双方认可的详细进度计划。

（3）合同双方认可的对工期的修改文件。

（4）施工日志、气象资料。

（5）业主或工程师的变更指令。

（6）影响工期的干扰事件。

（7）受干扰后的实际工程进度等。

3）工期索赔的计算方法

（1）直接法。如果某干扰事件直接发生在关键线路上，造成总工期的延误，可以直接将该干扰事件的实际干扰时间（延误时间）作为工期索赔值。

（2）比例计算法。如果某干扰事件仅仅影响某单项工程、单位工程或分部分项工程的工期，要分析其对总工期的影响，可以采用比例计算法。

① 已知受干扰部分工程的延期时间：

$$工期索赔值 = 受干扰部分工期拖延时间 \times \frac{受干扰部分工程的合同价格}{原合同总价} \qquad (5.1.15)$$

② 已知额外增加工程量的价格：

$$工期索赔值 = 原合同总工期 \times \frac{额外增加的工程量的价格}{原合同总价} \qquad (5.1.16)$$

比例计算法虽然简单方便，但有时不符合实际情况，而且比例计算法不适用于变更施工顺序、加速施工、删减工程量等事件的索赔。

（3）网络图分析法。网络图分析法是利用进度计划的网络图.分析其关键线路。如果延误的工作为关键工作，则延误的时间为索赔的工期；如果延误的工作为非关键工作，当该工作由于延误超过时差限制而成为关键工作时，可以索赔延误时间与时差的差值，若该工作延误后仍为非关键工作，则不存在工期索赔问题。

该方法通过分析干扰事件发生前和发生后网络计划的计算工期之差来计算工期索赔值，可以用于各种干扰事件和多种干扰事件共同作用所引起的工期索赔。

4）共同延误的处理

在实际施工过程中，工期拖期很少是只由一方造成的，往往是两、三种原因同时发生（或相互作用）而形成的，故称为"共同延误"。在这种情况下，要具体分析哪一种情况延误是有效的，应依据以下原则：

（1）首先判断造成拖期的哪一种原因是最先发生的，即确定"初始延误"者，它应对工程拖期负责。在初始延误发生作用期间，其他并发的延误者不承担拖期责任。

（2）如果初始延误者是发包人原因，则在发包人原因造成的延误期内，承包人既可得到工期延长，又可得到经济补偿。

（3）如果初始延误者是客观原因，则在客观因素发生影响的延误期内，承包人可以得到工期延长，但很难得到费用补偿。

（4）如果初始延误者是承包人原因，则在承包人原因造成的延误期内，承包人既不能得到工期补偿，也不能得到费用补偿。

五、其他类合同价款调整事项

其他类合同价款调整事项主要指现场签证。现场签证是指发包人或其授权现场代表（包括工程监理人、工程造价咨询人）与承包人或其授权现场代表就施工过程中涉及的责任事件所做的签认证明。施工合同履行期间出现现场签证事件的，发承包双方应调整合同价款。

1. 现场签证的提出

承包人应发包人要求完成合同以外的零星项目、非承包人责任事件等工作的，发包人应及时以书面形式向承包人发出指令，提供所需的相关资料；承包人在收到指令后，应及时向发包人提出现场签证要求。

承包人在施工过程中，若发现合同工程内容因场地条件、地质水文、发包人要求等不一致时，应提供所需的相关资料，提交发包人签证认可，作为合同价款调整的依据。

2. 现场签证的价款计算

（1）现场签证的工作如果已有相应的计日工单价，现场签证报告中仅列明完成该签证工作所需的人工、材料、工程设备和施工机具台班的数量。

（2）如果现场签证的工作没有相应的计日工单价，应当在现场签证报告中列明完成该签证工作所需的人工、材料、工程设备和施工机具台班的数量及其单价。

承包人应按照现场签证内容计算价款，报送发包人确认后，作为增加合同价款，与进度款同期支付。

3. 现场签证的限制

合同工程发生现场签证事项，未经发包人签证确认，承包人便擅自实施相关工作的，除非征得发包人书面同意，否则发生的费用由承包人承担。

第二节　工程计量与合同价款结算

合同价款结算是指依据建设工程发承包合同等进行工程预付款、进度款、竣工价款结算的活动。

一、工程计量

对承包人已经完成的合格工程进行计量并予以确认，是发包人支付工程价款的前提工作。因此，工程计量不仅是发包人控制施工阶段工程造价的关键环节，也是约束承包人履行合同义务的重要手段。

（一）工程计量的原则与范围

1. 工程计量的概念

所谓工程计量，就是发承包双方根据合同约定，对承包人完成合同工程的数量进行的计算和确认。具体地说，就是双方根据设计图纸、技术规范以及施工合同约定的计量方式和计算方法，对承包人已经完成的质量合格的工程实体数量进行测量与计算，并以物理计量单位或自然计量单位进行标识、确认的过程。

招标工程量清单中所列的数最，通常是根据设计图纸计算的数量，是对合同工程的估计工程量。工程施工过程中，通常会由于一些原因导致承包人实际完成工程量与工程量清单中所列工程量的不一致，比如：招标工程量清单缺项或项目特征描述与实际不符；工程变更；现场施工条件的变化；现场签证；暂估价中的专业工程发包等等。因此，在工程合同价款结算前，必须对承包人履行合同义务所完成的实际工程进行准确的计量。

2. 工程计量的原则

工程计量的原则包括下列 3 个方面：

（1）不符合合同文件要求的工程不予计量。即工程必须满足设计图纸、技术规范等合同文件对其在工程质量上的要求，同时有关的工程质量验收资料齐全、手续完备，满足合同文件对其在工程管理上的要求。

（2）按合同文件所规定的方法、范围、内容和单位计量。工程计量的方法、范围、内容和单位受合同文件所约束，其中工程量清单（说明）、技术规范、合同条款均会从不同角度、不同侧面涉及这方面的内容。在计量中要严格遵循这些文件的规定，并且一定要结合起来使用。

（3）因承包人原因造成的超出合同工程范围施工或返工的工程量，发包人不予计量。

3. 工程计量的范围与依据

（1）工程计量的范围包括：工程量清单及工程变更所修订的工程量清单的内容；合同文件中规定的各种费用支付项目，如费用索赔、各种预付款、价格调整、违约金等。

（2）工程计量的依据包括：工程量清单及说明、合同图纸、工程变更令及其修订的工程量清单、合同条件、技术规范、有关计量的补充协议、质量合格证书等。

（二）工程计量的方法

工程量必须按照相关工程现行国家工程是计算规范规定的工程量计算规则计算。工程计量可选择按月或按工程形象进度分段计量，具体计量周期在合同中约定。因承包人原因造成的超出合同工程范围施工或返工的工程量，发包人不予计量。通常区分单价合同和总价合同规定不同的计量方法，成本加酬金合同按照单价合同的计量规定进行计量。

1. 单价合同计量

单价合同工程量必须以承包人完成合同工程应予计量的按照现行国家工程量计算规范规定的工程量计算规则计算得到的工程量确定。施工中工程计量时，若发现招标工程量清单中出现缺项、工程量偏差，或因工程变更引起工程量的增减，应按承包人在履行合同义务中完成的工程量计算。

2. 总价合同计量

采用工程量清单方式招标形成的总价合同，工程量应按照与单价合同相同的方式计算。采用经审定批准的施工图纸及其预算方式发包形成的总价合同，除按照工程变更规定引起的工程量增减外，总价合同各项目的工程量是承包人用于结算的最终工程量。总价合同约定的项目计里应以合同工程经审定批准的施工图纸为依据，发承包双方应在合同中约定工程计量的形象目标或时间节点进行计量。

二、预付款及期中支付

（一）预付款

工程预付款是由发包人按照合同约定，在芷式开工前由发包人预先支付给承包人，用于购买工程施工所需的材料和组织施工机械和人员进场的价款。

1. 预付教的支付

工程预付款额度，各地区、各部门的规定不完全相同，主要是保证施工所需材料和构件的正常储备。工程预付款额度一般是根据施工工期、建安工作量、主要材料和构件费用占建安工程费的比例以及材料储备周期等因素经测算来确定。

（1）百分比法。发包人根据工程的特点、工期长短、市场行情、供求规律等因素，招标时在合同条件中约定工程预付款的百分比。包工包料工程的预付款的支付比例不得低于签约合同价（扣除暂列金额）的10%，不宜高于签约合同价（扣除暂列金额）的30%。

（2）公式计算法。公式计算法是根据主要材料（含结构件匀占年度承包工程总价的比重，材料储备定额天数和年度施工天数等因素，通过公式计算预付款额度的一种方法。

其计算公式为：

$$工程预付款数额 = \frac{年度工程总价 \times 材料比例（\%）}{年度施工天数} \times 材料储备定额天数 \quad （5.2.1）$$

式中：年度施工天数按365天日历天计算；材料储备定额天数由当地材料供应的在途天数、加工天数、整理天数、供应间隔天数、保险天数等因素决定。

2. 预付款的扣回

发包人支付给承包人的工程预付款属于预支性质，随着工程的逐步实施后，原已支付的预付款应以充抵工程价款的方式陆续扣回，抵扣方式应当由双方当事人在合同中明确约定。扣款的方法主要有以下两种：

（1）按合同约定扣款。预付款的扣款方法由发包人和承包人通过洽商后在合同中予以确定，一般是在承包人完成金额累计达到合同总价的一定比例后，由承包人卂始向发包人还款，发包人从每次应付给承包人的金额中扣回工程预付款，发包人至少在合同规定的完工期前将工程预付款的总金额逐次扣回。国际工程中的扣款方法一般为：当工程进度款累计金额超过合同价格的10%~20%时开始起扣，每月从进度款中按一定比例扣回。

（2）起扣点计算法。从未施工工程尚需的主要材料及构件的价值相当于工程预付款数额时起扣，此后每次结算工程价款时，按材料所占比重扣减工程价款，至工程竣工前全部扣清。起扣点的计算公式如下：

$$T = P - \frac{M}{N} \quad （5.2.2）$$

式中　T——起扣点（即工程预付款开始扣回时）的累计完成工程金额；

P——承包工程合同总额；

M——工程预付款总额；

N——主要材料及构件所占比重。

该方法对承包人比较有利，最大限度地占用了发包人的流动资金，但是，显然不利于发包人资金使用。

3．预付款担保

1）预付款担保的概念及作用

预付款担保是指承包人与发包人签订合同后领取预付款前，承包人正确、合理使用发包人支付的预付款而提供的担保。其主要作用是保证承包人能够按合同规定的目的使用并及时偿还发包人已支付的全部预付金额。如果承包人中途毁约，中止工程，使发包人不能在规定期限内从应付工程款中扣除全部预付款，则发包人有权从该项担保金额中获得补偿。

2）预付款担保的形式

预付款担保的主要形式为银行保函。预付款担保的担保金额通常与发包人的预付款是等值的。预付款一般逐月从工程进度款中扣除，预付款担保的担保金额也相应逐月减少。承包人的预付款保函的担保金额根据预付款扣回的数额相应扣减，但在预付款全部扣回之前一直保持有效。

预付款担保也可以采用发承包双方约定的其他形式，如由担保公司提供担保，或采取抵押等担保形式。

4．安全文明施工费

发包人应在工程开工后的 28 天内预付不低于当年施工进度计划的安全文明施工费总额的 60%，其余部分按照提前安排的原则进行分解，与进度款同期支付。

发包人没有按时支付安全文明施工费的，承包人可催告发包人支付，发包人在付款期满后的 7 天内仍未支付的，若发生安全事故，发包人应承担连带责任。

（二）期中支付

合同价款的期中支付，是指发包人在合同工程施工过程中，按照合同约定对付款周期内承包人完成的合同价款给予支付的款项，也就是工程进度款的结算支付。发承包双方应按照合同约定的时间、程序和方法，根据工程计量结果，办理期中价款结算，支付进度款。进度款支付周期，应与合同约定的工程计量周期一致。

1．期中支付价款的计算

（1）已完工程的结算价款。已标价工程量清单中的单价项目，承包人应按工程计量确认的工程量与综合单价计算。如综合单价发生调整的，以发承包双方确认调整的综合单价计算进度款。

已标价工程量清单中的总价项目，承包人应按合同中约定的进度款支付分解，分别列入进度款支付申请中的安全文明施工费和本周期应支付的总价项目的金额中。

（2）结算价款的调整。承包人现场签证和得到发包人确认的索赔金额列入本周期应增加的金额中。由发包人提供的材料、工程设备金额，应按照发包人签约提供的单价和数量从进度款支付中扣出，列入本周期应扣减的金额中。

（3）进度款的支付比例。进度款的支付比例按照合同约定，按期中结算价款总额计，不低于 60%，不高于 90%。

2. 期中支付的文件

1）进度款支付申请

承包人应在每个计量周期到期后向发包人提交已完工程进度款支付申请一式四份，详细说明此周期认为有权得到的款额，包括分包人已完工程的价款。

支付申请的内容包括：

（1）累计已完成的合同价款。

（2）累计已实际支付的合同价款。

（3）本周期合计完成的合同价款，其中包括：① 本周期已完成单价项目的金额；② 本周期应支付的总价项目的金额；③ 本周期已完成的计日工价款；④ 本周期应支付的安全文明施工费；⑤ 本周期应增加的金额。

（4）本周期合计应扣减的金额，其中包括，① 本周期应扣回的预付款；② 本周期应扣减的金额。

（5）本周期实际应支付的合同价款。

2）进度款支付证书

发包人应在收到承包人进度款支付申请后，根据计量结果和合同约定对申请内容予以核实，确认后向承包人出具进度款支付证书。若发、承包双方对有的清单项目的计量结果出现争议，发包人应对无争议部分的工程计量结果向承包人出具进度款支付证书。

3）支付证书的修正

发现已签发的任何支付证书有错、漏或重复的数额，发包人有权予以修正，承包人也有权提出修正申请。经发承包双方复核同愈修正的，应在本次到期的进度款中支付或扣除。

三、竣工结算

工程竣工结算是指工程项目完工并经竣工验收合格后，发承包双方按照施工合同的约定对所完成的工程项目进行的合同价款的计算、调整和确认。工程竣工结算分为单位工程竣工结算、单项工程竣工结算和建设项目竣工总结算，其中，单位工程竣工结算和单项工程竣工结算也可看作是分阶段结算。

（一）工程竣工结算的编制和审核

单位工程竣工结算由承包人编制，发包人审查；实行总承包的工程，由具体承包人编制，在总包人审查的基础上，发包人审查。单项工程竣工结算或建设项目竣工总结算由总（承）包人编制，发包人可直接进行审查，也可以委托具有相应资质的工程造价咨询机构进行审查。政府投资项目，由同级财政部门审查。单项工程竣工结算或建设项目竣工总结算经发承包人签字盖章后有效。承包人应在合同约定期限内完成项目竣工结算编制工作，未在规定期限内完成的并且提不出正当理由延期的，责任自负。

1. 工程竣工结算的编制依据

工程竣工结算由承包人或受其委托具有相应资质的工程造价咨询人编制，由发包人或受其委托具有相应资质的工程造价咨询人核对。工程竣工结算编制的主要依据有：

（1）《建设工程工程量清单计价规范》GB 50500—2013。

（2）工程合同。

（3）发、承包双方实施过程中已确认的工程量及其结算的合同价款。

（4）发、承包双方实施过程中已确认调整后追加（减）的合同价款。

（5）建设工程设计文件及相关资料。

（6）投标文件。

（7）其他依据。

2. 工程竣工结算的计价原则

在采用工程量清单计价的方式下，工程竣工结算的编制应当规定的计价原则如下：

（1）分部分项工程和措施项目中的单价项目应依据双方确认的工程量与已标价工程量清单的综合单价计算；如发生调整的，以发承包双方确认调整的综合单价计算。

（2）措施项目中的总价项目应依据合同约定的项目和金额计算；如发生调整的，以发承包双方确认调整的金额计算，其中安全文明施工费必须按照国家或省级、行业建设主管部门的规定计算。

（3）其他项目应按下列规定计价：

① 计日工应按发包人实际签证确认的事项计算。

② 暂估价应按发、承包双方按照《建设工程工程量清单计价规范》GB 50500—2013 的相关规定计算。

③ 总承包服务费应依据合同约定金额计算，如发生调整的，以发承包双方确认调整的金额计算。

④ 施工索赔费用应依据发承包双方确认的索赔事项和金额计算。

⑤ 现场签证费用应依据发承包双方签证资料确认的金额计算。

⑥ 暂列金额应减去工程价款调整（包括索赔、现场签证）金额计算，如有余额归发包人。

（4）规费和税金应按照国家或省级、行业建设主管部门的规定计算。规费中的工程排污费应按工程所在地环境保护部门规定标准缴纳后按实列入。

此外，发承包双方在合同工程实施过程中已经确认的工程计量结果和合同价款，在竣工结算办理中应直接进入结算。

采用总价合同的，应在合同总价基础上，对合同约定能调整的内容及超过合同约定范围的风险因素进行调整；采用单价合同的，在合同约定风险范围内的综合单价应固定不变，并应按合同约定进行计量，且应按实际完成的工程量进行计量。

3. 竣工结算的审核

（1）国有资金投资建设工程的发包人，应当委托具有相应资质的工程造价咨询企业对竣工结算文件进行审核，并在收到竣工结算文件后的约定期限内向承包人提出由工程造价咨询企业出具的竣工结算文件审核意见；逾期未答复的，按照合同约定处理，合同没有约定的，竣工结算文件视为已被认可。

（2）非国有资金投资的建筑工程发包人，应当在收到竣工结算文件后的约定期限内予以答复，逾期未答复的，按照合同约定处理，合同没有约定的，竣工结算文件视为已被认可；发包人对竣工结算文件有异议的，应当在答复期内向承包人提出，并可以在提出异议之日起的约定期限内与承包人协商；发包人在协商期内未与承包人协商或者经协商未能与承包人达成协议的，应当委托工程造价咨询企业进行竣工结算审核，并在协商期满后的约定期限内向承包人提出由工程造价咨询企业出具的竣工结算文件审核意见。

（3）发包人委托工程造价咨询机构核对竣工结算的，工程造价咨询机构应在规定期限内核对完毕，核对结论与承包人竣工结算文件不一致的，应提交给承包人复核，承包人应在规定期限内将同意核对结论或不同意见的说明提交工程造价咨询机构。工程造价咨询机构收到承包人提出的异议后，应再次复核，复核无异议的，发承包双方应在规定期限内在竣工结算文件上签字确认，竣工结算办理完毕；复核后仍有异议的，对于无异议部分办理不完全竣工结算；有异议部分由发承包双方协商解决，协商不成的，按照合同约定的争议解决方式处理。承包人逾期未提出书面异议的，视为工程造价咨询机构核对的竣工结算文件已经承包人认可。

（4）接受委托的工程造价咨询机构从事竣工结算审核工作通常应包括下列三个阶段：

① 准备阶段。准备阶段应包括收集、整理竣工结算审核项目的审核依据资料，做好送审资料的交验、核实、签收工作，并应对资料的缺陷向委托方提出书面意见及要求。

② 审核阶段。该阶段应包括现场踏勘核实，召开审核会议，澄清问题，提出补充依据性资料和必要的弥补性措施，形成会商纪要，进行计量、计价审核与确定工作，完成初步审核报告。

③ 审定阶段。该阶段应包括就竣工结算审核意见与承包人和发包人进行沟通，召开协调会议，处理分歧事项，形成竣工结算审核成果文件，签认竣工结算审定签署表，提交竣工结算审核报告等工作。

（5）竣工结算审核的成果文件应包括竣工结算审核书封面、签署页、竣工结算审核报告、竣工结算审定签署表、竣工结算审核汇总对比表、单项工程竣工结算审核汇总对比表、单位工程竣工结算审核汇总对比表等。

（6）竣工结算审核应采用全面审核法，除委托咨询合同另有约定外，不得采用重点审核法、抽样审核法或类比审核法等其他方法。

4. 质量争议工程的竣工结算

发包人对工程质量有异议，拒绝办理工程竣工结算的：

（1）已经竣工验收或已竣工未验收但实际投入使用的工程，其质量争议按该工程保修合同执行，竣工结算按合同约定办理。

（2）已竣工未验收且未实际投入使用的工程以及停工、停建工程的质量争议，双方应就有争议的部分委托有资质的检测鉴定机构进行检测，根据检测结果确定解决方案，或按工程质量监督机构的处理决定执行后办理竣工结算，无争议部分的竣工结算按合同约定办理。

（二）竣工结算款的支付

工程竣工结算文件经发承包双方签字确认的，应当作为工程结算的依据，未经对方同意，另一方不得就已生效的竣工结算文件委托工程造价咨询企业重复审核。发包人应当按照竣工结算文件及时支付竣工结算款。竣工结算文件应当由发包人报工程所在地县级以上地方人民政府住房城乡建设主管部门备案。

1. 承包人提交竣工结算款支付申请

承包人应根据办理的竣工结算文件，向发包人提交竣工结算款支付申请。该申请应包括下列内容：

（1）竣工结算合同价款总额。

（2）累计已实际支付的合同价款。

（3）应扣留的质夏保证金。

（4）实际应支付的竣工结算款金额。

2. 发包人签发竣工结算支付证书

发包人应在收到承包人提交竣工结算款支付申请后规定时间内予以核实，向承包人签发竣工结算支付证书。

3. 支付竣工结算款

发包人签发竣工结算支付证书后的规定时间内，按照竣工结算支付证书列明的金额向承包人支付结算款。

发包人在收到承包人提交的竣工结算款支付申请后规定时间内不予核实，不向承包人签发竣工结算支付证书的，视为承包人的竣工结算款支付申请已被发包人认可；发包人应在收到承包人提交的竣工结算款支付申请规定时间内，按照承包人提交的竣工结算款支付申请列明的金额向承包人支付结算款。

发包人未按照规定的程序支付竣工结算款的，承包人可催告发包人支付，并有权获得延迟支付的利息。发包人在竣工结算支付证书签发后或者在收到承包人提交的竣工结算款支付申请规定时间内仍未支付的，除法律另有规定外，承包人可与发包人协商将该工程折价，也可直接向人民法院申请将该工程依法拍卖。承包人就该工程折价或拍卖的价款优先受偿。

（三）合同解除的价款结算与支付

发承包双方协商一致解除合同的，按照达成的协议办理结算和支付合同价款。

1. 不可抗力解除合同

由于不可抗力解除合同的，发包人除应向承包人支付合同解除之日前已完成工程但尚未支付的合同价款，还应支付下列金额：

（1）合同中约定应由发包人承担的费用。

（2）已实施或部分实施的措施项目应付价款。

（3）承包人为合同工程合理订购且已交付的材料和工程设备货款。发包人一经支付此项货款，该材料和工程设备即成为发包人的财产。

（4）承包人撤离现场所需的合理费用，包括员工遣送费和临时工程拆除、施工设备运离现场的费用。

（5）承包人为完成合同工程而预期开支的任何合理费用，且该项费用未包括在本款其他各项支付之内。

发承包双方办理结算合同价款时，应扣除合同解除之日前发包人应向承包人收回的价款。

当发包人应扣除的金额超过了应支付的金额,则承包人应在合同解除后的 56 天内将其差额退还给发包人。

2. 违约解除合同

（1）承包人违约。因承包人违约解除合同的，发包人应暂停向承包人支付任何价款。发包人应在合同解除后规定时间内核实合同解除时承包人已完成的全部合同价款以及按施工进度计划已运至现场的材料和工程设备货款，按合同约定核算承包人应支付的违约金以及造成损失的索赔金额，并将结果通知承包人。发承包双方应在规定时间内予以确认或提出意见，并办理结算合同价款。如果发包人应扣除的金额超过了应支付的金额，则承包人应在合同解除后的规定时间内将其差额退还给发包人。发承包双方不能就解除合同后的结算达成一致的，按照合同约定的争议解决方式处理。

（2）因发包人违约解除合同的，发包人除应按照有关不可抗力解除合同的规定向承包人支付各项价款外，还需按合同约定核算发包人应支付的违约金以及给承包人造成损失或损害的索赔金额费用。该笔费用由承包人提出，发包人核实后与承包人协商确定后的规定时间内向承包人签发支付证书。协商不能达成一致的，按照合同约定的争议解决方式处理。

四、最终结清

所谓最终结清，是指合同约定的缺陷责任期终止后，承包人已按合同规定完成全部剩余工作且质量合格的，发包人与承包人结清全部剩余款项的活动。

1. 最终结清申请单

缺陷责任期终止后，承包人已按合同规定完成全部剩余工作且质量合格的，发包人签发缺陷责任终止证书，承包人可按合同约定的份数和期限向发包人提交最终结清申请单，并提供相关证明材料，详细说明承包人根据合同规定已经完成的全部工程价款金额以及承包人认为根据合同规定应进一步支付的其他款项。发包人对最终结清申请单内容有异议的，有权要求承包人进行修正和提供补充资料。由承包人向发包人提交修正后的最终结清申请单。

2. 最终支付证书

发包人收到承包人提交的最终结清申请单后的规定时间内予以核实，向承包人签发最终支付证书。发包人未在约定时间内核实，又未提出具体意见的，视为承包人提交的最终结清申请单已被发包人认可。

3. 最终结清付款

发包人应在签发最终结清支付证书后的规定时间内，按照最终结清支付证书列明的金额向承包人支付最终结清款。承包人按合同约定接受了竣工结算支付证书后，应被认为已无权再提出在合同工程接收证书颁发前所发生的任何索赔。承包人在提交的最终结清申请中，只限于提出工程接收证书颁发后发生的索赔。提出索赔的期限自接受最终支付证书时终止。发包人未按期支付的，承包人可催告发包人在合理的期限内支付，并有权获得延迟支付的利息。

最终结清时，如果承包人被扣留的质量保证金不足以抵减发包人工程缺陷修复费用的，承包人应承担不足部分的补偿责任。

最终结清付教涉及政府投资资金的，按照国库集中支付等国家相关规定和专用合同条款的约定办理。

承包人对发包人支付的最终结清款有异议的，按照合同约定的争议解决方式处理。

五、合同价款纠纷的处理

建设工程合同价款纠纷，是指发承包双方在建设工程合同价款的约定、调整以及结算等过程中所发生的争议。按照争议合同的类型不同，可以把工程合同价款纠纷分为总价合同价款纠纷、单价合同价款纠纷以及成本加酬金合同价款纠纷，按照纠纷发生的阶段不同，可以分为合同价款约定纠纷、合同价款调整纠纷和合同价款结算纠纷；按照纠纷的成因不同，可以分为合同无效的价款纠纷、工期延误的价款纠纷、质量争议的价款纠纷以及工程索赔的价款纠纷。

建设工程合同价款纠纷的解决途径主要有四种：和解、调解、仲裁和诉讼。建设工程合同发生纠纷后，当事人可以通过和解或者调解解决合同争议。当事人不愿和解、调解或者和解、调解不成的，可以根据仲裁协议向仲裁机构申请仲裁。当事人没有订立仲裁协议或者仲裁协议无效的，可以向人民法院起诉。当事人应当履行发生法律效力的法院判决或裁定、仲裁裁决、法院或仲裁调解书；拒不履行的，对方当事人可以请求人民法院执行。

本章小结

本章主要介绍建设项目施工阶段合同价款的调整以及预付款、进度款的计算方法及支付程序。

施工阶段是形成工程建设项目实体的阶段，施工阶段涉及的单位数量多，工程信息内容广泛、时间性强、数量大，存在着众多致使合同价款调整的因素，应加强控制与管理。工程变更在施工阶段是不可避免的正常现象，应明确其处理原则与程序，掌握其对应的工程合同价款的调整方法；工程索赔是本章的重点内容之一，要明确其含义与处理原则，熟悉索赔文件的内容与编制，掌握索赔程序以及费用与工期的索赔计算；建设工程价款结算是施工阶段造价控制的重要内容，应明确结算方式与程序，掌握预付款、进度款以及动态结算的方法。要特别注意工程变更、工程索赔和工程结算过程中的规定时间点。

习　题

一、单项选择题

1. 对于实行招标的建设工程，因法律法规政策变化引起合同价款调整的，调价基准日期一般为（　　）。

A. 施工合同签订前的第 28 天

B. 提交投标文件的截止时间前的第 28 天

C. 施工合同签订前的第 56 天

D. 提交投标文件截止时间前的第 56 天

2. 有关法律法规政策变化引起的价款调整，下列表述中正确的是（　　）。

A. 发包人应当承担基准日之前发生的、作为一个有经验的承包人在招标投标阶段不可能合理预见的风险

B. 如果有关价格（如人工、材料和工程设备等价格）的变化已经包含在物价波动事件的调价公式中，则不再考虑法律法规政策变化引起的价款调整

C. 对于不实行招标的建设工程，一般以建设工程开工前的第 28 天作为基准日

D. 承包人的原因导致的工期延误，在工程延误期间国家的法律、行政法规和相关政策发生变化引起工程造价变化的，造成合同价款增加的，合同价款可以调整

3. 关于工程变更的说法中，正确的是（　　）。

A. 除了受自然条件的影响外，一般不得发生变更

B. 尽管变更的起因有多种，但必须一事一变更

C. 如果出现了必须变更的情况，则应抢在变更指令发出前尽快落实变更

D. 若承包人不能全面落实变更指令，则扩大的损失应当由承包人承担

4. 关于工程变更的说法，正确的是（　　）。

A. 监理人要求承包人改变已批准的施工工艺或顺序不属于变更

B. 发包人通过变更取消某项工作从而转由他人实施

C. 监理人要求承包人为完成工程需要追加的额外工作不属于变更

D. 承包人不能全面落实变更指令而扩大的损失由承包人承担

5. 关于变更引起的价格调整，以下原则描述中正确的是（　　）。

A. 已标价工程量清单中有适用于变更工作项目的，可在合理范围内参照适用子目的单价或总价调整

B. 已标价工程量清单中没有适用、但有类似于变更工作子目的，采用该项目的单价

C. 已标价工程量清单中没有适用也没有类似于变更工程项目的，由承包人根据变更工程资料、计量规则和计价办法、信息价格提出变更工程项目的单价或总价，报发包人确认后调整

D. 工程变更引起措施项目发生变化的，承包人提出调整措施项目费的，应事先将拟实施的方案提交发包人确认

6. 根据规定，因工程量偏差引起的可以调整措施项目费的前提是（　　）。

A. 合同工程量偏差超过 15%

B. 合同工程量偏差超过 15%，且引起措施项目相应变化

C. 措施项目工程量超过 10%

D. 措施项目工程量超过 10%，且引起施工方案发生变化

7. 下列关于工程量偏差引起合同价款调整的叙述，正确的是（　　）。

A. 实际工程量超过招标工程量清单的 15%时，应相应调低综合单价，调低措施项目费

B. 实际工程量比招标工程量清单减少 15%时，应相应调高综合单价，调低措施项目费

C. 实际工程量比招标工程量清单减少 15%，且引起措施项目变化，若措施项目按系数计价，相应调低措施项目费

D. 实际工程量比招标工程量清单增加 10%，且引起措施项目变化，若措施项目按系数计价，相应调高措施项目费

8. 因不可抗力造成的损失，应由承包人承担的情形是（   ）。

A. 因工程损害导致第三方财产损失   B. 运至施工场地用于施工的材料的损害

C. 承包人的停工损失   D. 工程所需清理费用

9. 根据《标准施工招标文件》中的合同条款，关于合理补偿承包人索赔的说法，正确的是（   ）。

A. 承包人遇到不利物质条件可进行利润索赔

B. 发生不可抗力只能进行工期索赔

C. 异常恶劣天气导致的停工通常可以进行费用索赔

D. 发包人原因引起的暂停施工只能进行工期索赔

10. 根据我国现行合同条件，关于索赔计算的说法中，正确的是（   ）。

A. 人工费索赔包括新增加工作内容的人工费，不包括停工损失费

B. 发包人要求承包人提前竣工时，可以补偿承包人利润

C. 工程延期时，保函手续费不应增加

D. 发包人未按约定时间进行付款的，应按银行同期贷款利率支付迟延付款的利息

11. 关于共同延误的处理原则，下列说法中正确的是（   ）。

A. 初始延误者负主要责任，并发延误者负次要责任

B. 初始延误者属发包人原因的，承包人可得工期补偿，但无经济补偿

C. 初始延误者属客观原因的，承包人可得工期补偿，但很难得到费用补偿

D. 初始延误者属发包人原因的，承包人可获得工期和费用补偿，但无利润补偿

12. 发包人对承包人提交的现场签证予以确认或提出修改意见的时限是收到现场签证报告后的（   ）小时内。

A. 24   B. 48

C. 72   D. 96

13. 关于工程计量的方法，下列说法正确的是（   ）。

A. 按照合同文件中规定的工程量予以计量

B. 不符合合同文件要求的工程不予计量

C. 单价合同工程量必须按现行定额规定的工程量计算规则计量

D. 总价合同各项目的工程量是予以计量的最终工程量

14. 根据《建设工程价款结算暂行办法》，在具备施工条件的前提下，发包人支付预付款的期限应是（   ）。

A. 不迟于约定的开工日期前的 7 天内

B. 不迟于约定的开工日期后的 7 天内

C. 不迟于约定的开工日期前的 14 天内

D. 不迟于约定的开工日期后的 14 天内

15. 根据我国现行的关于工程预付款的规定，下列说法中正确的是（   ）。

A. 发包人应在合同签订后一个月内或开工前 10 天内支付

B. 当约定需提交预付款保函时则保函的担保金额必须大于预付款金额

C. 发包人不按约定预付且经催促仍不按要求预付的，承包人可停止施工

D. 预付款是发包人为解决承包人在施工过程中的资金周转问题而提供的协助

16. 根据《建设工程价款结算暂行办法》，发包人应在一定时间内预付工程款，否则，承包人应在预付时间到期后的一定时间内发出要求预付工程款的通知，若发包人仍不预付，则承包人可在发出通知的（　　）天后停止施工。

A. 7

B. 10

C. 14

D. 28

17. 在用起扣点计算法扣回预付款时，起扣点计算公式为 $T = P - \dfrac{M}{N}$，则式中 N 是指（　　）。

A. 工程预付款总额

B. 工程合同总额

C. 主要材料及构件所占比重

D. 累计完成工程金额

18. 发包人应当开始支付不低于当年施工进度计划的安全文明施工费总额 60% 的期限是工程开工后的（　　）天内。

A. 7

B. 14

C. 21

D. 28

二、多项选择题

1. 招标工程量清单是招标文件的重要组成部分，以下有关其缺项漏项引起的价款调整说法正确的是（　　）。

A. 招标工程量清单是否准确和完整，其责任应当由提供工程量清单的发包人负责

B. 作为投标人的承包人，投标时未检查出招标工程量清单的缺项漏项，承担连带责任

C. 分部分项工程出现缺项漏项，造成新增工程清单项目的，应按照工程变更事件中关于分部分项工程费的调整方法，调整合同价款

D. 分部分项工程出现缺项漏项，引起措施项目发生变化的，按照工程变更事件中关于措施项目费的调整方法，在承包人提交的实施方案被发包人批准后，调整合同价款

E. 措施项目漏项，承包人应将新增措施项目实施方案提交发包人批准后，按照工程变更事件中的有关规定调整合同价款

2. 下列索赔事件引起的费用索赔中，可以获得利润补偿的有（　　）。

A. 施工中发现文物

B. 延迟提供施工场地

C. 承包人提前竣工

D. 延迟提供图纸

E. 基准日后法律的变化

3. 下列事件的发生，已经或将造成工期延误，则按照《标准施工招标文件》中相关合同条件，可以获得工期补偿的有（　　）。

A. 监理人发出错误指令

B. 监理人对已覆盖的隐蔽工程要求重新检查且检查结果不合格

C. 承包人的设备故障

D. 发包人提供工程设备不合格

E. 异常恶劣的气候条件

三、计算题

1. 某公路工程的 1# 标段实行招标确定承包人，中标价为 5000 万元，招标控制价为 5500 万元，其中：安全文明施工费为 500 万元，规费为 300 万元，税金的综合税率为 3.48%，则承包人报价浮动率时多少？

2. 某施工现场有塔吊 1 台，由施工企业租得，台班单价 5000 元/台班，租赁费为 2000 元/台班，人工工资为 80 元/工日，窝工补贴 25 元/工日，以人工费和机械费合计为计算基础的综合费率为 30%。在施工过程中发生了如下事件：监理人对已经覆盖的隐蔽工程要求重新检查且检查结果合格，配合用工 10 工日，塔吊 1 台班，为此，施工企业可向业主索赔的费用为多少元？

3. 背景：

某工程项目施工合同为总费用单价合同。合同总价为 560 万元，合同工期为 6 个月，施工合同规定：

（1）开工前业主向施工单位支付合同价 20% 的预付款。

（2）业主自第一个月起，从施工单位的应得工程款中按 10% 的比例扣留保留金，保留金限额暂定为合同价的 5%，保留金到第三个月底全部扣完。

（3）预付款在最后两个月扣除，每月扣 50%。

（4）工程进度按月结算，不考虑调价。

（5）业主供料价款在发生当月的工程款中扣回。

（6）若施工单位每月实际完成的产值不足计划产值的 90% 时，业主可按实际完成产值的 8% 的比例扣留工程进度款。在工程竣工结算时将扣留的工程进度款退还施工单位。

施工计划和实际完成产值表（单位：万元）

时间（月）	1	2	3	4	5	6
计划完成产值	70	90	110	110	100	80
实际完成产值	70	80	120			
业主供料价款	12	15				

该工程施工进入第四个月时，由于业主资金出现困难，合同被迫终止。经过双方谈判，施工单位仅提出以下费用补偿要求：施工现场存有为本工程购买的特殊工程材料，该材料还未投入使用，未包括在进度付款中，计 50 万元。

问题：（如果计算结果为小数，保留两位小数）

（1）该工程的工程预付款是多少万元？应扣用的保留金为多少万元？

（2）第一个月到第三个月造价工程师各月签证的工程款是多少？应签发的付款凭证金额是多少万元？

（3）合同终止时业主已支付施工单位各类工程款多少万元（包括预付款）？

（4）合同终止后施工单位提出的补偿要求是否合理？业主应补偿多少万元？

（5）合同终止后，业主同意退还已扣的保留金和进度款，业主共应向施工单位支付累计多少万元的工程款（包括需要退还的保留金和进度款）？合同终止后业主还应向施工单位支付多少万元的工程款？

（6）如果整个合同顺利实施，最终合同总价款为 660 万元，假设合同双方约定采用比例法确定工期顺延，则该工程的合法工期为多少个月？施工单位可以获得多少个月的工期赔偿？

第六章 建设项目竣工决算的编制和竣工后质量保证金的处理

第一节 竣工验收

一、建设项目竣工验收的范围和依据

建设项目竣工验收是指由发包人、承包人和项目验收委员会，以项目批准的设计任务书和设计文件，以及国家或部门颁发的施工验收规范和质量检验标准为依据，按照一定的程序和手续，在项目建成并试生产合格后（工业生产性项目），对工程项目的总体进行检验和认证、综合评价和鉴定的活动。按照我国建设程序的规定，竣工验收是建设工程的最后阶段，是建设项目施工阶段和保修阶段的中间过程。是全面检验建设项目是否符合设计要求和工程质量检验标准的重要环节，审查投资使用是否合理的重要环节，是投资成果转入生产或使用的标志。只有经过竣工验收，建设项目才能实现由承包人管理向发包人管理的过渡，它标志着建设投资成果投入生产或使用，对促进建设项目及时投产或交付使用、发挥投资效果、总结建设经验有着重要的作用。

（一）建设项目竣工验收的条件及范围

1. 竣工验收的条件

《建设工程质量管理条例》规定，建设工程竣工验收应当具备以下条件：

（1）完成建设工程设计和合同约定的各项内容，主要是指设计文件所确定的、在承包合同中载明的工作范围，也包括监理工程师签发的变更通知单中所确定的工作内容。

（2）有完整的技术档案和施工管理资料。

（3）有工程使用的主要建筑材料、建筑构配件和设备的进场试验报告。对建设工程使用的主要建筑材料、建筑构配件和设备的进场，除具有质量合格证明资料外，还应当有试验、检验报告。试验、检验报告中应当注明其规格、型号、用于工程的哪些部位、批量批次、性能等技术指标，其质量要求必须符合国家规定的标准。

（4）有勘察、设计、施工、工程监理等单位分别签署的质量合格文件。勘察、设计、施工、工程监理等有关单位依据工程设计文件及承包合同所要求的质量标准，对竣工工程进行检查和评定，符合规定的，签署合格文件。

（5）有施工单位签署的工程保修书。

2. 竣工验收的范围

国家颁布的建设法规规定，凡新建、扩建、改建的基本建设项目和技术改造项目（所有

列入固定资产投资计划的建设项目或单项工程），已按国家批准的设计文件所规定的内容建成，符合验收标准，即：工业投资项目经负荷试车考核，试生产期间能够正常生产出合格产品，形成生产能力的；非工业投资项目符合设计要求，能够正常使用的，不论是属于哪种建设性质，都应及时组织验收，办理固定资产移交手续。

有的工期较长、建设设备装置较多的大型工程，为了及时发挥其经济效益，对其能够独立生产的单项工程，也可以根据建成时间的先后顺序，分期分批地组织竣工验收；对能生产中间产品的一些单项工程，不能提前投料试车，可按生产要求与生产最终产品的工程同步建成竣工后，再进行全部验收。

对于某些特殊情况，工程施工虽未全部按设计要求完成，也应进行验收，这些特殊情况主要有：

（1）因少数非主要设备或某些特殊材料短期内不能解决，虽然工程内容尚未全部完成，但已可以投产或使用的工程项目。

（2）规定要求的内容已完成，但因外部条件的制约，如流动资金不足、生产所需原材料不能满足等，而使已建工程不能投入使用的项目。

（3）有些建设项目或单项工程，已形成部分生产能力，但近期内不能按原设计规模续建，应从实际情况出发，经主管部门批准后，可缩小规模对已完成的工程和设备组织竣工验收，移交固定资产。

（二）建设项目竣工验收的依据和标准

1. 竣工验收的依据

建设项目竣工验收的主要依据包括：

（1）上级主管部门对该项目批准的各种文件。

（2）可行性研究报告。

（3）施工图设计文件及设计变更洽商记录。

（4）国家颁布的各种标准和现行的施工验收规范。

（5）工程承包合同文件。

（6）技术设备说明书。

（7）建筑安装工程统一规定及主管部门关于工程竣工的规定。

（8）从国外引进的新技术和成套设备的项目，以及中外合资建设项目，要按照签订的合同和进口国提供的设计文件等进行验收。

（9）利用世界银行等国际金融机构贷款的建设项目，应按世界银行规定，按时编制《项目完成报告》。

2. 竣工验收的标准

1）工业建设项目竣工验收标准

根据国家规定，工业建设项目竣工验收、交付生产使用，必须满足以下要求：

（1）生产性项目和辅助性公用设施，已按设计要求完成，能满足生产使用。

（2）主要工艺设备配套经联动负荷试车合格，形成生产能力，能够生产出设计文件所规定的产品。

（3）有必要的生活设施，并已按设计要求建成合格。

（4）生产准备工作能适应投产的需要。

（5）环境保护设施，劳动、安全、卫生设施，消防设施，已按设计要求与主体工程同时建成使用。

（6）设计和施工质量已经过质量监督部门检验并做出评定。

（7）工程结算和竣工决算通过有关部门审查和审计。

2）民用建设项目竣工验收标准

（1）建设项目各单位工程和单项工程，均已符合项目竣工验收标准。

（2）建设项目配套工程和附属工程，均已施工结束，达到设计规定的相应质量要求，并具备正常使用条件。

（三）建设项目竣工验收的内容

不同的建设项目竣工验收的内容可能有所不同，但一般包括工程资料验收和工程内容验收两部分。

1. 工程资料验收

包括工程技术资料、工程综合资料和工程财务资料验收三个方面的内容。

2. 工程内容验收

工程内容验收包括建筑工程验收和安装工程验收。

1）建筑工程验收的内容

主要包括：

（1）建筑物的位里、标高、轴线是否符合设计要求。

（2）对基础工程中的土石方工程、垫层工程、砌筑工程等资料的审查验收。

（3）对结构工程中的砖木结构、砖混结构、内浇外砌结构、钢筋混凝土结构的审查验收。

（4）对屋面工程的屋面瓦、保温层、防水层等的审查验收。

（5）对门窗工程的审查验收。

（6）对装饰工程的审查验收（抹灰、油漆等工程）。

2）安装工程验收的内容

安装工程验收分为建筑设备安装工程、工艺设备安装工程和动力设备安装工程验收，主要包括：

（1）建筑设备安装工程（指民用建筑物中的上下水管道、暖气、天然气或煤气、通风、电气照明等安装工程）。验收时应检查这些设备的规格、型号、数量、质量是否符合设计要求，检查安装时的材料、材质、材种，检查试压、闭水试验、照明。

（2）工艺设备安装工程包括：生产、起重、传动、实验等设备的安装，以及附属管线敷设和油漆、保温等。验收时应检查设备的规格、型号、数量、质量、设备安装的位置、标高、机座尺寸、质量、单机试车、无负荷联动试车、有负荷联动试车是否符合设计要求，检查管道的焊接质星、洗清、吹扫、试压、试漏、油漆、保温等及各种阀门。

（3）动力设备安装工程验收是指有自备电厂的项目的验收，或变配电室（所）、动力配电线路的验收。

二、建设项目竣工验收的方式与程序

（一）建设项目竣工验收的组织

1. 成立竣工验收委员会或验收组

大、中型和限额以上建设项目及技术改造项目，由国家发改委或国家发改委委托项目主管部门、地方政府部门组织验收；小型和限额以下建设项目及技术改造项目，由项目主管部门或地方政府部门组织验收。建设主管部门和建设单位（业主）、接管单位、施工单位、勘察设计及工程监理等有关单位参加验收工作；根据工程规模大小和复杂程度组成验收会或验收组，其人员构成应由银行、物资、环保、劳动、统计、消防及其他有关部门的专业技术人员和专家组成。

2. 验收委员会或验收组的职责

（1）负责审查工程建设的各个环节，听取各有关单位的工作报告。

（2）审阅工程档案资料，实地考察建筑工程和设备安装工程情况。

（3）对工程设计、施工和设备质量、环境保护、安全卫生、消防等方面客观地做出全面的评价。

（4）处理交接验收过程中出现的有关问题，核定移交工程清单，签订交工验收证书。

（5）签署验收意见，对遗留问题应提出具体解决意见并限期落实完成。不合格工程不予验收。并提出竣工验收工作的总结报告和国家验收鉴定书。

（二）建设项目竣工验收的方式

为了保证建设项目竣工验收的顺利进行，验收必须遵循一定的程序，并按照建设项目总体计划的要求以及施工进展的实际情况分阶段进行。建设项目竣工验收，按被验收的对象划分，可分为单位工程验收、单项工程验收及工程整体验收（称为"动用验收"），见表 6.1.1。

表 6.1.1　不同阶段的工程验收

类　　型	验收条件	验收组织
单位工程验收（中间验收）	1. 按照施工承包合同的约定，施工完成到某一阶段后要进行中间验收； 2. 主要的工程部位施工已完成了隐蔽前的准备工作，该工程部位将置于无法查看的状态	由监理单位组织，业主和承包商派人参加，该部位的验收资料将作为最终验收的依据
单项工程验收（交工验收）	1. 建设项目中的某个合同工程已全部完成； 2. 合同内约定有单项移交的工程已达到竣工标准，可移交给业主投入试运行	由业主组织，会同施工单位，监理单位、设计单位及使用单位等有关部门共同进行
工程整体验收（动用验收）	1. 建设项目按设计规定全部建成，达到竣工验收条件； 2. 初验结果全部合格； 3. 竣工验收所需资料已准备齐全	大中型和限额以上项目由国家发改委或由其委托项目主管邻门或地方政府部门组织验收，小型和限额以下项目由项目主管部门组织验收；业主、监理单位、施工单位、设计单位和使用单位参加验收工作

（三）建设项目竣工验收管理与备案

1. 竣工验收报告

建设项目竣工验收合格后，建设单位应当及时提出工程竣工验收报告。工程竣工验收报告主要包括工程概况，建设单位执行基本建设程序情况，对工程勘察、设计、施工、监理等方面的评价，工程竣工验收时间、程序、内容和组织形式，工程竣工验收意见等内容。工程竣工验收报告还应附有下列文件：

（1）施工许可证。

（2）施工图设计文件审查意见。

（3）验收组人员签署的工程竣工验收意见。

（4）市政基础设施工程应附有质量检测和功能性试验资料。

（5）施工单位签署的工程质量保修书。

（6）法规、规章规定的其他有关文件。

2. 竣工验收的管理

（1）国务院建设行政主管部门负责全国工程竣工验收的监督管理工作。

（2）县级以上地方人民政府建设行政主管部门负责本行政区域内工程竣工验收监督管理工作。

（3）工程竣工验收工作，由建设单位负责组织实施。

（4）县级以上地方人民政府建设行政主管部门应当委托工程质量监督机构对工程竣工验收实施监督。

（5）负责监督该工程的工程质量监督机构应当对工程竣工验收的组织形式、验收程序、执行验收标准等情况进行现场监督，发现有违反建设工程项目质量管理规定行为的，责令改正，并将对工程竣工验收的监督情况作为工程质量监督报告的重要内容。

3. 竣工验收的备案

（1）国务院建设行政主管部门负责全国房屋建筑工程和市政基础设施工程的竣工验收备案管理工作。县级以上地方人民政府建设行政主管部门负责本行政区域内工程的竣工验收备案管理工作。

（2）依照《房屋建筑工程和市政基础设施工程竣工验收备案管理暂行办法》的规定，建设单位应当自工程竣工验收合格之日起 15 日内,向工程所在地的县级以上地方人民政府建设行政主管部门备案。

（3）建设单位办理工程竣工验收备案应当提交下列文件：

① 工程竣工验收备案表。

② 工程竣工验收报告。

③ 法律、行政法规规定应当由规划、公安消防、环保等部门出具的认可文件或准许使用文件。

④ 施工单位签署的工程质量保修书；商品住宅还应当提交《住宅质量保证书》和《住宅使用说明书》。

⑤ 法规、规章规定必须提供的其他文件。

（4）备案机关收到建设单位报送的竣工验收备案文件，验证文件齐全后，应当在工程竣工验收备案表上签署文件收讫。工程竣工验收备案表一式二份，一份由建设单位保存。一份留备案机关存档。

（5）工程质置监督机构应当在工程竣工验收之日起5日内，向备案机关提交工程质量监督报告。

（6）备案机关发现建设单位在竣工验收过程中有违反国家有关建设工程质量管理规定行为的，应当在收讫竣工验收备案文件15日内，责令停止使用，重新组织竣工验收。

第二节　竣工决算

一、建设项目竣工决算的概念及作用

（一）建设项目竣工决算的概念

项目竣工决算是指所有项目竣工后，项目单位按照国家有关规定在项目竣工验收阶段编制的竣工决算报告。竣工决算是以实物数量和货币指标为计量单位，综合反映竣工建设项目全部建设费用、建设成果和财务状况的总结性文件，是竣工验收报告的重要组成部分，竣工决算是正确核定新增固定资产价值，考核分析投资效果，建立健全经济责任制的依据，是反映建设项目实际造价和投资效果的文件。竣工决算是建设工程经济效益的全面反映，是项目法人核定各类新增资产价值、办理其交付使用的依据。竣工决算是工程造价管理的重要组成部分，做好竣工决算是全面完成工程造价管理目标的关键性因素之一。竣工决算，既能够正确反映建设工程的实际造价和投资结果，又可以与概算、预算对比分析，考核投资控制的工作成效，为工程建设提供重要的技术经济方面的基础资料，提高未来工程建设的投资效益。

项目竣工时，应编制建设项目竣工财务决算。建设周期长、建设内容多的项目，单项工程竣工，具备交付使用条件的，可编制单项工程竣工财务决算，建设项目全部竣工后应编制竣工财务总决算。

（二）建设项目竣工决算的作用

（1）建设项目竣工决算是综合全面地反映竣工项目建设成果及财务情况的总结性文件，它采用货币指标、实物数量、建设工期和各种技术经济指标综合、全面地反映建设项目自开始建设到竣工为止全部建设成果和财务状况。

（2）建设项目竣工决算是办理交付使用资产的依据，也是竣工验收报告的重要组成部分。建设单位与使用单位在办理交付资产的验收交接手续时，通过竣工决算反映了交付使用资产的全部价值，包括固定资产、流动资产、无形资产和其他资产的价值。及时编制竣工决算可以正确核定固定资产价值并及时办理交付使用，可缩短工程建设周期，节约建设项目投资，准确考核和分析投资效果。可作为建设主管部门向企业使用单位移交财产的依据。

（3）建设项目竣工决算是分析和检查设计概算的执行情况，考核建设项目管理水平和投资效果的依据。竣工决算反映了竣工项目计划、实际的建设规模、建设工期以及设计和实际的生产能力，反映了概算总投资和实际的建设成本，同时还反映了所达到的主要技术经济指标。对这些指标计划数、概算数与实际数进行对比分析，不仅可以全面掌握建设项目计划和概算执行情况，而且可以考核建设项目投资效果，为今后制订建设项目计划，降低建设成本，提高投资效果提供必要的参考资料。

二、竣工决算的内容、编制与审核

（一）竣工决算的内容

建设项目竣工决算应包括从筹集到竣工投产全过程的全部实际费用，即包括建筑工程费、安装工程费、设备工器具购置费用及预备费等费用。根据财政部、国家发改委和住房城乡建设部的有关文件规定，竣工决算是由竣工财务决算说明书、竣工财务决算报表、工程竣工图和工程竣工造价对比分析四部分组成。其中竣工财务决算说明书和竣工财务决算报表两部分又称建设项目竣工财务决算，是竣工决算的核心内容。竣工财务决算是正确核定项目资产价值、反映竣工项目建设成果的文件，是办理资产移交和产权登记的依据。

1. 竣工财务决算说明书

竣工财务决算说明书主要反映竣工工程建设成果和经验，是对竣工决算报表进行分析和补充说明的文件，是全面考核分析工程投资与造价的书面总结，是竣工决算报告的重要组成部分，其内容主要包括：

（1）项目概况。一般从进度、质量、安全和造价方面进行分析说明.进度方面主要说明开工和竣工时间，对照合理工期和要求工期分析是提前还是延期；质量方面主要根据竣工验收委员会或相当一级质量监督部门的验收评定等级、合格率和优良品率；安全方面主要根据劳动工资和施工部门的记录，对有无设备和人身事故进行说明；造价方面主要对照概算造价，说明节约或超支的情况，用金额和百分率进行分析说明。

（2）会计账务的处理、财产物资清理及债权债务的清偿情况。

（3）项目建设资金计划及到位情况，财政资金支出预算、投资计划及到位情况。

（4）项目建设资金使用、项目结余资金等分配情况。

（5）项目概（预）算执行情况及分析，竣工实际完成投资与概算差异及原因分析。

（6）尾工工程情况。项目一般不得预留尾工工程，确需预留尾工工程的，尾工工程投资不得超过批准的项目概（预）算总投资的5%。

（7）历次审计、检查、审核、稽查意见及整改落实情况。

（8）主要技术经济指标的分析、计算情况。概算执行情况分析，根据实际投资完成额与概算进行对比分析；新增生产能力的效益分析，说明交付使用财产占总投资额的比例，不增加固定资产的造价占投资总额的比例，分析有机构成和成果。

（9）项目管理经验、主要问题和建议。

（10）预备费动用情况。

（11）项目建设管理制度执行情况、政府采购情况、合同履行情况。

（12）征地拆迁补偿情况、移民安置悄况。

（13）需说明的其他事项。

2. 竣工财务决算报表

建设项目竣工决算报表包括：基本建设项目概况表，基本建设项目竣工财务决算表，基本建设项目资金情况明细表，基本建设项目交付使用资产总表，基本建设项目交付使用资产明细表，待摊投资明细表，待核销基建支出明细表，转出投资明细表等。以下对其中几个主要报表进行介绍。

1）基本建设项目概况表（见表 6.2.1）

该表综合反映基本建设项目的基本概况，内容包括该项目总投资、建设起止时间、新增生产能力、主要材料消耗、建设成本、完成主要工程量和主要技术经济指标，为全面考核和分析投资效果提供依据，可按下列要求填写：

表 6.2.1　基本建设项目概况表

建设项目（单项工程）名称		建设地址				项　目		概算批准金额	实际完成金额	备注
主要设计单位		主要施工企业				建筑安装工程				
占地面积（m²）	设计	实际	总投资（万元）	设计	实际	设备、工具、器具				
						待摊投资				
新增生产能力	能力（效益）名称		设计	实际		其中：项目建设管理费				
						其他投资				
建设起止时间	设计		自　年　月　日至　年　月　日			待核销基建支出				
	实际		自　年　月　日至　年　月　日			转出投资				
概算批准部门及文号						合　计				

完成主要工程量	建设规模			设备（台、套、吨）			
	设　计		实　际	设　计		实　际	

尾工工程	单项工程项目、内容	批准概算	预计未完部分投资额	已完成投资额	预计完成时间
	小　计				

（1）建设项目名称、建设地址、主要设计单位和主要承包人，要按全称填列。

（2）表中各项目的设计、概算等指标，根据批准的设计文件和概算等确定的数字填列。

（3）表中所列新增生产能力、完成主要工程量的实际数据，根据建设单位统计资料和承包人提供的有关成本核算资料填列。

（4）表中基建支出是指建设项目从开工起至竣工为止发生的全部基本建设支出，包括形成资产价值的交付使用资产，如固定资产、流动资产、无形资产、其他资产支出，还包括不形成资产价值按照规定应核销的非经营项目的待核销基建支出和转出投资。上述支出，应根据财政部门历年批准的"基建投资表"中的有关数据填列。按照《基本建设财务规则》（财政部第81号令）的规定，需要注意以下几点：

① 筑安装工程投资支出、设备工器具投资支出、待摊投资支出和其他投资支出构成建设项目的建设成本。

② 待核销基建支出包括以下内容：非经营性项目发生的江河清障、航道清淤、飞播造林、补助群众造林、退耕还林（草）、封山（沙）育林（草）、水土保持、城市绿化、毁损道路修复、护坡及清理等不能形成资产的支出，以及项目未被批准、项目取消和项目报废前已发生的支出；非经营性项目发生的农村沼气工程、农村安全饮水工程、农村危房改造工程、游牧民定居工程、渔民上岸工程等涉及家庭或者个人的支出，形成资产产权归属家庭或者个人的，也作为待核销基建支出处理。

上述待核销基建支出，若形成资产产权归属本单位的，计入交付使用资产价值；形成产权不归属本单位的，作为转出投资处理。

③ 非经营性项目转出投资支出是指非经营项目为项目配套的专用设施投资，包括专用道路、专用通信设施、送变电站、地下管道等，且其产权不属于本单位的投资支出。对于产权归属本单位的，应计入交付使用资产价值。

（5）表中"初步设计和概算批准文号"，按最后经批准的文件号填列。

（6）表中收尾工程是指全部工程项目验收后尚遗留的少量收尾工程，在表中应明确填写收尾工程内容、完成时间、这部分工程的实际成本，可根据实际情况进行估算并加以说明，完工后不再编制竣工决算。

2）基本建设项目竣工财务决算表（见表6.2.2）

竣工财务决算表是竣工财务决算报表的一种，建设项目竣工财务决算表是用来反映建设项目的全部资金来源和资金占用情况，是考核和分析投资效果的依据。该表反映竣工的建设项目从开工到竣工为止全部资金来源和资金运用的情况。它是考核和分析投资效果，落实结余资金，并作为报告上级核销基本建设支出和基本建设拨款的依据。在编制该表前，应先编制出项目竣工年度财务决算，根据编制出的竣工年度财务决算和历年财务决算编制项目的竣工财务决算。此表采用平衡表形式，即资金来源合计等于资金支出合计。

基本建设项目竣工财务决算表具体编制方法如下：

（1）资金来源包括基建拨款、部门自筹资金（非负债性资金）、项目资本金、项目资本公积金、基建借款、待冲基建支出、应付款和未交款等，其中：

① 项目资本金是指经营性项目投资者按国家有关项目资本金的规定，筹集并投入项目的非负债资金，在项目竣工后，相应转为生产经营企业的国家资本金、法人资本金、个人资本金和外商资本金。

表 6.2.2　**基本建设项目竣工财务决算表**（元）

资金来源	金额	资金占用	金　额
一、基建拨款		一、基本建设支出	
1. 中央财政资金		（一）交付使用资产	
其中：一般公共预算资金		1. 固定资产	
中央基建投资		2. 流动资产	
财政专项资金		3. 无形资产	
政府性基金		（二）在建工程	
国有资本经营预算安		1. 建筑安装工程投资	
排的基建项目资金			
2. 地方财政资金		2. 设备投资	
其中：一般公共预算资金		3. 待摊投资	
财政专项资金		（三）待核销基建支出	
政府性资金基金		（四）转出投资	
国有资本经营预算安		二、货币资金合计	
排的基建项目资金			
二、部门自筹资金(非负债性资金)		其中：银行存款	
三、项目资本金		财政应返还额度	
1. 国家资本		其中：直接支付	
2. 法人资本		授权支付	
3. 个人资本		现金	
4. 外商资本		有价证券	
四、项目资本公积		三、预付及应收款合计	
五、基建借款		1. 预付备料款	
其中：企业债券资金		2. 预付工程款	
六、待冲基建支出		3. 预付设备软	
七、应付款合计			
1. 应付工程款		5. 其他应收款	
2. 应付设备款		四、固定资产合计	
3. 应付票据		固定资产原价	
4. 应付工资及福利费		减：累计折旧	
5. 其他应付款		固定资产净值	
八、未交款合计		固定资产清理	
1. 未交税金		待处理固定资产损失	
2. 未交结余财政资金			
3. 未交基建收入			
4. 其他未交款			
合　　计		合　　计	

    ② 项目资本公积金是指经营性项目对投资者实际缴付的出资额超过其资金的差额（包括发行股票的溢价净收入）、资产评估确认价值或者合同协议约定价值与原账面净值的差额、接收捐赠的财产、资本汇率折算差额，在项目建设期间作为资本公积金、项目建成交付使用并办理竣工决算后，转为生产经营企业的资本公积金。

    （2）表中"交付使用资产""中央财政资金""地方财政资金""部门自筹资金""项目资本""基建借款"等项目，是指自开工建设至竣工的累计数，上述有关指标应根据历年批复的年度基本建设财务决算和竣工年度的基本建设财务决算中资金平衡表相应项目的数字进行汇总填写。

    （3）表中其余项目费用办理竣工验收时的结余数，根据竣工年度财务决算中资金平衡表的有关项目期末数填写。

    （4）资金支出反映建设项目从开工准备到竣工全过程资金支出的情况，内容包括基建支出、货币资金、预付及应收款、固定资产等，资金支出总额应等于资金来源总额。

    3）基本建设项目交付使用资产总表（见表6.2.3）

    该表反映建设项目建成后新增固定资产、流动资产、无形资产价值的情况和价值，作为财产交接、检查投资计划完成情况和分析投资效果的依据。

表 6.2.3   基本建设项目交付使用资产总表（元）

序号	单项工程名称	总计	固定资产				流动资产	无形资产
			合计	建筑物及构筑物	设备	其他		

交付单位：   负责人：   接收单位：   负责人：

    基本建设项目交付使用资产总表具体编制方法如下：

    （1）功表中各栏目数据根据"交付使用资产明细表"的固定资产、流动资产、无形资产各相应项目的汇总数分别填写，表中总计栏的总计数应与竣工财务决算表中的交付使用资产的金额一致。

    （2）表中第3栏、第4栏、第8、9栏的合计数，应分别与竣工财务决算表交付使用的固定资产、流动资产、无形资产的数据相符。

4）基本建设项目交付使用资产明细表（见表 6.2.4）

该表反映交付使用的固定资产、流动资产、无形资产价值的明细情况，是办理资产交接和接收单位登记资产账目的依据，是使用单位建立资产明细账和登记新增资产价值的依据.编制时要做到齐全完整，数字准确，各栏目价值应与会计账目中相应科目的数据保持一致。基本建设项目交付使用资产明细表具体编制方法是：

表 6.2.4　建设项目交付使用资产明细表（元）

序号	单项工程名称	固定资产										流动资产		无形资产	
		建筑工程				设备　工具　器具　家具						名称	金额	名称	金额
		结构	面积	金额	其中：分摊待摊投资	名称	规格型号	数量	金额	其中：设备安装费	其中：分摊待摊投资				

交付单位：　　　　　　负责人：　　　　　　接收单位：　　　　　　　　　　负责人：

（1）表中"建筑工程"项目应按单项工程名称填列其结构、面积和价值。其中"结构"是指项目按钢结构、钢筋混凝土结构、混合结构等结构形式填写；面积则按各项目实际完成面积填写；金额按交付使用资产的实际价值填写。

（2）表中"固定资产"部分要在逐项盘点后，根据盘点实际情况填写，工具、器具和家具等低值易耗品可分类填写。

（3）表中"流动资产""无形资产"项目应根据建设单位实际交付的名称和价值分别填列。

3. 建设工程竣工图

建设工程竣工图是真实地记录各种地上、地下建筑物和构筑物等情况的技术文件，是工程进行交工验收、维护、改建和扩建的依据，是国家的重要技术档案。全国各建设、设计、施工单位和各主管部门都要认真做好竣工图的编制工作。国家规定：各项新建、扩建、改建的基本建设工程，特别是基础、地下建筑、管线、结构、井巷、桥梁、隧道、港口、水坝以及设备安装等隐蔽部位，都要编制竣工图。为确保竣工图质量，必须在施工过程中（不能在竣工后）及时做好隐蔽工程检查记录，整理好设计变更文件。编制竣工图的形式和深度，应根据不同情况区别对待，其具体要求包括：

（1）凡按图竣工没有变动的，由承包人（包括总包和分包承包人，下同）在原施工图上加盖"竣工图"标志后，即作为竣工图。

（2）凡在施工过程中，虽有一般性设计变更，但能将原施工图加以修改补充作为竣工图的，可不重新绘制，由承包人负责在原施工图（必须是新蓝图）上注明修改的部分，并附以设计变更通知单和施工说明，加盖"竣工图"标志后，作为竣工图。

（3）凡结构形式改变、施工工艺改变、平面布置改变、项目改变以及有其他重大改变，不宜再在原施工图上修改、补充时，应重新绘制改变后的竣工图。由原设计原因造成的，由设计单位负责重新绘制；由施工原因造成的，由承包人负责重新绘图；由其他原因造成的，由建设单位自行绘制或委托设计单位绘制。承包人负责在新图上加盖"竣工图"标志，并附以有关记录和说明，作为竣工图。

（4）为了满足竣工验收和竣工决算需要，还应绘制反映竣工工程全部内容的工程设计平面示意图。

（5）重大的改建、扩建工程项目涉及原有的工程项目变更时，应将相关项目的竣工图资料统一整理归档，并在原图案卷内增补必要的说明一起归档。

4. 工程造价对比分析

对控制工程造价所采取的措施、效果及其动态的变化需要进行认真地比较对比，总结经验教训。批准的概算是考核建设工程造价的依据.在分析时，可先对比整个项目的总概算，然后将建筑安装工程费、设备工器具费和其他工程费用逐一与竣工决算表中所提供的实际数据和相关资料及批准的概算、预算指标、实际的工程造价进行对比分析，以确定竣工项目总造价是节约还是超支，并在对比的基础上，总结先进经验，找出节约和超支的内容和原因，提出改进措施。在实际工作中，应主要分析以下内容：

（1）考核主要实物工程量。对于实物工程量出人比较大的情况，必须查明原因。

（2）考核主要材料消耗量。要按照竣工决算表中所列明的三大材料实际超概算的消耗量，查明是在工程的哪个环节超出最最大，再进一步查明超耗的原因。

（3）考核建设单位管理费、措施费和间接费的取费标准。建设单位管理费、措施费和间接费的取费标准要按照国家和各地的有关规定，根据竣工决算报表中所列的建设单位管理费与概预算所列的建设单位管理费数额进行比较，依据规定查明是否多列或少列的费用项目，确定其节约超支的数额，并查明原因。

（二）竣工决算的编制

1. 建设项目竣工决算的编制条件

编制工程竣工决算应具备下列条件：

（1）经批准的初步设计所确定的工程内容已完成。

（2）单项工程或建设项目竣工结算已完成。

（3）收尾工程投资和预留费用不超过规定的比例。

（4）涉及法律诉讼、工程质量纠纷的事项已处理完毕。

（5）其他影响工程竣工决算编制的重大问题已解决。

2. 建设项目竣工决算的编制依据

建设项目竣工决算应依据下列资料编制：

（1）《基本建设财务规则》（财政部第 81 号令）等法律、法规和规范性文件。

（2）项目计划任务书及立项批复文件。

（3）项目总概算书和单项工程概算书文件。

（4）经批准的设计文件及设计交底、图纸会审资料。

（5）招标文件和最高投标限价。

（6）工程合同文件。

（7）项目竣工结算文件。

（8）工程签证、工程索赔等合同价教调整文件。

（9）设备、材料调价文件记录。

（10）会计核算及财务管理资料。

（11）其他有关项目管理的文件。

3. 竣工决算的编制要求

为了严格执行建设项目竣工验收制度，正确核定新增固定资产价值，考核分析投资效果，建立健全经济责任制，所有新建、扩建和改建等建设项目竣工后，都应及时、完整、正确的编制好竣工决算。建设单位要做好以下工作：

（1）按照规定组织竣工验收，保证竣工决算的及时性。对建设工程的全面考核，所有的建设项目〔或单项工程）按照批准的设计文件所规定的内容建成后，具备了投产和使用条件的，都要及时组织验收。对于竣工验收中发现的问题，应及时查明原因，采取措施加以解决，以保证建设项目按时交付使用和及时编制竣工决算。

（2）积累、整理竣工项目资料，保证竣工决算的完整性。积累、整理竣工项目资料是编制竣工决算的基础工作，它关系到竣工决算的完整性和质量的好坏。因此，在建设过程中，建设单位必须随时收集项目建设的各种资料，并在竣工验收前，对各种资料进行系统整理，分类立卷，为编制竣工决算提供完整的数据资料，为投产后加强固定资产管理提供依据。在工程竣工时，建设单位应将各种基础资料与竣工决算一起移交给生产单位或使用单位。

（3）清理、核对各项账目，保证竣工决算的正确性。工程竣工后，建设单位要认真核实各项交付使用资产的建设成本；做好各项账务、物资以及债权的清理结余工作，应偿还的及时偿还，该收回的应及时收回，对各种结余的材料、设备、施工机械工具等，要逐项清点核实，妥善保管，按照国家有关规定进行处理不得任意侵占；对竣工后的结余资金，要按规定上交财政部门或上级主管部门。在完成上述工作，核实了各项数字的基础上，正确编制从年初起到竣工月份止的竣工年度财务决算，以便根据历年的财务决算和竣工年度财务决算进行整理汇总，编制建设项目竣工决算。

4. 竣工决算的编制程序

竣工决算的编制程序分为前期准备、实施、完成和资料归档四个阶段。

1）前期准备工作阶段的主要工作内容

（1）了解编制工程竣工决算建设项目的基本情况，收集和整理基本的编制资料。在编制竣工决算文件之前，应系统地整理所有的技术资料、工料结算的经济文件、施工图纸和各种变更与签证资料，并分析它们的准确性。完整、齐全的资料，是准确而迅速编制竣工决算的必要条件。

（2）确定项目负责人，配置相应的编制人员。

（3）制定切实可行、符合建设项目情况的编制计划。

（4）由项目负责人对成员进行培训。

2）实施阶段主要工作内容

（1）收集完整的编制程序依据资料。在收集、整理和分析有关资料中，要特别注意建设工程从筹建到竣工投产或使用的全部费用的各项账务，债权和债务的清理，做到工程完毕账目清晰，即要核对账目，又要查点库存实物的数量，做到账与物相等，账与账相符，对结余的各种材料、工器具和设备，要逐项清点核实，妥善管理，并按规定及时处理，收回资金。对各种往来款项要及时进行全面清理，为编制竣工决算提供准确的数据和结果。

（2）协助建设单位做好各项清理工作。

（3）编制完成规范的工作底稿。

（4）对过程中发现的问题应与建设单位进行充分沟通，达成一致意见。

（5）与建设单位相关部门一起做好实际支出与批复概算的对比分析工作。重新核实各单位工程、单项工程造价，将竣工资料与原设计图纸进行查对、核实，必要时可实地测量，确认实际变更情况；根据经审定的承包人竣工结算等原始资料，按照有关规定对原概、预算进行增减调整，重新核定工程造价。

3）完成阶段主要工作内容

（1）完成工程竣工决算编制咨询报告、基本建设项目竣工决算报表及附表、竣工财务决算说明书、相关附件等。清理、装订好竣工图。作好工程造价对比分析。

（2）与建设单位沟通工程竣工决算的所用事项。

（3）经工程造价咨询企业内部复核后，出具正式工程竣工决算编制成果文件。

4）资料归档阶段主要工作内容

（1）工程竣工决算编制过程中形成的工作底稿应进行分类整理，与工程竣工决算编制成果文件一并形成归档纸质资料。

（2）对工作底稿、编制数据、工程竣工决算报告进行电子化处理，形成电子档案。

将上述编写的文字说明和填写的表格经核对无误，装订成册，即建设工程竣工决算文件。将其上报主管部门审查，并把其中财务成本部分送交开户银行签证。竣工决算在上报主管部门的同时，抄送有关设计单位。

（三）竣工决算的审核

1. 审核程序

根据《基本建设项目竣工财务决算管理暂行办法》（财建（2016）.503）的规定，基本建设项目完工可投入使用或者试运行合格后，应当在 3 个月内编报竣工财务决算，特殊情况确需延长的，中、小型项目不得超过 2 个月，大型项目不得超过 6 个月。

中央项目竣工财务决算，由财政部制定统一的审核批复管理制度和操作规程。中央项目主管部门本级以及不向财政部报送年度部门决算的中央单位的项目竣工财务决算，由财政部批复；其他中央项目竣工财务决算，由中央项目主管部门负资批复，报财政部备案。国家另有规定的，从其规定，地方项目竣工财务决算审核批复管理职责和程序要求由同级财政部门确定。

财政部门和项目主管部门对项目竣工财务决算实行先审核、后批复的办法，可以委托预算评审机构或者有专业能力的社会中介机构进行审核。

2. 审核内容

财政部门和项目主管部门审核批复项目竣工财务决算时，应当重点审查以下内容：

（1）工程价款结算是否准确，是否按照合同约定和国家有关规定进行，有无多算和重复计算工程量、高估冒算建筑材料价格现象。

（2）待摊费用支出及其分摊是否合理、正确。

（3）项目是否按照批准的概算（预）算内容实施，有无超标准、超规模、超概（预）算建设现象。

（4）项目资金是否全部到位，核算是否规范，资金使用是否合理，有无挤占、挪用现象。

（5）项目形成资产是否全面反映，计价是否准确，资产接收单位是否落实。

（6）项目在建设过程中历次检查和审计所提的重大问题是否已经整改落实。

（7）待核销基建支出和转出投资有无依据，是否合理。

（8）竣工财务决算报表所填列的数据是否完整，表间钩稽关系是否清晰、明确。

（9）尾工工程及预留费用是否控制在概算确定的范围内，预留的金额和比例是否合理。

（10）项目建设是否履行基本建设程序，是否符合国家有关建设管理制度要求等。

（11）决算的内容和格式是否符合国家有关规定。

（12）决算资料报送是否完整、决算数据间是否存在错误。

（13）相关主管部门或者第三方专业机构是否出具审核意见。

三、新增资产价值的确定

建设项目竣工投入运营后，所花费的总投资形成相应的资产。按照新的财务制度和企业会计准则，新增资产按资产性质可分为固定资产、流动资产、无形资产和其他资产等四大类。

（一）新增固定资产价值的确定方法

1. 新增固定资产价值的概念和范畴

新增固定资产价值是建设项目竣工投产后所增加的固定资产的价值，它是以价值形态表示的固定资产投资最终成果的综合性指标。新增固定资产价值是投资项目竣工投产后所增加的固定资产价值，即交付使用的固定资产价值，是以价值形态表示建设项目的固定资产最终成果的指标。新增固定资产价值的计算是以独立发挥生产能力的单项工程为对象的。单项工程建成经有关部门验收鉴定合格，正式移交生产或使用，即应计算新增固定资产价值。一次交付生产或使用的工程一次计算新增固定资产价值，分期分批交付生产或使用的工程，应分期分批计算新增固定资产价值。新增固定资产价值的内容包括：已投入生产或交付使用的建筑、安装工程造价；达到固定资产标准的设备、工器具的购置费用；增加固定资产价值的其他费用。

2. 新增固定资产价值计算时应注意的问题

在计算时应注意以下几种情况：

（1）对于为了提高产品质量、改善劳动条件、节约材料消耗、保护环境而建设的附属辅助工程，只要全部建成，正式验收交付使用后就要计入新增固定资产价值。

（2）对于单项工程中不构成生产系统，但能独立发挥效益的非生产性项目，如住宅、食堂、医务所、托儿所、生活服务网点等，在建成并交付使用后，也要计算新增固定资产价值。

（3）凡购置达到固定资产标准不需安装的设备、工器具，应在交付使用后计入新增固定资产价值。

（4）属于新增固定资产价值的其他投资，应随同受益工程交付使用的同时一并计入。

（5）交付使用财产的成本，应按下列内容计算：

① 房屋、建筑物、管道、线路等固定资产的成本包括：建筑工程成果和待分摊的待摊投资。

② 动力设备和生产设备等固定资产的成本包括：需要安装设备的采购成本，安装工程成本，设备基础、支柱等建筑工程成本或砌筑锅炉及各种特殊炉的建筑工程成本，应分摊的待摊投资。

③ 运输设备及其他不需要安装的设备、工器具、家具等固定资产一般仅计算采购成本，不计分摊。

3. 共同费用的分摊方法

新增固定资产的其他费用，如果是属于整个建设项目或两个以上单项工程的，在计算新增固定资产价值时，应在各单项工程中按比例分摊。一般情况下，建设单位管理费按建筑工程、安装工程、需安装设备价值总额等按比例分摊，而土地征用费、地质勘察和建筑工程设计费等费用则按建筑工程造价比例分摊，生产工艺流程系统设计费按安装工程造价比例分摊。

【例 6.2.1】 某工业建设项目及其总装车间的建筑工程费、安装工程费，需安装设备费以及应摊入费用如表 6.2.5 所示，计算总装车间新增固定资产价值。

表 6.2.5 分摊费用计算表（万元）

项目名称	建筑工程	安装工程	需安装设备	建设单位管理费	土地征用费	建筑设计费	工艺设计费
建设项目竣工决算	5 000	1 000	1 200	105	120	60	40
总装车间竣工决算	1 000	500	600				

解：计算如下：

$$分摊的建设单位管理费 = \frac{1\,000 + 500 + 600}{5\,000 + 1\,000 + 1\,200} \times 105 = 30.625(万元)$$

$$应分摊的土地征用费 = \frac{1\,000}{5\,000} \times 120 = 24(万元)$$

$$应分摊的建筑设计费 = \frac{1\,000}{5\,000} \times 60 = 12(万元)$$

$$应分摊的工艺设计费 = \frac{500}{1\,000} \times 40 = 20(万元)$$

$$总装车间新增固定资产价值 = （1\ 000 + 500 + 600）+（30.625 + 24 + 12 + 20）$$
$$= 2100 + 86.625 = 2\ 186.625（万元）$$

（二）新增无形资产价值的确定方法

在财政部和国家知识产权局的指导下，中国资产评估协会 2008 年制定了《资产评估准则
——无形资产》，自 2009 年 7 月 1 日起施行。根据上述准则规定，无形资产是指特定主体所
拥有或者控制的，不具有实物形态，能持续发挥作用且能带来经济利益的资源。我国作为评
估对象的无形资产通常包括专利权、专有技术、商标权、著作权、销售网络、客户关系、供
应关系、人力资源、商业特许权、合同权益、土地使用权、矿业权、水域使用权、森林权益、
商誉等。

1. 无形资产的计价原则

（1）投资者按无形资产作为资本金或者合作条件投入时，按评估确认或合同协议约定的
金额计价。

（2）购入的无形资产，按照实际支付的价款计价。

（3）企业自创并依法申请取得的，按开发过程中的实际支出计价。

（4）企业接受捐赠的无形资产，按照发票账单所载金额或者同类无形资产市场价作价。

（5）无形资产计价入账后，应在其有效使用期内分期摊销，即企业为无形资产支出的费
用应在无形资产的有效期内得到及时补偿。

2. 无形资产的计价方法

（1）专利权的计价。专利权分为自创和外购两类。自创专利权的价值为开发过程中的实
际支出，主要包括专利的研制成本和交易成本。研制成本包括直接成本和间接成本：直接成
本是指研制过程中直接投入发生的费用（主要包括材料费用、工资费用、专用设备费、资料
费、咨询鉴定费、协作费、培训费和差旅费等）；间接成本是指与研制开发有关的费用（主要
包括管理费、非专用设备折旧费、应分摊的公共费用及能源费用）。交易成本是指在交易过程
中的费用支出（主要包括技术服务费、交易过程中的差旅费及管理费、手续费、税金）。由于
专利权是具有独占性并能带来超额利润的生产要素，因此，专利权转让价格不按成本估价，
而是按照其所能带来的超额收益计价。

（2）专有技术（又称非专利技术）的计价。专有技术具有使用价值和价值，使用价值是
专有技术本身应具有的，专有技术的价值在于专有技术的使用所能产生的超额获利能力，应
在研究分析其直接和间接的获利能力的基础上，准确计算出其价值。如果专有技术是自创的，
一般不作为无形资产入账，自创过程中发生的费用，按当期费用处理。对于外购专有技术，
应由法定评估机构确认后再进行估价，其方法往往通过能产生的收益采用收益法进行估价。

（3）商标权的计价。如果商标权是自创的，一般不作为无形资产入账，而将商标设计、
制作、注册、广告宣传等发生的费用直接作为销售费用计入当期损益。只有当企业购入或转
让商标时，才需要对商标权计价。商标权的计价一般根据被许可方新增的收益确定。

（4）土地使用权的计价。根据取得土地使用权的方式不同，土地使用权可有以下几种计
价方式：当建设单位向土地管理部门申请土地使用权并为之支付一笔出让金时，土地使用权
作为无形资产核算；当建设单位获得土地使用权是通过行政划拨的，这时土地使用权就不能

作为无形资产核算；在将土地使用权有偿转让、出租、抵押、作价入股和投资，按规定补交土地出让价款时，才作为无形资产核算。

（三）新增流动资产价值的确定方法

流动资产是指可以在一年内或者超过一年的一个营业周期内变现或者运用的资产，包括现金及各种存款以及其他货币资金、短期投资、存货、应收及预付款项以及其他流动资产等。

（1）货币性资金。货币性资金是指现金、各种银行存款及其他货币资金，其中现金是指企业的库存现金，包括企业内部各部门用于周转使用的备用金，各种存款是指企业的各种不同类型的银行存款；其他货币资金是指除现金和银行存款以外的其他货币资金，根据实际入账价值核定。

（2）应收及预付款项。应收账款是指企业因销售商品、提供劳务等应向购货单位或受益单位收取的款项；预付款项是指企业按照购货合同预付给供货单位的购货定金或部分货款。应收及预付款项包括应收票据、应收款项、其他应收款、预付货款和待摊费用。一般情况下，应收及预付款项按企业销售商品、产品或提供劳务时的实际成交金额入账核算。

（3）短期投资包括股票、债券、基金。股票和债券根据是否可以上市流通分别采用市场法和收益法确定其价值。

（4）存货。存货是指企业的库存材料、在产品、产成品等。各种存货应当按照取得时的实际成本计价。存货的形成，主要有外购和自制两个途径。外购的存货，按照买价加运输费、装卸费、保险费、途中合理损耗、入库前加工、整理及挑选费用以及缴纳的税金等计价，自制的存货，按照制造过程中的各项实际支出计价。

（四）新增其他资产价值的确定方法

其他资产是指不能全部计入当年损益，应当在以后年度分期摊销的各种费用，包括开办费、租入固定资产改良支出等。

（1）开办费的计价。开办费是指筹建期间建设单位管理费中未计入固定资产的其他各项费用，如建设单位经费，包括筹建期间工作人员工资、办公费、差旅费、印刷费、生产职工培训费、样品样机购置费、农业开荒费、注册登记费等以及不计入固定资产和无形资产购建成本的汇兑损益、利息支出。按照新财务制度规定，除了筹建期间不计入资产价值的汇兑净损失外，开办费从企业开始生产经营月份的次月起，按照不短于5年的期限平均摊入管理费用中。

（2）租入固定资产改良支出的计价。租入固定资产改良支出是企业从其他单位或个人租入的固定资产，所有权属于出租人，但企业依合同享有使用权。通常双方在协议中规定，租入企业应按照规定的用途使用，并承担对租入固定资产进行修理和改良的责任，即发生的修理和改良支出全部由承租方负担。对租入固定资产的大修理支出，不构成固定资产价值，其会计处理与自有固定资产的大修理支出无区别。对租入固定资产实施改良，因有助于提高固定资产的效用和功能，应当另外确认为一项资产。由于租入固定资产的所有权不属于租入企业，不宜增加租入固定资产的价值而作为其他资产处理。租入固定资产改良及大修理支出应当在租赁期内分期平均摊销。

第三节　质量保证金的处理

一、缺陷责任期的概念和期限

1. 缺陷责任期与保修期的概念区别

（1）缺陷责任期。缺陷是指建设工程质量不符合工程建设强制标准、设计文件，以及承包合同的约定。缺陷责任期是指承包人对已交付使用的合同工程承担合同约定的缺陷修复责任的期限。

（2）保修期。建设工程保修期是指在正常使用条件下，建设工程的最低保修期限。其期限长短由《建设工程质量管理条例》规定。

2. 缺陷责任期与保修期的期限

（1）缺陷责任期的期限。缺陷责任期从工程通过竣工验收之日起计。由于承包人原因导致工程无法按规定期限进行竣工验收的，缺陷责任期从实际通过竣工验收之日起计。由于发包人原因导致工程无法按规定期限进行竣工验收的，在承包人提交竣工验收报告90天后，工程自动进入缺陷责任期。缺陷责任期一般为1年，最长不超过2年，由发、承包双方在合同中约定。

（2）保修期的期限。保修期自实际竣工日期起计算，按照《建设工程质量管理条例》的规定，保修期限如下：

① 地基基础工程和主体结构工程，为设计文件规定的该工程的合理使用年限。

② 屋面防水工程、有防水要求的卫生间、房间和外墙面的防渗漏为5年。

③ 供热与供冷系统为2个采暖期和供热期。

④ 电气管线、给排水管道、设备安装和装修工程为2年。

二、质量保证金的使用及返还

1. 质量保证金的含义

根据《建设工程质量保证金管理办法》的规定，建设工程质量保证金（以下简称保证金）是指发包人与承包人在建设工程承包合同中约定，从应付的工程款中预留，用以保证承包人在缺陷责任期内对建设工程出现的缺陷进行维修的资金。

2. 质全保证金预留及管理

（1）质量保证金的预留。发包人应按照合同约定方式预留质量保证金，质量保证金总预留比例不得高于工程价款结算总额的5%。合同约定由承包人以银行保函替代预留质量保证金的，保函金额不得高于工程价款结算总额的5%。在工程项目竣工前，已经缴纳履约保证金的，发包人不得同时预留工程质量保证金。采用工程质量保证担保、工程质量保险等其他方式的，发包人不得再预留质量保证金。

（2）缺陷责任期内，实行国库集中支付的政府投资项目，质量保证金的管理应按国库集中支付的有关规定执行。其他政府投资项目，质量保证金可以预留在财政部门或发包方。缺陷责任期内，如发包方被撤销，质量保证金随交付使用资产一并移交使用单位，由使用单位代行发包人职责。社会投资项目采用预留质量保证金方式的，发承包双方可以约定将质量保证金交由金融机构托管。

（3）质量保证金的使用。缺陷责任期内，由承包人原因造成的缺陷，承包人应负责维修，并承担鉴定及维修费用。如承包人不维修也不承担费用，发包人可按合同约定从质量保证金或银行保函中扣除，费用超出质量保证金额的，发包人可按合同约定向承包人进行索赔。承包人维修并承担相应费用后，不免除对工程的损失赔偿责任。由他人及不可抗力原因造成的缺陷，发包人负责组织维修，承包人不承担费用，且发包人不得从质量保证金中扣除费用。发承包双方就缺陷责任有争议时，可以请有资质的单位进行鉴定。责任方承担鉴定费用并承担维修费用。

3. 质量保证金的返还

缺陷责任期内，承包人认真履行合同约定的责任，到期后，承包人向发包人申请返还质量保证金。

发包人在接到承包人返还质量保证金申请后，应于14天内会同承包人按照合同约定的内容进行核实。如无异议，发包人应当按照约定将质量保证金返还给承包人。对返还期限没有约定或者约定不明确的，发包人应当在核实后14天内将质量保证金返还承包人，逾期未返还的，依法承担违约责任。发包人在接到承包人返还质量保证金申请后14天内不予答复，经催告后14天内仍不予答复，视同认可承包人的返还保证金申请。

本章小结

本章主要介绍了建设项目竣工验收、竣工决算新增资产价值的确定以及质量保证金的处理。

建设项目竣工验收是建设工程的最后阶段，是建设项目施工阶段和保修阶段的中间过程，是全面检验建设项目是否符合设计要求和工程质量检验标准的重要环节。应熟悉竣工验收的内容，重点掌握竣工验收的方式与程序。

建设项目竣工决算是建设项目竣工交付使用的最后一个环节，它包括竣工财务决算说明书、竣工财务决算报表、竣工图、工程造价比较分析四部分内容。其中，竣工财务决算说明书和竣工财务决算报表是竣工决算的核心部分。应明确竣工决算与竣工结算的区别。

建设项目竣工投入运营后，所花费的总投资形成相应的资产。按资产的性质新增资产可分为固定资产、流动资产、无形资产和其他资产等四大类。应根据各类资产的确认原则确定建设项目新增资产的价值。重点掌握新增固定资产价值的计算方法。

为保证承包人在缺陷责任期内对建设工程出现的质量缺陷能够及时进行维修，发包人与承包人在建设工程承包合同中约定从应付的工程款中预留一定比例的质量保证金。应明确质量保证金的预留比例，熟悉其使用、管理与返还的原则，重点掌握《建设工程质量管理条例》规定的建设项目的保修范围与最低保修期限。

习　题

一、单项选择题

1. 下列关于竣工验收范围的表述，正确的是（　　　）。

　　A. 工业项目经负荷试车考核后，可以进行竣工验收

　　B. 对于能生产中间产品的单项工程，可分期分批组织竣工验收

　　C. 因少数主要设备不能解决，虽然工程内容未全部完成，也应进行验收

　　D. 规定内容已完成，但因流动资金不足不能投产的项目，也应进行验收

2. 关于竣工验收的说法中，正确的是（　　　）。

　　A. 凡新建、扩建、改建项目，建成后都必须及时组织验收，但政府投资项目可不办理固定资产移交手续

　　B. 通常所说的"动用验收"是指单项工程验收

　　C. 能够发挥独立生产能力的单项工程，可根据建成顺序，分期分批组织竣工验收

　　D. 竣工验收后若有剩余的零星工程和少数尾工应按保修项目处理

3. 由发包人组织，会同监理人、设计单位、承包人、使用单位参加工程验收，验收合格后发包人可投入使用的工程验收是指（　　　）。

　　A. 分段验收　　　　　　　　　　　B. 中间验收

　　C. 交工验收　　　　　　　　　　　D. 竣工验收

4. 建设项目竣工验收方式中，又称为交工验收的是（　　　）。

　　A. 分部工程验收　　　　　　　　　B. 单位工程验收

　　C. 单项工程验收　　　　　　　　　D. 工程整体验收

5. 建设项目竣工验收的最小单位是（　　　）。

　　A. 单项工程　　　　　　　　　　　B. 单位工程

　　C. 分部工程　　　　　　　　　　　D. 分项工程

6. 单项工程验收合格后，共同签署"交工验收证书"的责任主体是（　　　）。

　　A. 发包人和承包人　　　　　　　　B. 发包人和监理人

　　C. 发包人和主管部门　　　　　　　D. 承包人和监理人

7. 发包人参与的全部工程竣工验收分为三个阶段，其中不包括（　　　）。

　　A. 验收准备　　　　　　　　　　　B. 预验收

　　C. 初步验收　　　　　　　　　　　D. 正式验收

8. 下列资料中，不属于竣工验收报告附有文件的是（　　　）。

　　A. 工程竣工验收备案表　　　　　　B. 施工许可证

　　C. 施工图设计文件审查意见　　　　D. 施工单位签署的工程质量保修书

9. 建设项目全部建成，经过各单项工程的验收符合设计要求，并具备竣工图标、竣工决算、工程总结等必要文件资料，向负责验收的单位提出竣工验收申请报告的是（　　　）。

　　A. 设计单位　　　　　　　　　　　B. 发包单位

　　C. 监理单位　　　　　　　　　　　D. 施工单位

10. 编制大中型建设项目竣工财务决算报表时，下列属于资金占用的项目是（　　）。

    A. 待冲基建支出　　　　　　　　　　B. 应付款

    C. 预付及应收款　　　　　　　　　　D. 未交款

11. 竣工决算文件中，真实记录各种地上、地下建筑物、构筑物、特别是基础、地下管线以及设备安装等隐蔽部分的技术文件是（　　）。

    A. 总平面图　　　　　　　　　　　　B. 竣工图

    C. 施工图　　　　　　　　　　　　　D. 交付使用资产明细表

12. 关于建设工程竣工图的说法中，正确的是（　　）。

    A. 工程竣工图是构成竣工结算的重要组成内容之一

    B. 改、扩建项目涉及原有工程项目变更的，应在原项目施工图上注明修改部分，并加盖"竣工图"标志后作为竣工图

    C. 凡按图竣工没有变动的，由承包人在原施工图加盖"竣工图"标志后，即作为竣工图

    D. 当项目有重大改变需重新绘制时，不论何方原因造成，一律由承包人负责重绘新图

13. 根据财政部《关于进一步加强中央基本建设项目竣工财务决算工作通知》（财办建〔2008〕91 号），对于先审核后审批的建设项目，建设单位应在项目竣工后（　　）内完成竣工财务决算编制工作。

    A. 2 个月　　　　　　　　　　　　　B. 3 个月

    C. 75 天　　　　　　　　　　　　　 D. 100 天

14. 关于缺陷责任与保修责任的说法，正确的是（　　）。

    A. 缺陷责任期自合同竣工日期起计算

    B. 发包人在使用过程中发现已接收的工程存在新的缺陷的，由发包人自行修复

    C. 缺陷责任期最长不超过 3 年

    D. 保修期自实际竣工日期起计算

15. 在保修期限内，下列缺陷或事故，应由承包人承担保修费用的是（　　）。

    A. 发包人指定的分包人造成的质量缺陷

    B. 由承包人采购的建筑构配件不符合质量要求

    C. 使用人使用不当造成的损坏

    D. 不可抗力造成的质量缺陷

16. 按照国务院《建设工程质量管理条例》的规定，对于有防水要求的卫生间的防渗漏保修期限为（　　）年。

    A. 2　　　　　　　　　　　　　　　 B. 3

    C. 5　　　　　　　　　　　　　　　 D. 10

17. 关于质量保证金的使用及返还，下列说法正确的是（　　）。

    A. 不实行国库集中支付的政府投资项目，保证金可以预留在财政部门

    B. 采用工程质量保证担保的，发包人仍可预留 5% 的保证金

    C. 非承包人责任的缺陷，承包人仍有缺陷修复的义务

    D. 缺陷责任期终止后的 28 天内，发包人应将剩余的质量保证金连同利息返还给承包人

二、多项选择题

1. 建设项目竣工财务决算表中，属于"资金来源"的有（　　）。
   A. 专项建设基金拨款
   B. 项目资本公积金
   C. 有价证券
   D. 待冲基建支出
   E. 未交税金

2. 关于新增固定资产价值的确定，下列说法中正确的有（　　）。
   A. 新增固定资产价值是以独立发挥生产能力的单项工程为对象计算的
   B. 分期分批交付的工程，应在最后一期（批）交付时一次性计算新增固定资产价值
   C. 凡购置的达到固定资产标准不需安装的设备，应计入新增固定资产价值
   D. 运输设备等固定资产，仅计算采购成本，不计分摊的"待摊投资"
   E. 建设单位管理费按建筑工程、安装工程以及不需安装设备价值总额按比例分摊

参考文献

[1]　中华人民共和国国家标准. 工程造价术语标准. 北京：中国计划出版社，2013.

[2]　中华人民共和国国家标准. 建设工程造价咨询规范. 北京：中国计划出版社，2015.

[3]　中华人民共和国国家标准. 建设工程工程量清单计价规范. 北京：中国计划出版社，2013.

[4]　中国建设工程造价管理协会标准. 建设项目投资估算编审规程. 北京：中国计划出社，2015.

[5]　中国建设工程造价管理协会标准. 建设项目设计概算编审规程. 北京：中国计划出版社，2015.

[6]　中国建设工程造价管理协会标准. 建设项目工程竣工决算编制规程. 北京：中国计划出版社，2013.

[7]　中国建设工程造价管理协会标准. 建设工程造价鉴定规程. 北京：中国计划出版社，2012.

[8]　中国建设工程造价管理协会标准. 建设工程招标控制价编审规程. 北京：中国计划出版社，2011.

[9]　中国建设工程造价管理协会标准. 建设项目工程结算编审规程. 北京：中国计划出版社，2010.

[10]　中国建设工程造价管理协会标准. 建设项目施工图预算编审规程. 北京：中国计划出版社，2010.

[11]　中国建设工程造价管理协会标准. 建设项目全过程造价咨询规程. 北京：中国计划出版社，2009.

[12]　全国造价工程师执业资格考试培训教材编审委员会. 建设工程计价. 北京：中国计划出版社，2017.

[13]　建设部标准定额司. 中国工程建设标准定额大事记. 北京：中国建筑工业出版社，2007.

[14]　龚维丽. 工程建设定额基本理论与实务. 北京：中国计划出版社，2014.

[15]　国家发展改革委，建设邹联合发布. 建设项目经济评价方法与参数. 3 版. 北京：中国计划出版社，2006.

[16]　马楠. 建设工程造价管理. 2 版. 北京：清华大学出版社，2012.

[17]　陈建国，高显义. 工程计量与造价管理. 3 版. 上海：同济大学出版社，2010.

[18]　严玲，尹贻林. 工程计价学. 北京：机械工业出版社，2014.

[19]　周述发. 建设工程造价管理. 武汉：武汉理工大学出版社，2010.

[20]　郭婧娟. 工程造价管理. 北京：清华大学出版社，北京交通大学出版社，2005.

[21]　柯洪. 建设工程工程量清单与施工合同. 北京：中国建材工业出版社，2014.

[22]　王伍仁. EPC 工程总承包管理. 北京：中国建筑工业出版社，2010.

[23]　马楠，张国兴，等. 工程造价管理. 北京：中国机械工业出版社，2009.

[24]　李启明. 土木工程合同管理. 3 版. 南京：东南大学出版社，2015.

[25]　姜新春，吕继隆，等. 工程造价控制与案例分析. 大连：大连理工大学出版社，2015.